示范性高等职业院校重点建设专业
水利水电建筑工程专业课程改革系列教材

水电站与水泵站建筑物

徐晶 宋东辉 合编

内容提要

本书将原《水电站》和《水泵与水泵站》两门课程合并为一门课程——《水电站与水泵站建筑物》，使专业课程的内容能更好地衔接起来，使之更加系统和完整，避免不必要的重复。本书内容涵盖水电站和水泵站两门课程的基本内容，全书共分9章，包括绪论、无压引水建筑物、有压引水建筑物、水电站与水泵站水力过渡过程、水电站厂房的组成与厂区、水电站厂房、水泵站规划、泵站设计和厂房结构设计等。

本书为高职高专水利水电工程建筑、水利工程、水利工程监理和水利工程施工等专业的通用教材，也可作为其他相近专业的教学参考书，同时可供水利工程专业技术人员学习参考。

图书在版编目（CIP）数据

水电站与水泵站建筑物/徐晶，宋东辉编．—北京：中国水利水电出版社，2011.2（2021.7重印）
示范性高等职业院校重点建设专业　水利水电建筑工程专业课程改革系列教材
ISBN 978-7-5084-8241-5

Ⅰ.①水… Ⅱ.①徐…②宋… Ⅲ.①水力发电站-高等学校：技术学校-教材②泵站-高等学校：技术学校-教材　Ⅳ.①TV7②TV675

中国版本图书馆CIP数据核字（2011）第025371号

书　名	示范性高等职业院校重点建设专业 水利水电建筑工程专业课程改革系列教材 **水电站与水泵站建筑物**
作　者	徐晶　宋东辉　合编
出版发行	中国水利水电出版社 （北京市海淀区玉渊潭南路1号D座　100038） 网址：www.waterpub.com.cn E-mail：sales@waterpub.com.cn 电话：（010）68367658（营销中心）
经　售	北京科水图书销售中心（零售） 电话：（010）88383994、63202643、68545874 全国各地新华书店和相关出版物销售网点
排　版	中国水利水电出版社微机排版中心
印　刷	北京印匠彩色印刷有限公司
规　格	184mm×260mm　16开本　15.75印张　374千字
版　次	2011年2月第1版　2021年7月第4次印刷
印　数	5501—8500册
定　价	49.50元

凡购买我社图书，如有缺页、倒页、脱页的，本社营销中心负责调换

版权所有·侵权必究

前言

在总结水利类高等职业技术教育多年教改经验的基础上，对水利类专业课程进行了较大的重组和整合，将原《水电站》和《水泵与水泵站》这两门课程的教材合并为一门课程的教材——《水电站与水泵站建筑物》，使专业课程的内容能更好地衔接起来，使之更加系统和完整，避免不必要的重复。调整后的课程内容，减少了理论教学时数，有利于加强实践性教学环节。

本书在编写过程中，对引水建筑物作了较大的调整，将原水电站的进水口、动力渠道、压力前池、压力明管、地下埋管、坝内埋管和水泵站的引水渠、进出水管等内容，整合为有压引水建筑物和无压引水建筑物。对原《水电站》和《水泵与水泵站》的水轮机和水泵有关内容进行精简，将其内容分别融入水电站厂房和泵站设计的有关章节内，不再独立讲授。对原《水电站》和《水泵与水泵站》两门课程教材的其他章节内容，也进行了调整和精简，力求满足现阶段高职技术教育的需要，以适应水利类专业课程教学发展的趋势。

本书共9章，由徐晶、宋东辉合编。绪论、第一、第四、第五、第八章由徐晶编写，第二、第三、第六、第七章由宋东辉编写。

本书在编写过程中，参考和借鉴多方面的教材和著作，在此向有关作者表示衷心的感谢。对书中的不足之处，恳请广大读者批评指正。

编者
2010年8月

目 录

前言
绪论 ··· 1
 第一节 水力发电和机电排灌工程建设概况 ·· 1
  一、我国水能资源及水力发电工程建设发展概况 ··· 1
  二、我国机电排灌工程建设发展概况 ··· 2
 第二节 水电站与水泵站的类型及组成建筑物 ·· 4
  一、水电站的类型 ··· 4
  二、泵站的基本类型 ··· 6
  思考题 ·· 10

第一章 无压引水建筑物 ··· 11
 第一节 无压进水口 ·· 11
  一、无压进水口 ··· 11
  二、虹吸式进水口 ··· 13
 第二节 引水渠道 ··· 15
  一、渠道 ·· 15
  二、水电站动力渠道 ·· 17
 第三节 渡槽 ·· 19
  一、渡槽的作用及组成 ··· 19
  二、渡槽的形式 ··· 19
  三、渡槽的总体布置 ·· 20
  四、渡槽的水力计算要点 ·· 21
  五、梁式渡槽的结构设计 ·· 22
 第四节 无压引水隧洞 ··· 29
  一、无压引水隧洞的特点 ·· 29
  二、无压引水隧洞的断面形式 ·· 30
  三、无压引水隧洞经济断面的确定 ·· 30

　　　　四、引水隧洞的线路选择 ………………………………………………… 31
　第五节　压力前池 ……………………………………………………………… 31
　　　　一、概述 ……………………………………………………………………… 31
　　　　二、压力前池的主要设备 …………………………………………………… 35
　　　　三、压力前池结构设计的原则 ……………………………………………… 37
　　　　思考题 ………………………………………………………………………… 37

第二章　有压引水建筑物 ………………………………………………………… 38
　第一节　概述 …………………………………………………………………… 38
　第二节　有压进水口 …………………………………………………………… 39
　　　　一、有压进水口的主要类型及适用条件 …………………………………… 39
　　　　二、有压进水口的布置及轮廓尺寸 ………………………………………… 42
　　　　三、有压进水口的主要设备 ………………………………………………… 43
　第三节　有压隧洞 ……………………………………………………………… 46
　　　　一、概述 ……………………………………………………………………… 46
　　　　二、隧洞的布置与选线 ……………………………………………………… 48
　　　　三、有压隧洞各组成部分的形式及构造 …………………………………… 49
　　　　四、隧洞的衬砌计算 ………………………………………………………… 53
　　　　五、隧洞的喷锚支护 ………………………………………………………… 58
　第四节　压力管道 ……………………………………………………………… 59
　　　　一、压力管道的功用和类型 ………………………………………………… 59
　　　　二、压力管道的布置和供水方式 …………………………………………… 60
　　　　三、压力管道的水力计算和经济直径的确定 ……………………………… 62
　　　　四、钢管的管壁厚度 ………………………………………………………… 63
　　　　五、明钢管的敷设方式和镇墩、支墩及附属设备 ………………………… 64
　　　　六、压力管的结构分析 ……………………………………………………… 68
　第五节　埋管 …………………………………………………………………… 78
　　　　一、地下埋管 ………………………………………………………………… 78
　　　　二、坝身管道 ………………………………………………………………… 82
　第六节　调压室 ………………………………………………………………… 83
　　　　一、调压室的功用、要求及设置调压室的条件 …………………………… 83
　　　　二、调压室的基本类型 ……………………………………………………… 85
　　　　思考题 ………………………………………………………………………… 87

第三章　水电站与水泵站水力过渡过程 ………………………………………… 89
　第一节　概述 …………………………………………………………………… 89
　　　　一、水锤 ……………………………………………………………………… 89
　　　　二、调压室水位波动 ………………………………………………………… 92
　　　　三、机组转速变化 …………………………………………………………… 94

		四、研究有压引水系统水力过渡过程的目的	94
		五、调节保证计算的标准和条件	94
	第二节	基本方程	95
		一、水锤的基本微分方程及其基本解	95
		二、调压室的基本方程	97
	第三节	水电站水锤及其调节保证计算	98
		一、水锤计算	98
		二、机组转速变化计算	107
	第四节	调压室水位波动计算	110
		一、调压室水位波动计算的目的和计算工况	110
		二、调压室水位波动的稳定分析	110
	第五节	停泵水锤计算	112
		一、水泵出水侧未装逆止阀的水锤计算	112
		二、水泵出水侧装有逆止阀的水锤计算	114
		思考题	115
第四章	水电站厂房的组成与厂区		116
	第一节	水电站厂房的任务与组成	116
		一、厂房的任务	116
		二、厂房的组成	116
	第二节	水电站厂房的类型	119
		一、地面厂房	119
		二、地下式厂房	120
		三、其他形式厂房	121
	第三节	水电站厂区的布置	121
		一、厂区布置的原则和任务	121
		二、厂区四大建筑物的布置要求	121
		三、各种类型厂房的厂区布置	123
第五章	水电站厂房		125
	第一节	概述	125
		一、水电站设计的基本资料	125
		二、水电站厂房的结构轮廓	126
	第二节	立式机组地面厂房的横剖面布置	131
		一、水轮机的剖面布置	131
		二、发电机的剖面布置	147
		三、上部结构的剖面布置	150
	第三节	立式机组地面厂房的平面布置	151
		一、发电机层的平面布置	151

二、水轮机层的布置 ……………………………………………… 153
第四节　副厂房的布置 ………………………………………………… 155
　　一、中央控制室 …………………………………………………… 155
　　二、集缆室 ………………………………………………………… 156
　　三、继电保护室 …………………………………………………… 156
　　四、开关室 ………………………………………………………… 156
　　五、通信室及远动装置室 ………………………………………… 156
第五节　卧式机组厂房的布置 ………………………………………… 157
　　一、卧式机组地面厂房的特点 …………………………………… 157
　　二、卧式机组地面厂房的设备布置 ……………………………… 157
　　三、卧式机组主厂房尺寸的拟定 ………………………………… 159
　　思考题 ……………………………………………………………… 163

第六章　水泵站规划 …………………………………………………… 164
第一节　水泵站规划的任务、原则、标准和依据 …………………… 164
　　一、规划的任务和原则 …………………………………………… 165
　　二、规划的标准 …………………………………………………… 166
　　三、规划的依据 …………………………………………………… 166
第二节　灌溉泵站工程规划 …………………………………………… 167
　　一、灌区划分 ……………………………………………………… 167
　　二、站址选择 ……………………………………………………… 167
　　三、设计流量和特征扬程的确定 ………………………………… 168
第三节　排涝泵站工程规划 …………………………………………… 173
　　一、排涝分区 ……………………………………………………… 173
　　二、站点布置与站址选择 ………………………………………… 173
　　三、设计流量和特征扬程的确定 ………………………………… 176
第四节　机组选择与装机容量 ………………………………………… 179
　　一、水泵类型及其应用范围 ……………………………………… 179
　　二、机组选择与装机容量 ………………………………………… 184
　　思考题 ……………………………………………………………… 189

第七章　泵站设计 ……………………………………………………… 190
第一节　抽水装置与管道布置设计 …………………………………… 190
　　一、水泵抽水装置 ………………………………………………… 190
　　二、管道布置 ……………………………………………………… 192
　　三、抽水装置与管道布置设计方案的验算 ……………………… 194
第二节　进、出水池设计 ……………………………………………… 199
　　一、进水池设计 …………………………………………………… 199
　　二、出水池设计 …………………………………………………… 202

第三节　泵房布置设计 ················· 205
　　　一、泵房的形式 ····················· 205
　　　二、卧式泵房的布置设计 ············· 210
　　　三、立式泵房的布置设计 ············· 215
　　　思考题 ··························· 216

第八章　厂房结构设计 ······················· 217
　第一节　厂房结构的组成和荷载的传力途径 ······· 217
　　　一、厂房结构的组成和作用 ··········· 217
　　　二、荷载的传力系统和传力途径 ······· 220
　第二节　厂房混凝土浇筑的分期和分块 ········· 220
　　　一、厂房混凝土的浇筑分期 ··········· 220
　　　二、厂房混凝土的浇筑分块 ··········· 220
　第三节　厂房的分缝和止水构造 ··············· 222
　　　一、厂房的分缝布置与止水构造 ······· 222
　　　二、厂房施工浇筑缝的止水构造 ······· 223
　第四节　厂房上部结构的计算 ················· 223
　　　一、结构布置 ····················· 224
　　　二、吊车梁 ······················· 224
　　　三、楼板 ························· 227
　第五节　发电机机墩 ······················· 229
　　　一、结构尺寸的拟定 ··············· 229
　　　二、圆筒的结构计算 ··············· 230
　　　三、风罩外壁的结构计算 ··········· 232
　第六节　蜗壳 ····························· 233
　　　一、金属蜗壳外围混凝土结构 ······· 233
　　　二、钢筋混凝土蜗壳 ··············· 235
　第七节　尾水管 ··························· 236
　　　一、弯曲段和深梁段 ··············· 237
　　　二、扩散段 ······················· 238

绪　论

【教学目的】　本章主要介绍水力发电和机电排灌的建设发展状况、水电站和水泵站的类型，通过本章的学习，重点了解水电站和水泵站工程的建设任务，明确本课程的特点和学习任务。

【教学要求】　了解我国水力发电和机电排灌工程建设与发展情况；熟悉水力发电和机电排灌工程的基本任务；熟悉水力发电和机电排灌工程建筑物的组成与分类。具体要求见下表。

本章教学要求

能力目标	知识要点	权重	自测分数
了解相关知识	水力资源蕴藏量及其运用情况、水力发电的建设规模与成就；机电排灌工程在国民经济的地位和作用，机电排灌工程建设与发展情况、基本任务、建筑物分类与组成	30%	
熟练掌握知识点	(1) 水电站类型、特点、组成建筑物及其布置特点； (2) 水泵站类型、特点、组成建筑物及其布置特点	40%	
运用知识分析案例	水电站与水泵站工程布置的评价与论证	30%	

第一节　水力发电和机电排灌工程建设概况

一、我国水能资源及水力发电工程建设发展概况

水能是可利用和可再生重要的能源，在目前强调减少碳排放的形势下，水能作为一种清洁的、零碳排放的、可循环利用的能源重新得到人们的重视，水力发电在减少碳排放方面具有重要意义。据统计，全世界可开发的水电容量约为 22 亿 kW，平均开发程度已达到 25% 以上。水力发电已成为我国日益重要的能源供应。我国水能资源丰富，理论蕴藏量为 6.76 亿 kW，可开发资源为 3.78 亿 kW，均占世界第一位。我国各水系水能资源蕴藏量见表 0-1。

我国的水能资源虽然极其丰富，但特殊的地形条件使其时空分布很不均匀，大部分集中在西南地区，其次在中南地区，其他地区的水能资源相对较少。全国分区可开发水能资源见表 0-2。

表 0-1　　　　　　　　我国各水系水能资源的蕴藏量

流　域	理论出力 （万 kW）	年发电量 （亿 kW·h）	占全国 （%）
全国	67604.71	59221.80	100.0
长江	26801.77	23478.40	39.6
黄河	4054.80	3552.00	6.0
珠江	3348.37	2933.20	5.0
海滦河	294.40	257.90	0.4
淮河	144.96	127.00	0.2
东北诸河	1530.60	1340.80	2.3
东南沿海诸河	2066.78	1810.50	3.1
西南国际诸河	9690.15	8488.60	14.3
雅鲁藏布江及西藏其他河流	15974.33	13993.50	23.6
北方内陆及新疆诸河	3698.55	3239.90	5.5

表 0-2　　　　　　　　全国分区技术可开发的水能资源

流　域	装机容量 （万 kW）	年发电量 （亿 kW·h）	占全国 （%）
全国	37853.24	19233.04	100.0
长江	19724.33	10274.98	53.4
黄河	2800.39	1169.91	6.1
珠江	2485.02	1124.78	5.8
海滦河	213.48	51.68	0.3
淮河	66.01	18.94	0.1
东北诸河	1370.75	439.42	2.3
东南沿海诸河	1389.68	547.41	2.9
西南国际诸河	3768.41	2098.68	10.9
雅鲁藏布江及西藏其他河流	5038.23	2968.58	15.4
北方内陆及新疆诸河	996.94	538.66	2.8

经过 50 多年的开发建设，一大批举世闻名的水利水电枢纽工程已经建成或正在建设。建国初，全国水电装机容量仅为 36 万 kW，年发电量 12 亿 kW·h；到 1998 年底，全国已建水电站装机容量 6320 万 kW，年发电量 2080 亿 kW·h，在建规模约 4600 万 kW。全国水电装机容量和发电量已占全国电力总装机容量和发电量的 23.4% 和 17.8%。其中，全国水利系统共建成大、中、小型水电站 48862 座，总装机容量已达 2812 万 kW，占全国水电装机总容量的 45%，年发电量 892 亿 kW·h。在水电建设中，农村水电已经成为一支重要力量。为了帮助中西部地区人民脱贫致富，在水电资源丰富的地区，大力进行水电开发建设，已有 318 个县利用水电供电实现了农村初级电气化，另外 300 个电气化县正在建设。农村水电的发展，促进了农村经济和精神文明的发展，在农村奔小康进程中，担负着重要使命，起着举足轻重的作用。

二、我国机电排灌工程建设发展概况

我国是水利大国，与华夏文明一样，治水的历史源远流长，治水的成就灿烂辉煌。特

第一节 水力发电和机电排灌工程建设概况

殊的自然地理条件,决定了除水害、兴水利历来是我国治国安邦的大事。水利兴则天下定,仓廪实,百业兴。历代善治国者均以治水为重。新中国成立前,水利基础设施非常薄弱,水旱灾害十分频繁。1949年中华人民共和国成立后,党和政府对水利高度重视,领导全国各族人民,进行了大规模水利建设,取得了举世瞩目的成就。从1949年至今,水利事业得到了前所未有的发展,取得了辉煌的成就。

在农田水利事业方面,我国共兴建万亩以上灌区5579个,总面积3.37亿亩。累计打机井355万眼,井灌区面积2.12亿亩;在干旱区兴修小水塘、小水窖771万个。全国有效灌溉面积由新中国成立前的2.4亿亩,增加到目前的8亿亩,机电排灌总动力由7万kW发展到7269万kW,全国除涝面积累计达到3亿亩,占易涝面积的82%;盐碱地改良面积8000多万亩,占盐碱地面积的71%;治理渍害低产田4950万亩,占渍害低产田面积的33%。节水灌溉从无到有,目前节水灌溉面积已达2.28亿亩,其中,喷灌、滴灌和微灌等现代化节水灌溉面积2600万亩,管道输水灌溉面积7800万亩,渠道防渗面积1.24亿亩。

在城市给水工程方面,我国主要建设了"引滦入津"、"东深供水"和"南水北调"等大型的供水工程。

【知识链接0-1】

东深供水工程是在广东省东莞市内实现北水南调的一项宏伟工程。它于东莞桥头采用东江水,通过拦河筑坝及建立一系列抽水站,逐级提升水位,改东江支流石马河水由北向南倒流,最后输送到香港。供水工程线路全长83km(其中东莞境内64km),由50.5km石马河道,13km沙湾河道,3km新开河,16km人工渠道,六个拦河坝,八个梯级抽水站,两个调节水库,35km输水管道组成。安装有目前世界上同类型最大的液压全调节立轴抽芯式斜流泵,成功开发应用具有国际先进水平的供水工程自动化监控系统,工程建设技术总体上达到国际先进水平。

【知识链接0-2】

南水北调研究自20世纪50年代开始,总体布局被设计为三条调水线路,即西线工程、中线工程和东线工程,分别从长江上、中、下游调水,以适应西北、华北各地发展的需要。通过三条调水线路与长江、黄河、淮河和海河四大江河的联系,逐步构成以"四横三纵"为主体的中国大水网。这样的总体布局,有利于实现我国水资源南北调配、东西互济的合理配置格局,对协调北方地区东部、中部和西部可持续发展对水资源的需求,具有重大的战略意义。

东线工程是在现有的江苏省江水北调工程、京杭运河工程、淮河现有工程和其他相关工程基础上建设的,包括输水系统和蓄水工程。输水工程主要包括输水河道工程、泵站工程、穿黄工程。有两个引水口,分别是淮河入长江的三江营和京杭运河入长江的高港。从长江到天津输水河道总长1156km。黄河地势最高,引水口处比黄河地面处低36~37m,

从长江引水到黄河南岸需建设 13 级泵站，总扬程 65m。穿过黄河将自流到天津。东线泵站特性是低扬程（2～6m）、大流量（每台 15～40m³/s）、长运行时间（5000h/a）。

中线工程地理位置优越，可基本自流输水，工程投资较大；水源水质好，规划输水干线与现有河道全部立交，水质易于保护；输水渠线所处位置地势较高，可解决京、津、冀、豫四省（直辖市）京广铁路沿线的城市供水问题，还有利于改善生态环境。中线工程将由两个主要部分组成，即水源区工程和输水系统。水源区工程为丹江口大坝续建和汉江中、下游补偿工程。输水系统包括汉江输水总干渠和天津干渠。总干渠开始于陶岔渠首，沿已建 8km 渠道延伸，沿伏牛山南麓向东北，经南阳过白河跨方城垭口分水岭，经宝丰、禹州、新郑西部，于河南省省会郑州市西北部李村穿过黄河，在太行山东麓与京广线之间沿华北平原延伸，过唐县进入丘陵区，穿过北拒马河进入首都北京，穿永定河进入北京市区，终点团城湖，总长 1273.72km。总干渠渠首设计水位 147.38m，终点 48.57m，能沿全线自流。天津主渠总长 154km，从河北省徐水县西黑山北部分水口到天津西河闸。

西线工程从长江上游引水入黄河，是解决我国西北地区和华北部分地区干旱缺水的战略性工程。

黄河与长江之间有巴颜喀拉山相隔，黄河河床高于长江相应河床 80～450m。调水工程需筑高坝壅水或水泵提水，并开挖长隧洞穿过巴颜喀拉山。引水方式考虑自流和提水两种。无论采取哪种引水方式，都要修建高 200m 左右的高坝和开挖 100km 以上的长隧洞。该工程引水的水源点多，调水区的水质好，但因地处长江上游，水量相对有限。西线工程位于青藏高原东南部，属高寒缺氧地区，自然环境较为恶劣，交通不便，且处于褶皱强烈、活动断裂较为发育的强地震带，地质条件较为复杂，工程技术难点相对较多，工程投资大。

第二节　水电站与水泵站的类型及组成建筑物

一、水电站的类型

在开发河流水能资源时，按集中落差形成水头的方式不同，将水电站分为坝式、引水式和混合式三种。

（一）坝式水电站

其主要依靠拦河筑坝（或闸）抬高水位、集中落差形成水头的水电站，称为坝式水电站。坝式水电站有河床式（图 0-1）、坝后式（图 0-2）和河岸式等类型。

当水头不大时，水电站厂房本身能承受上游水压力，成为挡水建筑物上的一个组成部分，这种坝式水电站称为河床式水电站。河床式水电站多建于河流的中、下游，且水头较低。

当水头较大时，水电站厂房难以独立承担上游水压力，因此厂房不能起挡水作用。水电站厂房一般布置在挡水坝下游，这种坝式水电站的厂房称为坝后式厂房。坝后式水电站

图 0-1 河床式水电站

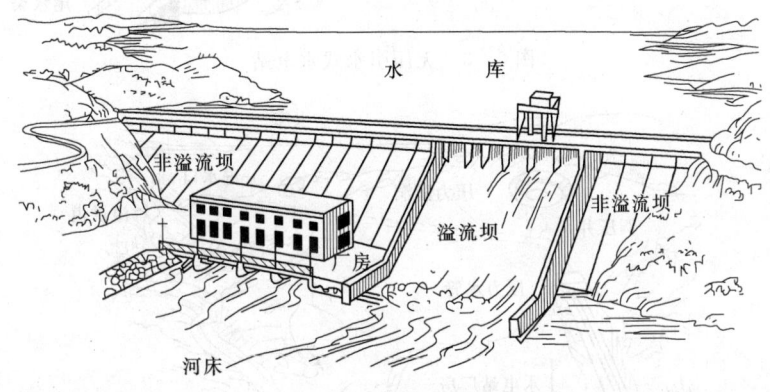

图 0-2 坝后式水电站

多建于河流的中、上游，并具有一定的水库库容，对水量进行重新分配。

（二）引水式水电站

引水式水电站是在河段上游筑闸或低坝取水，经引水道引水至河段下游来集中落差形成水头的水电站，如图 0-3 所示。

这类水电站的水头主要依靠引水道来形成，多建于河流的中、上游，河道坡陡流急或有跌水，有时也修建于河流中、下游有大弯段的河段，利用裁弯取直集中水头。

引水道可以是无压的，也可以是有压的。

（三）混合式水电站

通过拦河筑坝集中部分落差，再通过有压引水道集中另一部分落差而形成总水头的水电站，称为混合式水电站，如图 0-4 所示。

当上游河段有良好筑坝建库条件，且下游河段坡降大时，适于建混合式水电站。混合式水电站大多为中、大型水电站。

（四）水电站的组成建筑物

(1) 进水、输水建筑物。从河道或水库按发电要求将水引进引水道的建筑物，如有压、无压进水口等为进水建筑物。将发电用水由进水建筑物输送给水轮发电机组的建筑物，如明渠、隧道、压力管道等为输水建筑物。

(2) 平水建筑物。当水电站负荷变化时用以平稳引水建筑物中流量和压力的变化，保

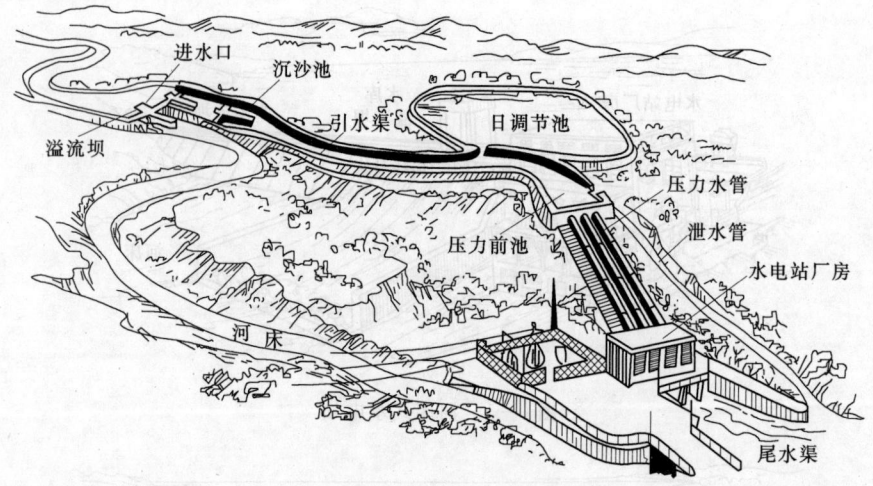

图 0-3 无压引水式水电站

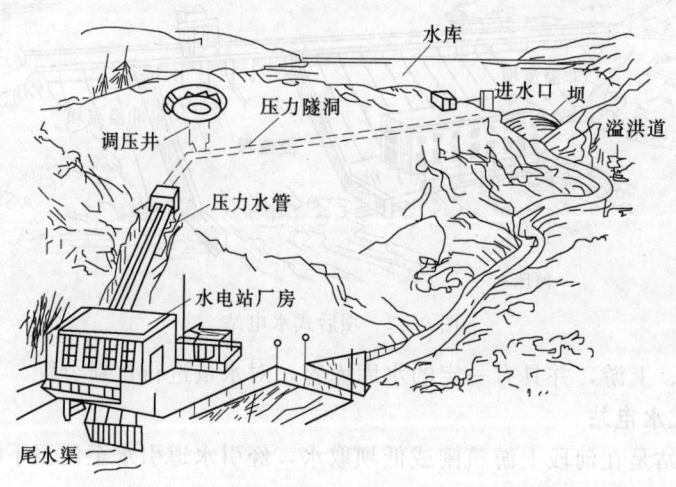

图 0-4 混合式水电站

证水电站运行稳定的建筑物，如调压室、压力前池等。

(3) 厂房建筑物。这主要是指主厂房、副厂房、变压器场、高压开关站等建筑物。

二、泵站的基本类型

泵站类型的划分方法较多。按工程类型可以划分为给水泵站和排水泵站；按泵型来划分可分为离心泵站、轴流泵站和混流泵站；按装置方式可划分为立式泵站和卧式泵站；按泵房是否可动可分为固定泵站和移动泵站等。从总的方面来区分，应以工程类型来划分，即分为给水泵站和排水泵站两大类。

(一) 给水泵站

给水工程中，按泵站在给水工程系统中的作用可分为取水泵站、送水泵站、加压泵站及循环泵站。

取水泵站是给水工程的一级泵站，其工艺流程如图 0-5 所示，从水源将水引入吸水井，水泵从吸水井抽水，通过闸阀，将水送入净化池。取水泵站的特点是要适应水源水位的变化，枯水时，为了保证泵站能够正常运行，泵站必须布置足够低，洪水时，为了防洪，泵站必须设置有足够高的防洪墙。为了便于防洪，常采用圆筒式钢筋混凝土结构，这类泵房的设计必须考虑抗浮问题。

送水泵站为给水工程系统的二级泵站，它输送的是清净水，因此又称为清水泵站，其工艺流程如图 0-6 所示。泵站的进水池和出水池的水位变化范围均较小，通常不超过 3~4m，工作扬程和流量比较稳定，泵房基础埋深较浅，一般可建成地面式泵房。

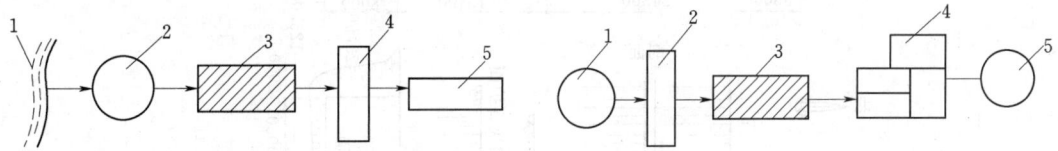

图 0-5　地面取水泵站工艺流程
1—水源；2—吸水井；3—取水泵房；
4—闸阀井（即切换井）；5—净化场

图 0-6　送水泵站工艺流程
1—清水池；2—吸水井；3—送水泵房；
4—管网；5—高地水池（水塔）

当供水管网面积比较大或输配水线路较长，由于地形起伏大，需要在输水管网中增设加压泵站，其工艺流程如图 0-7 所示。在工业生产中，当生产用水可以循环使用或经过简单处理后回用时，需要设置循环泵站。例如，水冷却用水系统中，需要设置两套泵系统，分别为热水泵系统和冷水泵系统，热水泵将生产中的热废水排出，输送到冷却构筑物进行降温，冷却后的水再由冷水泵抽送到生产车间重新使用。循环泵站的工艺流程如图 0-8 所示。

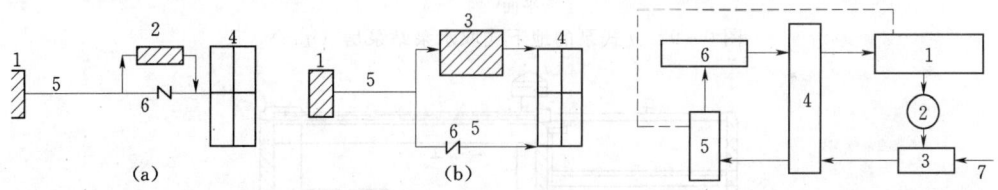

图 0-7　加压泵站供水方式
1—二级泵房；2—增压泵房；3—水库泵站；
4—配水管网；5—输水管；6—逆止阀

图 0-8　循环给水系统工艺流程
1—生产车间；2—净水构筑物；3—热水井；
4—循环泵站；5—冷却构筑物；6—集水池；
7—补充新鲜水

大型的调水工程需要分级设置提水泵站，一般根据地形变化沿程布置提水泵站，泵站规模比较大，多采用轴流泵或混流泵。取水泵站的布置简图如图 0-9 所示。

（二）排水泵站

排水泵站可分为排除生活污水和生产废水的污水泵站以及排除雨水的雨水泵站。按其在排水系统的作用，又可分为中途泵站（也称区域泵站）和终点泵站（也称总泵站）。

1. 污水泵站

图 0-10 所示为某污水泵站的剖面布置。污水泵站主要排除生活污水和生产废水，排水流量比较均匀，流量较小，没有明显的日间和季节变化，一般设置集水井，各种污水和废水汇集到集水井，水满后启动水泵抽水。因此，污水泵站水泵启动比较频繁，启动的次数和持续时间取决于集水井的容积。

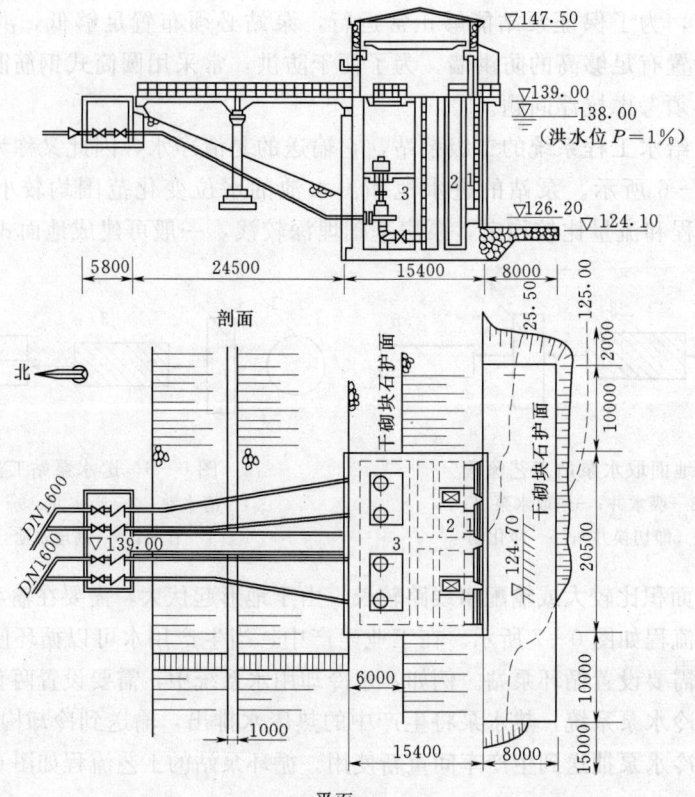

图 0-9 立式泵的地下式取水泵站泵房（mm）

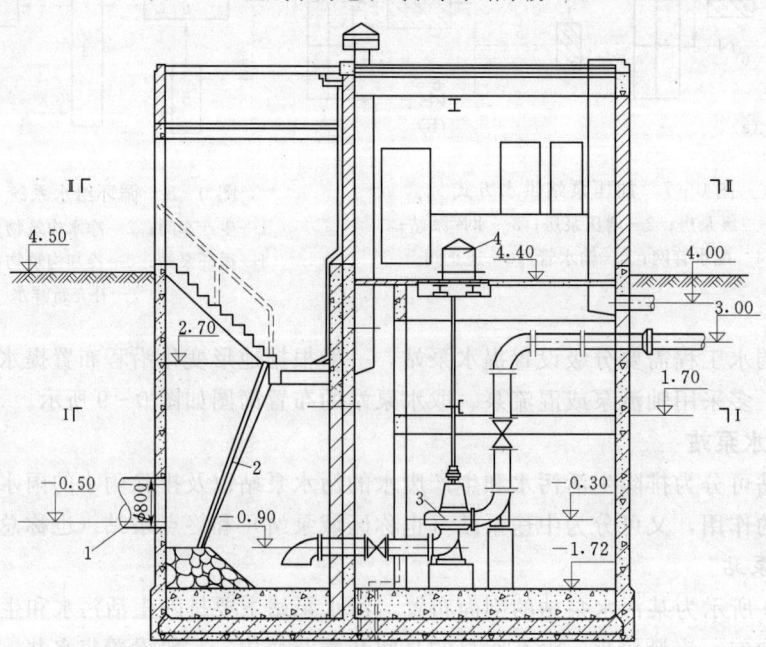

图 0-10 立式水泵的圆形污水泵站（mm）
1—来水干管；2—格栅；3—水泵；4—电动机

2. 雨水泵站

图 0-11 是雨水泵站布置示意图，图 0-12 所示为雨水泵站的剖面布置。雨水泵站与

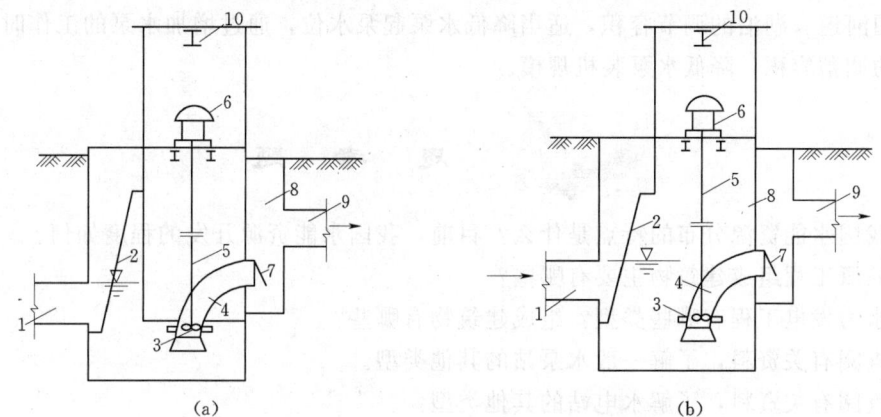

图 0-11 "干室型"和"湿室型"雨水泵站的布置
(a) "干室式"雨水泵站；(b) "湿室式"雨水泵站
1—来水干管；2—格栅；3—水泵；4—压水管；5—传动轴；6—立式电机；
7—拍门；8—出水井；9—出水管；10—单梁吊车

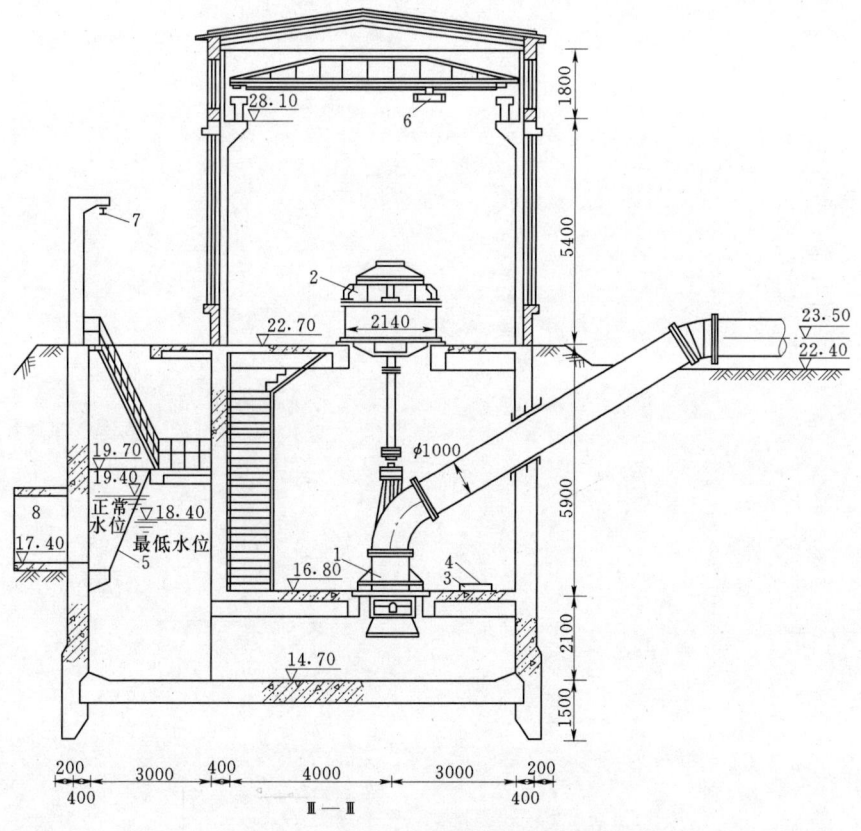

图 0-12 雨水泵站的剖面布置（mm）
1—40ZLQ—50 型轴流泵；2—TDL 型电动机；3—4BA—18A 型污水泵；4—JQ$_2$—52 型电动机；
5—格栅；6—A57 型电动单梁吊车；7—SH$_5$ 型手动吊车；8—来水矩形渠

污水泵站不同，它有明显的季节性变化，开机时间不长，但水泵设计流量较大，装机规模也比较大。在城市排水工程中，一般主要采用轴流泵和混流泵。为了减小泵站装机规模，需要利用河道、湖泊的调节容积，适当降低水泵起泵水位，通过增加水泵的工作时间，增加更大的调蓄容积，降低水泵装机规模。

1. 我国水能资源分布的特点是什么？目前，我国水能资源开发的程度如何？
2. 灌溉工程组成建筑物主要有哪些？
3. 水力发电工程有哪些类型？组成建筑物有哪些？
4. 查阅有关资料，了解一般水泵站的其他类型。
5. 查阅有关资料，了解水电站的其他类型。

第一章 无压引水建筑物

【教学目的】 全面讲述无压引水建筑物的类型、特点和布置要求，通过学习重点掌握各类建筑物布置方案的拟订、论证、比选和主要尺寸的确定方法及程序。

【教学要求】 熟悉水电站和水泵站无压引水建筑物的作用、特点、组成及构造；掌握无压引水建筑物的水力设计方法；掌握无压引水建筑物的结构拟定和结构分析方法。具体要求见下表。

本章教学要求

能力目标	知识要点	权重	自测分数
了解相关知识	各建筑物类型、特点、布置原则和要求	30%	
熟练掌握知识点	(1) 选择建筑物形式和水力计算 (2) 建筑物布置方案的论证 (3) 建筑物结构设计方法	40%	
运用知识分析案例	主要工作内容、程序	30%	

【内容导引】 无压引水建筑物是水电站和水泵站的重要组成部分。无压引水式水电站的进水系统大部分为无压引水建筑物，包括无压进水口、渠系建筑物和压力前池；水泵站进水系统均为无压引水建筑物包括无压进水口、渠系建筑物和进水池，水泵站出水系统的无压引水建筑物包括出水池、渠系建筑物以及水处理设施。

本章内容编排按照水电站进水系统展开：进水口、渠系建筑物和压力前池。水泵站进水池和出水池以及水处理设施要结合水泵安装布置要求讲述，该部分放在第七章讲述。

第一节 无压进水口

无压进水口就是开敞式渠首建筑物，一般用于无压引水式水电站，也可作为水泵站进水渠首部建筑物。特点是进水口水流为无压流。按枢纽组成的不同，无压进水口分为有坝取水进水口和无坝取水进水口。

一、无压进水口

（一）无压进水口位置选择

由于无压进水口的拦河坝一般为低坝，水深较小，进水口同时受到漂浮物和泥沙的影响，故其拦沙、排沙、拦截漂浮物的问题比较突出。因此，无压进水口的位置应尽可能选在河床稳定的河流凹岸，以防回流造成漂浮物堆积，而且可以利用河湾处的横向环流，使进水口引进表层较清的水，而底沙则由底流带向凸岸，进水口前的漂浮物则由主流冲向下游。此外，为使水流平顺，在进水闸前最好有一段喇叭口与河流相衔接，如图1-1所示。在喇叭进水口前根据需要可设置拦沙坎拦截泥沙，如水流中漂浮物较多，在喇叭口段内还应设置拦污栅拦阻漂浮物进入。

当无合适稳定河段可利用时，可采用人工措施造成人工弯道。图1-2所示为无压进水口布置实例。

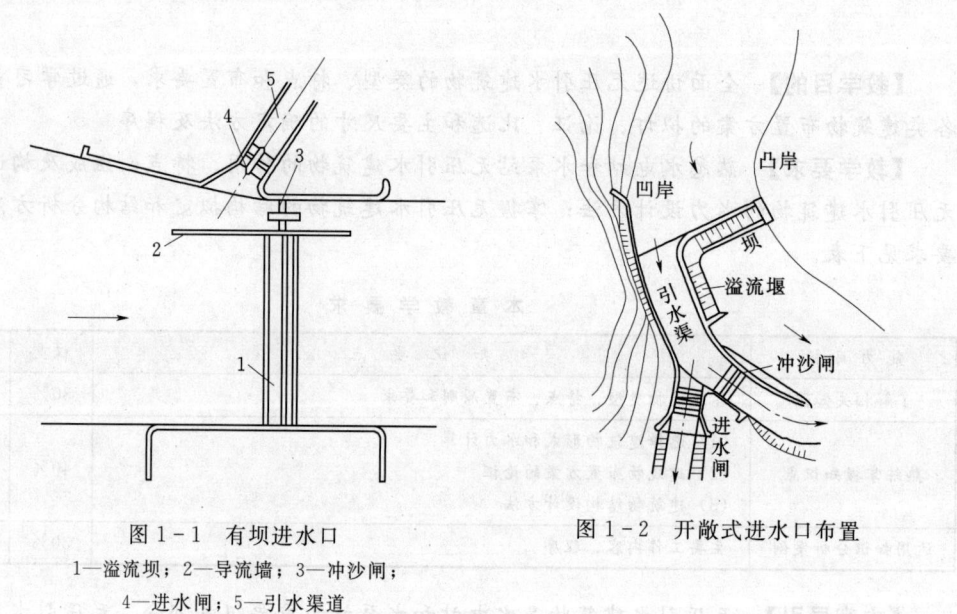

图1-1　有坝进水口　　　　　图1-2　开敞式进水口布置
1—溢流坝；2—导流墙；3—冲沙闸；
4—进水闸；5—引水渠道

（二）无压进水口的组成建筑物及其布置

有坝无压进水口的组成建筑物一般有拦河低坝（拦河闸）、进水闸、冲沙闸及沉沙池等。

其布置受河道形态和水文特征影响较大，应根据具体条件确定布置形式。布置中应使水流平顺，易于防沙、防冰和清污。当无适合的稳定弯道可利用时，可采取工程措施造成人工弯道以形成横向环流，如图1-2所示。进水口由人工弯道的凹岸取水，在弯道尾端设冲沙泄洪闸排除推移质泥沙，进水口设有进水闸或灌溉闸。弯道半径为弯道断面平均宽度的4~8倍，弯道长度为弯道半径的1~1.4倍。

进水闸与冲沙闸的相对位置应以"正面取水，侧向排沙"的原则进行布置。条件允许时，进水闸引水方向与河道主流方向偏向角尽量减小，一般不大于20°~30°。冲沙闸的布置应以提高冲沙效果、施工方便为原则，因地制宜进行。进水闸轴线与冲沙闸轴线交角宜在35°~45°之间，以保证防沙效果。当地形条件限制不能满足以上要求时，应适当加大冲沙闸的过水能力，并在进口前设分水墙，以形成冲沙槽。冲沙槽和冲沙闸按常年洪水流量设计，其布置如图1-3所示。也可设置冲沙廊道排除进口前淤沙。

第一节 无压进水口

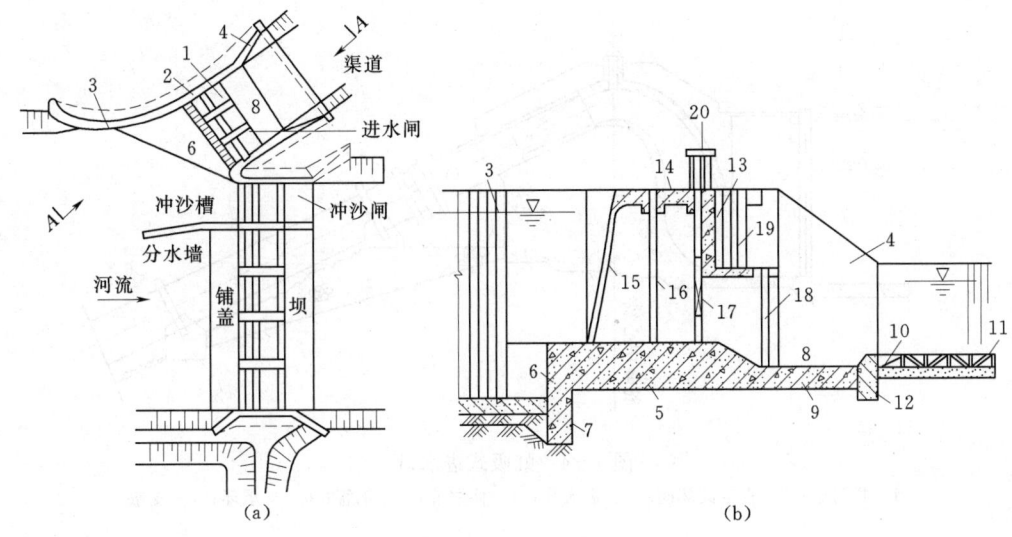

图 1-3 带冲沙廊道的进水口总体布置
(a) 平面图；(b) 进水口 A—A 纵剖面图
1—闸墩；2—边墩；3—上游翼墙；4—下游翼墙；5—闸底板；6—拦沙坎；7—截水墙；8—消力池；
9—护坦；10—穿孔混凝土板；11—海漫；12—齿墙；13—胸墙；14—工作桥；15—拦污栅；
16—检修闸门；17—工作闸门；18—下游检修闸门；19—下游闸门存放槽；20—启闭机

冲沙闸底板高程一般与河床齐平，进水闸底槛高程应高出冲沙闸底板高程，并不小于 1.00~1.5m，以防止泥沙进入引水道。在洪水期，引水比例较小，河道推移质较大时，可设拦沙坎，防止泥沙入渠。拦沙坎高度为冲沙槽设计水深的 1/4~1/3，不宜小于 1~1.5m，拦沙坎与进水闸水流方向宜成 30°~40°交角。

二、虹吸式进水口

对于水头在 20~30cm，前池水位变幅不大的水利工程及无压引水式电站，采用虹吸式进水口可简化布置，节约投资。在小型水电站及水利工程中采用较多，如图 1-4 所示。

虹吸式进水口是利用虹吸原理将水从前池引向压力管道。由于这种进水口能迅速切断水流而无需闸门及启闭机等设备，因此布置简单，操作简便，停机可靠，节省投资。但虹吸管的形体较复杂，施工质量要求较高。由于水流要越过压力墙顶进入压力管道，故引水道比闸门式进水口长，工程量相应增多。

虹吸式进水口一般由进口段、驼峰段、渐变段三部分组成。进口段的进口淹没在上游一定的水深下，并安装拦污栅。进口流道光滑平顺，为矩形断面的管道，以曲线与驼峰衔接。流道可采用象鼻形、S形等形式，驼峰段经常处于负压下工作，驼峰高程最高，压力最低。为减小驼峰顶点的负压，断面形式一般采用扁方形。渐变段为扁方形驼峰段和圆形管道的过渡段，在水平方向逐渐收缩，在垂直方向逐渐扩散，以便使水流平顺进入压力管道。为了减少水头损失，两个方向的收缩角或扩散角一般控制在 8°~10°左右，驼峰顶点装有真空破坏阀，并布置有抽气管道、旁通管及阀门等。抽气机或射流气泵可布置在附近机房内。虹吸式进水口的进口段、驼峰段和渐变段都是埋置在大体积混凝土或浆砌块石中

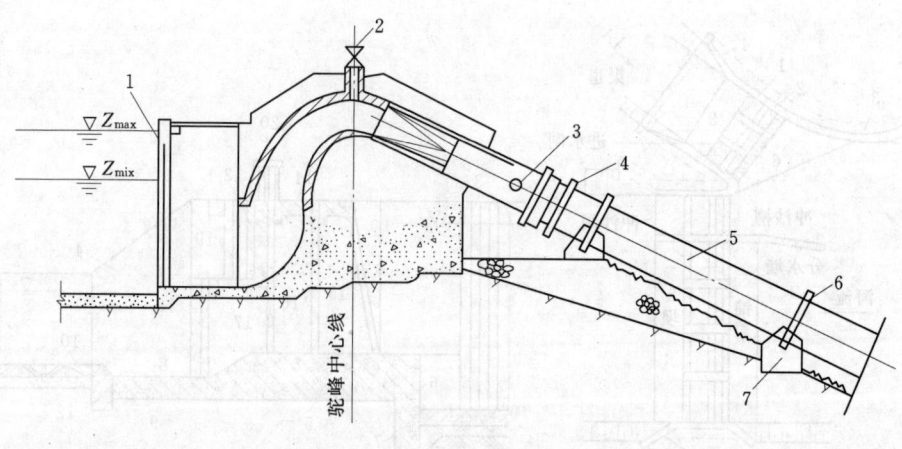

图 1-4 虹吸式进水口
1—拦污栅；2—真空破坏阀；3—进人孔；4—伸缩节；5—钢管；6—支承环；7—支墩

的钢筋混凝土结构，如图 1-4 所示。

电站在引水发电时，为了使虹吸管内形成满管流，必须先抽空管内空气，为了减少驼峰下游侧的抽气量，常需设置充水管，向压力管内充水，充水管设在拦污栅后面。机组启动前，先关闭水轮机导叶，同时打开驼峰段上面的真空破坏阀，使充水时压力管内的空气由此排除，再开启充水阀使压力管充水，直至管内水位与压力前池水位齐平，然后关闭充水阀，抽气充水。

【知识链接 1-1】

进水建筑物设计流量为引水设计所需流量与引水建筑物水量损失流量之和。渠道水量损失流量计算公式为

$$q_s = \frac{c_2}{10000}(b + h\sqrt{1+m^2})h^{1/3}$$

式中　q_s——渠道渗漏流量，$m^3/(s \cdot km)$；
　　　b——渠道底宽，m；
　　　h——渠道水深，m；
　　　m——渠道边坡；
　　　c_2——系数，见下表。

护面类型	c_2	护面类型	c_2
80mm 厚混凝土	1	沥青	5
30mm 厚水泥浆	5	75mm 厚黏土	8
80mm 厚水泥浆	2	15 厚黏土	4

第二节 引 水 渠 道

一、渠道

渠道是发电、灌溉、航运、给水、排水等水利工程中广泛采用的输水建筑物。渠道遍布整个灌区或电站枢纽，线长面广。

渠道设计的任务是在给定的设计流量条件下，选择渠道的线路、确定渠道的纵坡、横断面尺寸、形状和结构等。

（一）渠道线路选择

渠道的线路选择，关系到枢纽合理布置开发、渠道安全输水和降低工程造价等关键问题，应综合考虑地形、地质、施工条件、挖填方平衡及便于管理养护等因素综合分析确定。

（1）地形条件。渠道线路尽量选用直线，并力求选择在挖填方基本平衡的地方，如不能满足，则应尽量避免高填方和深挖方地带，转弯也不能过急。对于衬砌渠道，转弯半径不应小于 $2.5B$（B 为渠道水面宽度）；对于不衬砌渠道，转弯半径不应小于 $5B$。

在山区及丘陵地区，渠道线路应尽量沿等高线布置，以免过大的挖填方量。当渠道通过山谷、山脊时，应对高填、深挖、绕线、渡槽、穿洞等方案进行比较，从中优选方案。为了减小工程量，渠道应与道路、河流正交。

（2）地质条件。渠道线路应尽量避开渗漏严重、流沙、滑坡以及开挖困难的岩层地带。必要时，可进行多种方案比较，以避开滑坡地带，如采用箱涵跨越流沙地段。部分地质条件较差的渠段可采用混凝土或钢筋混凝土衬砌以保证渠道的安全使用。

（3）施工条件。为了改善施工条件，确保工程质量，应全面考虑施工时的交通运输、水及动力供应、机械施工场地、取土及弃土场地等条件。

（4）管理要求。渠道的线路选择要与行政区划和土地利用规划相结合，近期目标与远期规划相结合，以确保各用水单位均有相对独立的用水渠道，以便于运用和管理维护。

总之，渠道的线路选择必须充分重视野外踏勘及调查工作，从技术、经济、社会等方面进行仔细分析比较、优化设计，才可能使渠道应用方便、安全可靠、经济合理。

（二）渠道的纵横断面设计

渠道的断面设计包括纵断面和横断面设计，二者相互联系，互为条件。在实际工程设计中，纵、横断面设计应交替、反复进行，最后经过技术经济比较确定。

合理的渠道断面设计，一般应满足以下几方面的要求：① 有足够的输水能力，以满足用水对水量的需要；② 能满足自流灌溉的要求；③ 有适宜的渠道水流流速，以满足渠道不冲、不淤或周期性冲淤平衡的要求；④ 有稳定的边坡，以保证渠道安全运用；⑤ 有合理的断面形式，以减少渗漏等损失，提高水利用系数；⑥ 尽量满足综合利用要求，做到一专多能；⑦ 尽量使工程量最少，以有效降低工程总投资，发挥最大工程效益。

1. 横断面设计

渠道的横断面形状，一般采用梯形，它便于施工，并能保证渠道边坡的稳定，也可以采用矩形，如图 1-5 所示。

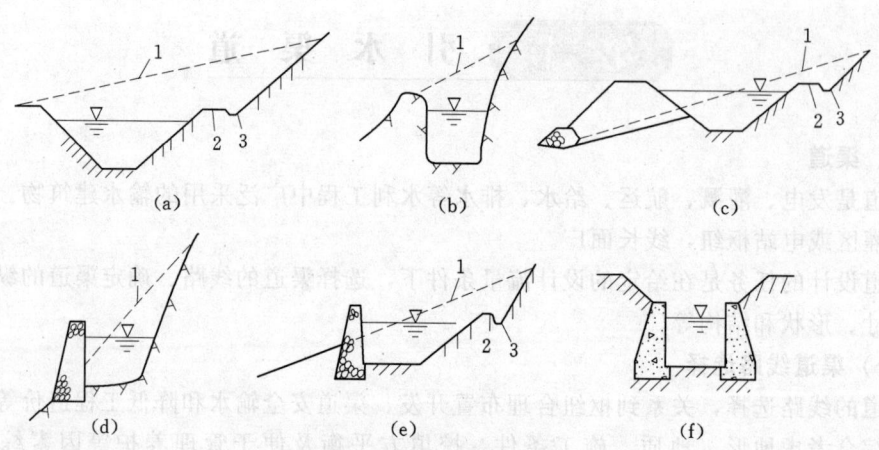

图 1-5 渠道土基断面图
1—原地面线；2—马道；3—排水沟

渠道的断面尺寸，一般应根据使用要求，通过水力计算确定。设计时应根据设计流量设计，按照加大流量校核。

对梯形渠道，断面设计参数主要包括边坡系数 m，糙率 n，渠底纵坡 i、断面宽深比 α 等，选定设计参数即可根据明渠均匀流公式确定渠道断面尺寸。流量公式 $Q=AC\sqrt{Ri}$，其中：A 为过水断面面积；C 为谢才系数，$C=\frac{1}{n}R^{1/6}$；R 为水力半径。此外，还需满足渠床稳定要求，即渠道应满足不冲不淤要求。

渠道的糙率 n 是反映渠床粗糙程度的指标，主要依据渠道有无护面、养护、施工情况等选择确定。一般渠道可参考有关水力计算表格加以选定，应尽量接近实际值，大型渠道应通过试验分析确定。

渠道的纵坡 i 应根据纵断面设计要求确定，一般情况下，可参考表 1-1 所列数值。

表 1-1 渠道坡降一般数值

渠道级别	干渠	支渠	斗渠	农渠
平原灌区	1/5000～1/10000	1/3000～1/5000	1/2000～1/5000	1/1000～1/3000
滨湖灌区	1/8000～1/15000	1/6000～1/8000	1/4000～1/5000	1/2000～1/3000
丘陵灌区	1/2000～1/5000	1/1000～1/3000	石渠 1/500；土渠 1/2000	石渠 1/300；土渠 1/1000

对于渠道断面宽深比 α，一般情况下，流量大，含沙量小，渠床土质较差时多用宽浅式渠道；反之，宜采用窄深式渠道。对于中、小型渠道，可以根据流量大小，参照表 1-2 所列经验数据选定。

表 1-2 渠道宽深比值 α 参考数值

流量（m³/s）	1≤	1～3	3～5	5～10	10～30	30～60
宽深比 α	1～2	1～3	2～4	3～5	5～7	6～10

2. 渠道纵断面设计

渠道纵断面设计的任务，是根据用水部门对水位的要求，确定渠道的空间位置，并把一些孤立的设计断面，通过渠道中心线的平面位置相互联系起来，再结合渠线两侧实际情况，进行调整确定。

一般纵断面设计主要内容包括确定渠道纵坡、正常水位线、最低水位线、最高水位线、渠底高程线、渠道沿程地面高程线和堤顶高程线。

渠道纵、横断面设计中，其纵坡的确定是否合理，关系到渠道输水能力的大小、控制灌溉面积多少、工程造价的高低及渠道的稳定和安全。因此，渠道纵坡选择时应注意以下几项原则：

（1）地面坡度。渠道纵坡应尽量接近地面坡度，以避免深挖高填。

（2）地质情况。易冲刷的渠道，纵坡宜缓，地质条件较好的渠道，纵坡可适当陡一些。

（3）流量大小。流量大时纵坡宜缓，流量小时可略陡些。

（4）含砂量。水流含砂量小时，应注意防冲，纵坡宜缓；含砂量大时，应注意防淤，纵坡宜陡。

（5）水头大小。提水灌区水头宝贵，纵坡宜缓；自流灌区水头较富裕，纵坡可以陡些。

为了便于渠道的运用管理和保证渠道的安全，堤顶应有一定的宽度和超高。一般情况下，可以根据渠道设计流量的大小，参考表 1-3 确定。如果渠道的堤顶与交通道路相结合，则堤顶应根据交通要求确定。

表 1-3　　　　　　　　　　堤顶宽度和安全超高数值

项 目	田间毛渠	固定渠道流量（m³/s）						
		0.5<	0.5～1	1～5	5～10	10～30	30～50	>50
超高（m）	0.1～0.2	0.2～0.3	0.2～0.3	0.3～0.4	0.4	0.5	0.6	0.8
顶宽（m）	0.2～0.5	0.5～0.8	0.8～1	1～1.5	1.5～2	2～2.5	2.5～3	3～3.5

二、水电站动力渠道

水电站的无压引水渠道又称为动力渠道。根据其水力特性，可分为自动调节渠道和非自动调节渠道两种类型。

1. 自动调节渠道

自动调节渠道如图 1-6 所示，渠顶高程沿渠道全长不变，而且高出渠内可能的最高水位；渠底按一定坡度逐渐降低，断面也逐渐加大；在渠末压力前池处不设泄水建筑物。当渠道通过设计流量时，自动调节渠道内的水位为恒定均匀流，水面线平行于渠底，水深为正常水深 h_0。当电站出力减小，水轮机引用流量小于渠道设计流量时，水流为恒定非均匀流，水面形成壅水曲线，引水流量越小，渠末水深越大。当水电站停止工作、引用流量为零时，渠末水位与渠首水位齐平，渠道堤顶应高于渠内最高水位，避免发生漫顶溢流现象。

自动调节渠道无溢流水量损失，渠道最低水位与最高水位之间的容积可以调节水量。

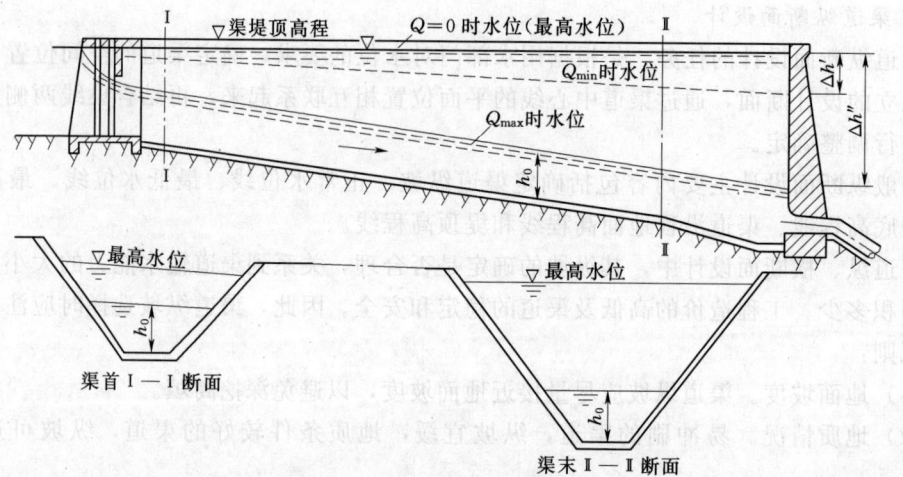

图 1-6 自动调节渠道示意图

当电站引用流量发生变化时，可由渠内水深和水面比降的相应变化来自动调节，不必通过调整渠首闸门的开度来调节入渠流量，故称自动调节渠道。在引用流量较小时，渠末能保持较高的水位，因而可获得较高的水头。由于渠道顶部高程沿渠线相等，故工程量较大。只有在渠线较短，地面纵坡较小，进口水位变化不大，采用此种类型的渠道才是经济合理的。

2. 非自动调节渠道

非自动调节渠道渠堤顶高程沿渠长降低，与渠底坡度一致，渠道末端压力前池中设有泄水建筑物，如溢流堰等。当渠道通过最大流量时，渠中水流为恒定均匀流，渠末水位低于堰顶；当机组引用流量小于设计流量时，渠中水面形成壅水曲线，当引用流量进一步减小，渠道渠末水位超过堰顶时，则开始溢流。当水电站引用流量为零时，通过渠道的全部流量由溢流堰泄走，如图 1-7 所示。

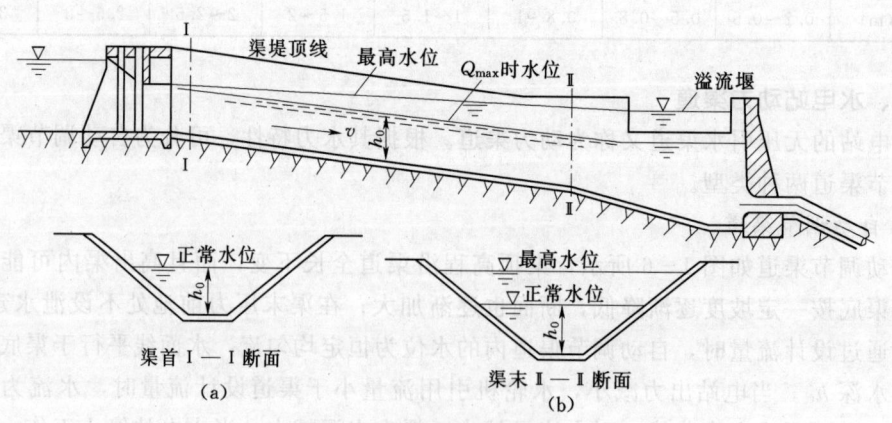

图 1-7 非自动调节渠道示意图

这种渠道的堤顶只要最高水位线超过安全超高即可。为减少弃水，可根据电站负荷变化，运用渠首闸门调节入渠流量。溢流堰可限制渠末水位，保证下游用水，这种渠道的工程量较小，当渠道较长，上游水位变化范围较大，或者电站停止运行而渠道仍需向下游供水时，宜采用非自动调节渠道。

【知识链接 1-2】
当动力渠道末端突然增加流量 ΔQ，则渠道末端水位波动最大降落幅度 Δh 的近似计算公式为

$$\Delta h = K \Delta h_0$$

$$\Delta h_0 = \frac{\Delta Q}{CB_1}$$

$$C = \sqrt{g \frac{A_0}{B_1}} - v_0$$

式中　K——系数，一般为 1.4；
　　　A_0——初始过水断面积；
　　　B_1——落波高度一半处的水面宽度，$B_1 = B - m\Delta h$；
　　　m——渠道边坡；
　　　B——初始水面宽度。

第三节　渡　槽

一、渡槽的作用及组成

渡槽是渠道跨越河、沟、渠、路或洼地的明流架空交叉建筑物，它由进口连接段、槽身、结构支承与出口连接段组成。渡槽不仅能够输送渠水，还可以用于排洪、排沙、通航和导流等。

渡槽由槽身、支承结构、基础及进出口建筑物等部分组成。渠道通过进出口建筑物与槽身相连接，槽身置于支承结构上，槽身重及槽中水重通过支承结构传给基础，再传至地基。

渡槽一般适用于河、渠相对高差较大，河道岸坡较陡，洪水流量较大的情况。它与倒虹吸管相比较具有水头损失小、便于管理运用及可通航等优点，是渠系交叉建筑物中采用最多的一种形式。

二、渡槽的形式

一般是指槽身及支承结构的类型，由于槽身及支承结构的类型很多，因此，渡槽的分类方法也多。

按槽身断面形式，分为 U 形槽、矩形槽、抛物线形槽及圆管槽等，如图 1-8 所示。
按支承结构，分为梁式渡槽（图 1-9）、拱式渡槽、桁架式渡槽和斜拉式渡槽等。

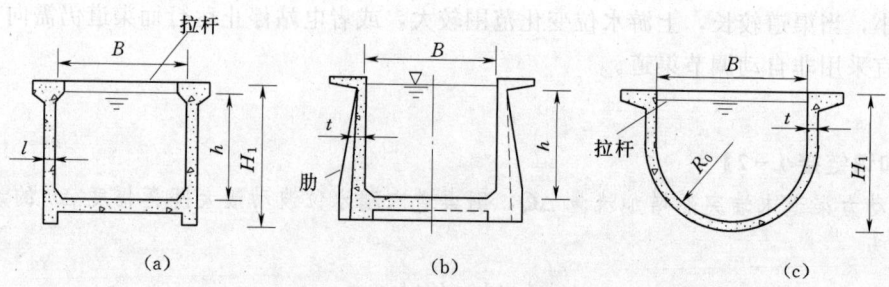

图 1-8 矩形及 U 形槽身断面形式
(a) 设拉杆矩形槽；(b) 设肋的矩形槽；(c) 设拉杆的 U 形槽

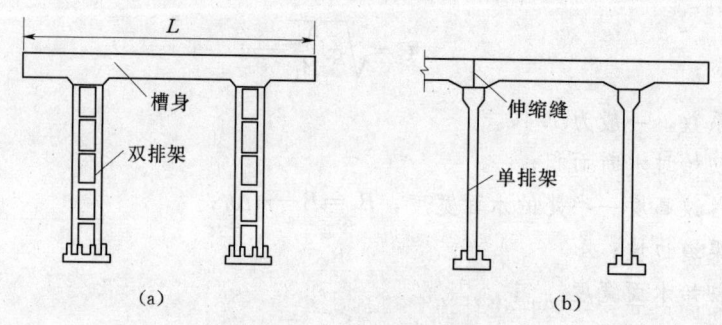

图 1-9 悬臂梁式渡槽
(a) 双悬臂式；(b) 单悬臂式

三、渡槽的总体布置

渡槽总体布置的主要内容包括槽址选择、结构选型、进出口段的布置等。一般是根据规划确定的任务和要求，进行调查勘察，取得较为全面的地形、地质、水文、建材、交通、施工管理、社会经济等方面的基础资料，在进行技术经济分析比较的基础上，选出最优的布置方案。

渡槽总体布置的基本要求是：满足规划中所规定的设计任务，如水流、水位等；槽身长度短、基础及岸坡稳定；结构选型合理；进出口与渠道的连接直、顺、缓、畅；避免填方接头，少占农田；交通方便，就地取材。

（一）槽址选择

槽址选择，包括轴线和起止点位置的确定，一般应注意以下几个方面：

(1) 应选择在地形、地质条件有利的地方。结合渠道线路选择，尽量利用有利的地形、地质条件，以便缩短槽身长度，减少基础工程量，降低墩架高度。槽轴线力求短而直，进、出口避免急转弯并力求布置在挖方渠道上。

(2) 跨越河流的渡槽，槽址应稳定，水流顺直。槽轴线应与河流方向正交，槽址应位于河床及岸坡稳定的地段，避免选在河流转弯处。对于有通航要求的河道，应注意渡槽下部的净空满足通航要求。

(3) 施工及管理应用方便。少占耕地、少拆迁民房；尽可能有较宽阔的施工场地，便于就地取材；交通、水、电供应条件好；有利于灌溉供水及管理应用。

（二）进出口段的布置

为了减小渡槽过水断面，降低工程造价，一般槽身纵坡较渠底坡度陡。为使渠道水流平顺地进入渡槽，避免冲刷和减小水头损失，布置渡槽进出口段时应注意以下几个方面：

(1) 与渠道直线连接。渡槽进出口前后的渠道上应有一定长度的直线段，与槽身平顺连接，在平面布置上要避免急转弯，防止水流条件恶化，影响正常输水，造成冲刷现象。对于流量较大、坡度较陡的渡槽，尤其要注意这一问题。

(2) 设置渐变段。为了使水流平顺衔接，适应过水断面的变化，渡槽进出口均需设置渐变段。渐变段形式主要有扭曲面式、反翼墙式、八字墙式等。扭曲面式水流条件较好，应用较多；八字墙式施工简单，小型渡槽使用较多。

(3) 设置护底与护坡。进出口段的流态较为复杂，为了防止冲刷造成危害，应设置可靠的护底与护坡。

四、渡槽的水力计算要点

渡槽水力计算的目的，就是确定渡槽过水断面形状和尺寸、槽底纵坡、进出口高程，校核水头损失是否满足渠系规划要求。

渡槽的水力计算，是在槽址中心线及槽身起止点位置已选择的基础上进行的，所以上、下游渠道的断面尺寸、水深、渠底高程和允许水头损失均为已知。

槽身过水断面尺寸，一般按设计流量设计，按最大流量校核，通过水力学公式进行计算。当槽身长度 $L \geqslant (15 \sim 20)h$（$h$ 为槽内水深）时，按明渠均匀流公式计算；当 $L < (15 \sim 20)h$ 时，可按淹没宽顶堰公式进行计算。

进行渡槽水力计算时，首先要确定渡槽纵坡。在相同流量下，纵坡的选择对渡槽过水断面大小、工程造价高低、水头损失大小、通航要求、水流冲刷及下游自流灌溉面积等有直接影响。因此，确定一个适宜的坡度，使其既能满足渠系规划允许的水头损失，又能降低工程造价，常需要试算，一般初拟时，常采用 $i = 1/500 \sim 1/1500$，槽内流速 $1 \sim 2 \text{m/s}$；对于通航渡槽，要求流速不能太大，纵坡一般取 $i = 1/3000 \sim 1/10000$。

【知识链接 1-3】

(1) 槽壁超高。渡槽槽壁超高 Δh（mm）的计算公式

$$\Delta h = \frac{h_0}{12} + 50$$

式中　h_0——渡槽设计水深，mm。

(2) 渡槽断面宽深比。矩形断面渡槽宽深比 $\frac{b}{h} = 1.25 \sim 1.67$，U 形断面渡槽宽深比 $\frac{b}{h} = 1.25 \sim 1.4$。

(3) 进出口水面降落与回升。进口水面降落 Δz_j 近似计算公式

$$\Delta z_j = \frac{\alpha_2 v_2^2 - \alpha_1 v_1^2}{2g} + h_{j1}$$

$$h_{j1} = \xi_1 \frac{v_2^2 - v_1^2}{2g}$$

式中 v_1、v_2——进口渐变段始末断面平均流速；

α_1、α_2——进口渐变段始末断面流速不均匀系数；

ξ_1——进口渐变段局部水头损失系数，见下表。

序　号	渐变段形式	ξ_1	ξ_2
1	反弯扭曲面	0.10	0.20
2	1/4 圆弧形	0.15	0.25
3	方头形	0.30	0.75
4	直线扭曲面	0.05～0.30	0.30～0.50

出口水面回升 Δz_s 近似计算公式

$$\Delta z_s = \frac{\alpha_3 v_3^2 - \alpha_2 v_2^2}{2g} - h_{j2}$$

$$h_{j2} = \xi_2 \frac{v_3^2 - v_2^2}{2g}$$

式中 v_2、v_3——进口渐变段始末断面平均流速；

α_2、α_3——进口渐变段始末断面流速不均匀系数；

ξ_2——出口渐变段局部水头损失系数，见上表。

五、梁式渡槽的结构设计

在实际工程中，梁式渡槽应用较为广泛，如图 1-11 所示，其组成、作用、特点、总体布置及水力计算前面已经阐述。下面就槽身、支承结构、基础设计及进出口建筑物进行简要介绍。

（一）槽身断面形式选择

在进行渡槽槽身断面形式选择时，一般应考虑水力条件、结构受力条件、施工条件及通航要求等因素。一般大流量渡槽，多采用矩形断面；中、小流量可采用矩形，也可采用 U 形断面。

矩形断面槽身多采用钢筋混凝土或预应力混凝泥土结构，U 形槽身一般采用钢丝网混凝土或预应力钢丝网混凝土结构。对于中小形渡槽，流量较小而且无通航要求时，可在槽顶设拉杆，见图 1-8 (a)、(c)，其间距一般为 1～2m，以改善槽身横向受力及增加侧墙稳定性。如有通航要求，则不能设拉杆，而应适当加大侧墙厚度，也可作成变厚度侧墙。

为了增加侧墙稳定性，也可沿槽长方向每隔一定距离加一道肋，构成肋板式槽身，如图 1-10 所示。肋的布置，应保证侧墙底部和底板为双向受力的四边支承或三边支承结构。肋的间距应适当，初拟时可取侧墙高的 0.7～1.0 倍，肋的宽度 b 一般不小于侧墙厚度 t，肋的厚度一般为 $(2～2.5)t$，对于大流量（40～50m³/s 以上）的渡槽，或者因通航需要较大槽宽时，为了减小底板厚度，可在底板下设置边纵梁或中纵梁，而建成多纵梁式矩形槽，如图 1-11 所示。

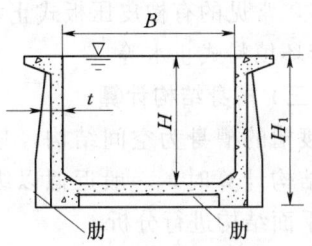

图 1-10 肋板式矩形槽

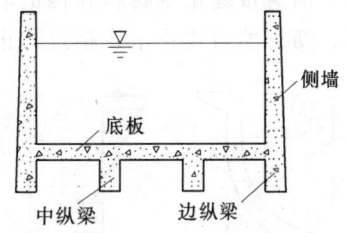

图 1-11 多纵梁式矩形槽

槽身侧墙通常都按纵梁考虑，由于侧墙薄而高，故在设计中除考虑强度外，还应考虑侧向稳定，一般以侧墙厚度 t 与侧墙高度 H_1 的比值 t/H_1 作为衡量指标，其经验数值，可参考表 1-4。

表 1-4　　　　　　　　　　槽身侧墙经验尺寸数据参考值

项 目 名 称	t/H_1	厚度 t（cm）
有拉杆矩形槽	1/12～1/16	10～20
有拉杆 U 形槽	1/10～1/15	5～10
肋板式矩形槽	1/18～1/20	12～15

钢筋混凝土 U 形槽，一般采用半圆形上加直段的断面形式。为了便于布置纵向受力钢筋，并增加槽壳的纵向刚度以满足底部抗裂要求，常将槽底弧形段加厚，如图 1-12 所示。图中 s_0 是从 d_0 两端分别向槽壳外缘作切线的水平投影长度，可由作图求出，初步拟定断面尺寸时，可参考表 1-5 所列经验数据。

（二）梁式渡槽一般构造

槽身设计中，除了选择断面形式、确定断面尺寸外，还应注重槽身的分缝、止水及与墩台的连接等一般构造。

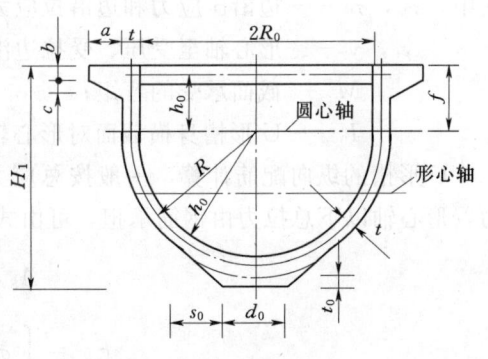

图 1-12　U 形槽槽身

表 1-5　　　　　　　　　　U 形槽经验参数

参　数	h_0	a	b	c	d_0	t_0
经验数据	$(0.4～0.6)R_0$	$(1.5～2.5)t$	$(1～2)t$	$(1～2)t$	$(0.5～0.6)t$	$(1～1.5)t$

（1）分缝。为了适应渡槽槽身因温度变化引起的伸缩变形和允许的沉降位移，应在渡槽进出口建筑物之间以及各节槽身之间设置变形缝，间距一般为 10～15m，缝宽一般为 2

~5cm。变形缝的止水材料，应保证能适应变形和止水的要求，特别是槽台处的接缝止水必须严密可靠，以避免产生大量的漏水，造成岸坡坍塌，影响渡槽安全。

（2）止水。槽身接缝止水材料和构造形式较多，常见的有橡皮压板式止水、塑料止水带压板式止水、沥青填料式止水、粘合式止水、套环填料式止水等。

（三）槽身结构计算

渡槽的槽身为空间结构，其受力比较复杂。结构计算时，一般近似以纵、横两个方向按平面结构进行分析。

1. 槽身纵向结构计算

一般按满槽水情况设计。对矩形槽，可将侧墙视为纵向梁，梁截面为矩形或T形，按受弯构件计算纵向正应力和剪应力，并进行配筋计算和抗裂验算。

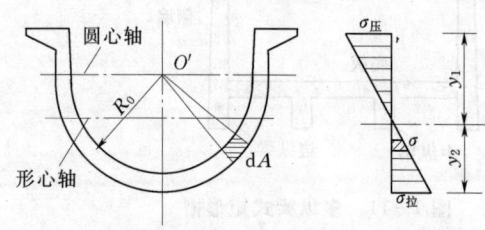

图1-13 U形槽身纵向计算简图

U形槽身纵向应力计算时，应先求出截面形心轴位置及形心轴至受压和受拉边沿的距离 y_1 和 y_2，由材料力学计算得出，如图1-13所示，再按式（1-1）计算，即

$$\sigma_\text{压} = \frac{M}{I_0} y_1$$

$$\sigma_\text{拉} = \frac{M}{I_0} y_2 \tag{1-1}$$

式中 $\sigma_\text{压}$，$\sigma_\text{拉}$——边沿压应力和边沿拉应力；

y_1，y_2——形心轴至受压、受拉边沿的距离；

M——截面承受的弯矩；

I_0——U形槽身横截面对形心轴的惯性矩。

U形槽的纵向配筋计算，一般按总应力法，即考虑受拉区混凝土已开裂不能承受拉力，形心轴以下总拉力由钢筋承担，可由式（1-2）计算，即

$$A_s \geq \frac{\gamma_0 F_\text{总}}{f_y}$$

$$F_\text{总} = \int_A \sigma \text{d}A = \frac{M}{I_0} S_\text{max} \tag{1-2}$$

式中 A_s——钢筋总面积；

$F_\text{总}$——形心轴以下总拉力；

γ_0——结构重要性系数；

σ——截面某一点的正应力；

f_y——钢筋抗拉强度设计值；

S_max——形心轴以下的面积矩；

其他符号含义同前。

2. 槽身横向结构计算

由于荷载沿槽长方向的连续性和均匀性，在槽身横向计算时，通常可沿槽长方向取

1m 长为脱离体，按平面结构分析，如图 1-14 所示。在脱离体上的荷载除有竖向力 q（水重+自重）外，两侧还有剪力 Q_1 和 Q_2，两剪力的差值 ΔQ 与荷载 q 维持平衡，即 $\Delta Q = Q_1 - Q_2 = q$。

（1）无拉杆矩形槽。对于无拉杆矩形槽身，侧墙可视为固结于底板上的悬臂梁，侧墙和底板仍按刚性连接处理，其计算简图如图 1-15 所示。由于剪力在截面上的分布沿高度呈抛物线分布，且方向向上。因此，在工程设计中，一般不考虑底板截面上剪力的影响。

矩形槽身两侧墙截面上的剪力不影响侧墙的横向弯矩，可将它集中于侧墙底面按支承铰考虑，根据图示条件，可以计算以下内力。

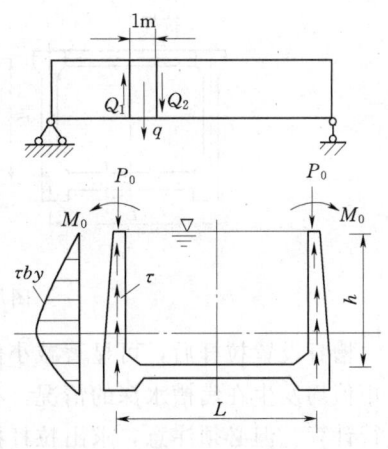

图 1-14 槽身横向结构计算

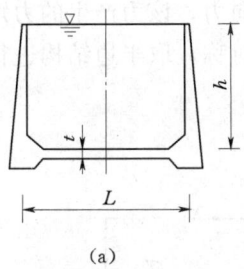 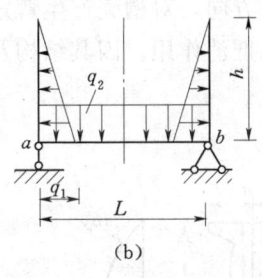 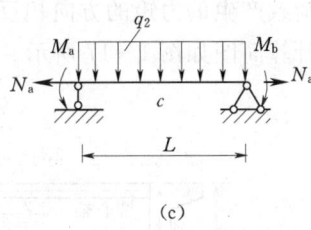

图 1-15 无拉杆矩形槽计算

侧墙底部最大弯矩值为

$$M_a = M_b = \frac{q_1 h^2}{6} = \frac{\gamma h^3}{6} \tag{1-3}$$

底板拉力值为

$$N_a = N_b = \frac{\gamma h^2}{2} \tag{1-4}$$

底板跨中最大弯矩值为

$$M_c = \frac{q_2 L^2}{8} - M_a \tag{1-5}$$

式中 q_1——作用于侧墙底部的水平水压力，$q_1 = \gamma h$；

q_2——作用于底板上的均布荷载，一般为水重+自重，$q_2 = (\gamma h + \gamma_h t)$；

γ——水的重度；

γ_h——钢筋混凝土的重度；

t——底板厚度。

（2）有拉杆矩形槽。其槽身横向结构计算时，假定设拉杆处的横向内力与不设拉杆处的横向内力相同，将拉杆"均匀化"，拉杆截面尺寸一般较小，不计其弯矩作用及轴力对变位的影响，利用结构的对称性，取半边结构计算，其计算简图如图 1-16 所示。

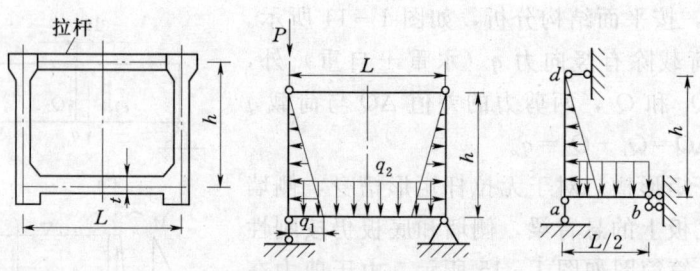

图 1-16 有拉杆矩形槽计算

槽身设置拉杆后,可显著减小侧墙和底板的弯矩。计算表明,侧墙底部和跨中的最大弯矩值均发生在满槽水深的情况。有拉杆的矩形槽身属一次超静定结构,可按力矩分配法进行计算。但必须注意,求出拉杆拉力以后,应再乘以拉杆间距,才是拉杆的实际拉力。

(3) U形槽。U形槽身一般设有拉杆。横向结构计算时取单位长度槽身按平面问题分析。作用于单位槽身的荷载有槽身自重、水重及两侧截面上的剪力,其剪力分布呈抛物线形,方向沿槽壳厚度中心线的切线方向,对槽壳产生弯矩和轴向力。该力产生的力矩与其他荷载产生的力矩的方向相反,起抵消作用。因其结构及荷载对称,取半边结构进行分析,计算简图如图1-17所示。

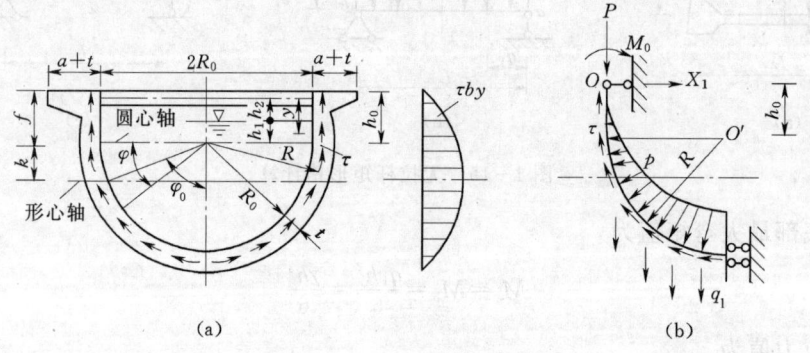

图 1-17 U形渡槽计算简图

由图1-17可知,U形槽属一次超静定结构,X_1为基本结构的超静定未知力;P为槽顶荷载产生的集中力(包括拉杆、人行桥及顶部加大部分的重力);M_0为槽顶荷载对槽壳直线段顶部中心的力矩;τ为剪应力,即两横截面上的剪力差,分布于截面中心的切线方向;p为垂直作用于槽壁上的静水压强,一般水满槽时,水位按拉杆中心位置计算;q_1为槽壁单位长度的自重($q_1=\gamma_h t$),t为槽壳厚度;R及R_0为槽壳圆弧段的平均半径和内半径;h_0为拉杆中心到圆心轴的距离;h_1为圆心轴以上的水深;f为直线段高度;k为形心轴至圆心轴的距离。

结构力学计算,计算过程比较复杂,在此不再赘述,可参考其他相关书籍。

在风较大的地区,若槽身较轻,受风面积及高度均较大时,应验算槽身空槽时的倾覆稳定性,以防止槽身在风荷载作用下倾倒掉落。

(四)梁式渡槽支承结构设计

梁式渡槽的支承结构设计,主要包括形式选择、尺寸确定、排架与基础的连接方式及结构计算等。

1. 支承结构的形式及尺寸

梁式渡槽的支承结构，一般有槽墩式和排架式两种形式。

（1）槽墩式。槽墩式一般为重力式，包括实体墩与空心墩两种形式。

1）实体墩。实体墩的墩头形式多为半圆形或尖角形。墩顶宽度应略大于槽身宽度，每边外伸约 20cm。墩顶宽度应大于槽身支承面所需的宽度，常不小于 0.8～1.0m。墩顶设置混凝土墩帽，一般厚度为 0.3～0.4m，四周向外延伸 5～10cm，并布置一定的构造钢筋。为满足墩体稳定要求和地基承载力要求，墩身两侧可做成 20∶1～30∶1 的斜坡。在墩帽上应设置油毡垫座或钢板支座，以便将上部荷载均匀传到墩体上，并减小槽身因温度变化而产生的水平力。实体墩一般采用混凝土或浆砌石结构，构造简单，施工方便，但使用材料多，自身重力大，故高度不宜太大，当槽墩较高，承受荷载又较大时，要求地基应有较大的承载力，因此这种墩高度一般不大于 8～15m。

2）空心墩。其体形及各部分尺寸基本与实体墩相同。截面形式有圆形、矩形、双工字形、圆矩形等。其壁厚一般为 15～30cm，为了加强墩身的整体性并便于分层吊装施工，竖向每隔 2.5～4.0m 设置一道横梁，并在墩顶和墩底设置进人孔。空心墩墩身，可采用混凝土预制块砌筑，也可将墩身分段预制现场安装。在数量多、墩身较高时，可采用滑升钢模现浇混凝土施工。与实体墩相比较可节省材料，与排架相比较可节省钢材。其自身重力小，但刚度大，适用于修建较高的槽墩。

3）槽台。渡槽与两岸连接时，常采用重力式边槽墩，也简称槽台，如图 1-18 所示。槽台起着支承槽身和挡土的双重作用，其高度一般不超过 5～6m。槽台背坡，一般 $m=0.25$～0.5。为减小槽台背水压力，常在其体内设置排水孔，孔径为 5～8cm，并作反滤层予以保护。槽台顶应设混凝土台帽，其构造同槽墩。

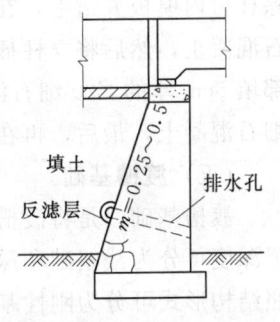

图 1-18 重力式槽台

（2）排架式。排架式一般为钢筋混凝土结构，主要有单排架、双排架、A 字形排架及组合式排架等形式，如图 1-19 所示。

1）单排架。这种排架是由两根立柱和横梁所组成的多层刚架结构，其构造如图 1-19（a）所示。具有体积小、重量小、可现浇或预制吊装等优点，在工程中被广泛应用。单排架高度一般为 10～20m。

单排架两根立柱的中心距，取决于渡槽宽度，一般应使槽身传来的荷载 P 的作用线与立柱中心线相重合，以使立柱成为中心受压构件。两立柱间设置横梁，自上而下等间距布置，横梁与立柱的连接处应设置补角。为改善槽身支撑条件，排架顶部常伸出悬臂短梁。

2）双排架。它由两个单排架及横梁组成，属于空间框架结构。在较大的竖向及水平荷载作用下，其强度、稳定性及地基应力均较单排架容易满足要求。可适应较大高度要求，通常为 15～25m，如图 1-19（b）所示。

3）A 字形排架。通常由两片 A 字形单排架组成，其稳定性好，适应高度大，但施工

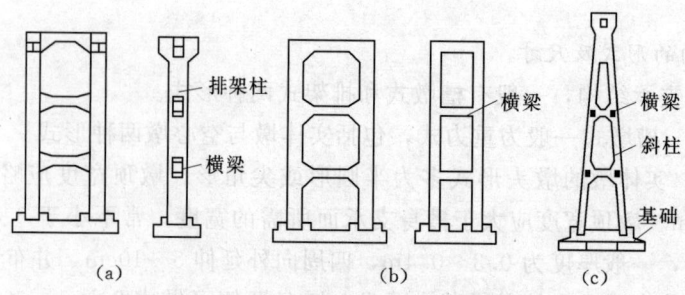

图 1-19 排架形式
(a) 单排架；(b) 双排架；(c) A 字形排架

较复杂，造价也较高。双排架和 A 字形排架均由单排架组成，其构造、基本尺寸可参考单排架确定，如图 1-19 (c) 所示。

4) 组合式排架。适用于跨越河道主河槽部分，在最高洪水位以下为重力式墩，其上为排架，排架可为单排架，也可为双排架。

2. 排架与基础的连接

排架与基础的连接形式，通常有固接和铰接。一般现浇时，排架与基础常整体结合，排架竖向钢筋直接伸入基础内，应按固接考虑。预制装配式排架，根据排架吊装就位后的杯口处理方式而定。对于固接，立柱与杯口基础连接时，应在基础混凝土初凝后终凝前拆除杯口内模板并凿毛，在立柱安装前，将杯口清扫干净，在杯口底浇灌不小于 C20 的细石混凝土，然后将立柱插入杯口内，在其四周再浇灌细石混凝土。对于铰接，仅在立柱底部填 5cm 厚的 C20 细石混凝土再抹平，将立柱插入杯口后，应在四周灌以 5cm 厚的 C20 细石混凝土，最后，再在其上填以沥青麻绳等柔性材料。

（五）渡槽基础

渡槽基础，是将渡槽的全部重量传给地基的底部结构。渡槽基础的类型较多，根据埋置深度可分为浅基础和深基础，埋置深度小于 5m 时为浅基础，大于 5m 时为深基础；按照结构形式可分为刚性基础、整体板式基础（亦称柔性基础）、钻孔桩基础和沉井基础等。

渡槽的浅基础一般采用刚性基础及整体板式基础，深基础多为桩基础和沉井基础，如图 1-20 所示。

对于浅基础，基底面高程（或埋置深度）一般应根据地形、地质、水文、气象条件和使用要求等选定。软土地基上基础埋置深度，一般为 1.5～2.0m。当上层地基土的承载能力大于下层时，宜利用上层作持力层，但基底面以下的持力层厚度应不小于 1.0m。坡地上的基础，基底面应全部置于稳定坡线以下，并削除不稳定的坡土和岩石，以保证工程的安全。对于冰冻地区，基底面埋入冰冻层以下不小于 0.3～0.5m，以免因冰冻而降低地基承载能力。耕作地区的基础，基础顶面应设在地面以下 0.5～0.8m。河槽中受到水流冲刷的基础，基底面应埋入最大冲刷线之下，以免基底受到淘刷而危及工程的安全。

对于深基础，入土的深度应从稳定坡线、最大冲刷深度处算起，以确保深基础有足够的承载能力。

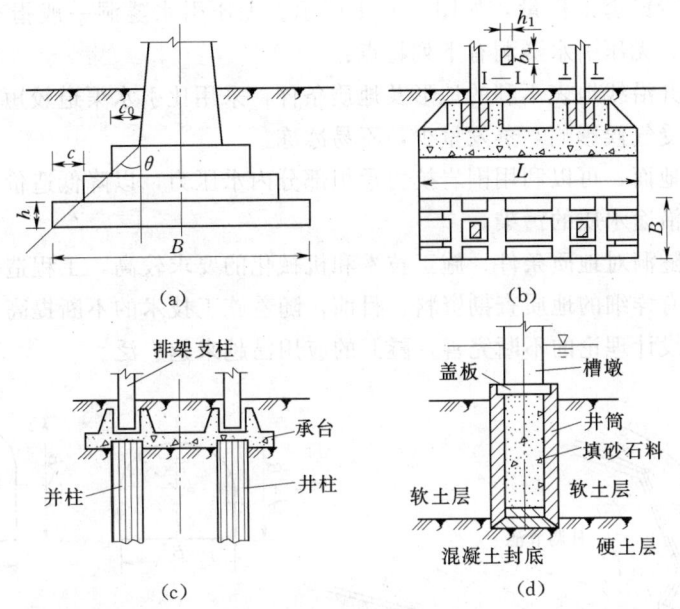

图 1-20 渡槽基础

（1）刚性基础。多用于重力式实体墩和空心墩基础，建筑材料一般用浆砌石或混凝土，其形状呈台阶形，所以又称扩大基础，如图 1-20（a）所示。因这种基础的抗弯能力小，而抗压能力较大，为使基础不产生弯曲或剪切破坏，基础在墩底面的悬臂挑出长度不宜太大，一般用刚性角进行控制。

（2）板式基础。多用作排架基础，基底面积较大，采用钢筋混凝土梁板结构建造，如图 1-20（b）所示。由于设计时考虑其弯曲变形而按梁计算，故又称柔性基础。这种基础可在较小埋置深度下获得较大的底面积，具有体积小、施工方便、适应变形能力强等特点，一般适用于地基较差、不均匀沉陷较大的情况。对于预制装配式排架，"杯口"的深度应略大于支柱插入深度，杯壁厚度取 15~30cm。

（3）钻孔桩基础。利用专门的钻井工具钻孔，在孔内放置钢筋，最后灌注混凝土而成的井形桩柱，故又称井柱。为了便于与槽墩或排架的连接，在桩顶一般设置承台，如图 1-20（c）所示。

这种基础一般适用于荷载大、承载能力低的地基。其主要优点是施工机具简单，施工速度快，造价较低。

（4）沉井基础。沉井基础的适用条件与钻孔基础相似，在井顶做承台（盖板）以便修筑槽墩（架），如图 1-20（d）所示。井筒内可根据需要填砂石料或低标号混凝土。

第四节 无压引水隧洞

一、无压引水隧洞的特点

无压引水式电站，当绕山渠线较长且山体岩体完整、强度较高时，可利用无压引水隧洞裁弯取直,减少渠道工程量,如图 1-21 所示。无压引水隧洞一般指有自由水面的隧洞。与渠道相比,无压引水隧洞有下列特点:

(1) 可以避开沿线地表不利的地形及地质条件,采用比引水渠道较短的线路。
(2) 引水不受气候影响,蒸发量少,不易冰冻。
(3) 不占用地面,可以利用围岩抗力承担部分内水压力,以降低造价。
(4) 能避免沿途水质的污染。

水电站引水隧洞对地质条件、施工技术和机械化的要求较高,工程造价较高,施工工期较长,且要求有详细的地质查勘资料。目前,随着施工技术的不断提高、设备的不断更新以及隧洞衬砌设计理论的不断完善,隧洞的应用已越来越广泛。

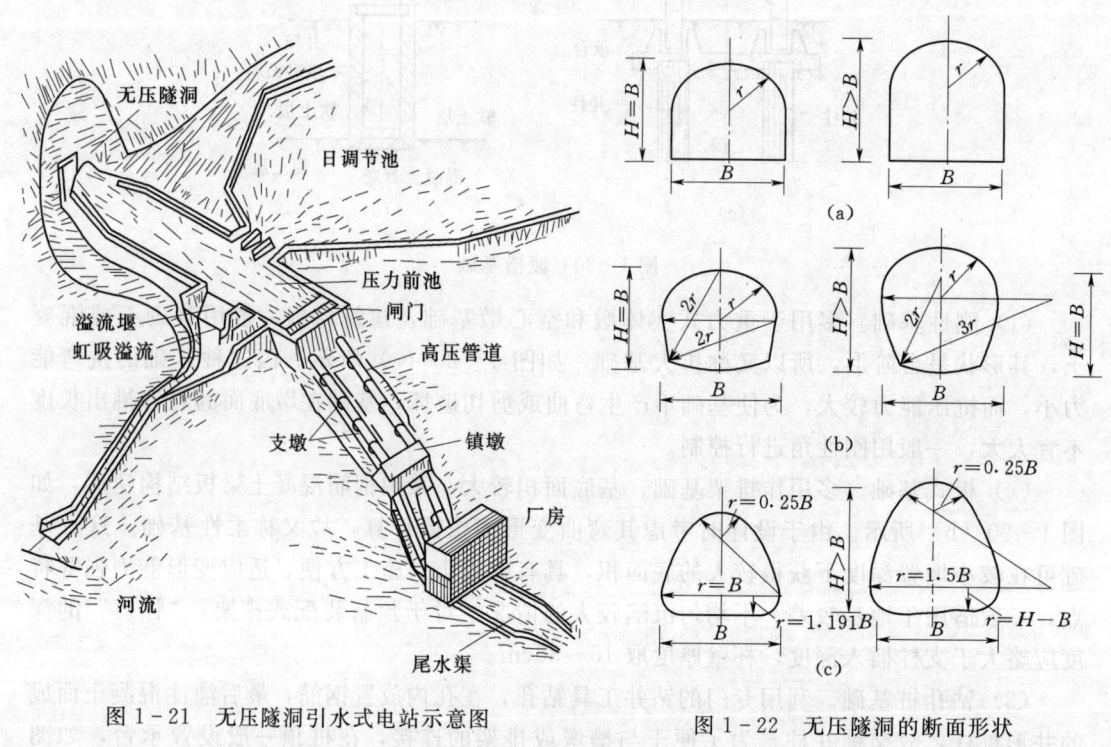

图 1-21 无压隧洞引水式电站示意图

图 1-22 无压隧洞的断面形状
(a) 方圆形;(b) 马蹄形;(c) 高拱形

二、无压引水隧洞的断面形式

无压引水隧洞中的水流具有自由水面,从水力条件来看,其工作情况与明渠相同。根据地质条件和施工条件,无压隧洞的断面形状常采用方圆形、马蹄形和高拱形,如图 1-22 所示。无压隧洞水面以上的空间一般不小于隧洞断面积的 15%,顶部净空高度不小于 0.4m。从施工需要考虑,各种断面形状隧洞的断面宽度不小于 1.5m,高度不小于 1.8m。为了防止隧洞漏水和减小洞壁糙率,并防止岩石风化,无压隧洞大都采用全部或部分衬砌。

三、无压引水隧洞经济断面的确定

引水隧洞设计时应避免交替出现无压和有压的水流状态。在水电站引用流量已定的情况下,隧洞断面尺寸越大,工程投资越大,但水头损失越小;隧洞断面尺寸越小,工程投资越小，但水头损失较大。这就需要通过技术经济分析来确定最经济的断面。经济分析的原则是先假设几个隧洞断面的方案，计算费用指标，然后进行经济比较。对于一般中、小型电站，可用经济流速确定隧洞经济断面。

水电站引水隧洞的流速是由动能经济计算决定的。一般情况下，混凝土衬砌的隧洞的经济流速为 2.5～4.0m/s。

无压引水隧洞过水断面尺寸，一般按设计流量设计，按最大流量校核，通过水力学公式进行计算。当洞身长度 $L \geqslant (15 \sim 20)h$（$h$ 为洞内水深）时，按明渠均匀流公式计算；当 $L < (15 \sim 20)h$ 时，按淹没宽顶堰公式进行计算。

四、引水隧洞的线路选择

水电站引水隧洞线路的选择直接影响隧洞的造价、施工的难易、工程的安全可靠及工程效益等。进水口及厂房的位置选定后，引水隧洞应尽可能布置成直线，但受各种因素的影响，洞线有时布置成弯曲的。影响选线的因素很多，主要因素如下：

（1）地质条件。隧洞应尽可能布置在完整坚固的岩层中，避开不利的地质区，如岩体软弱、山岩压力大、地下水充沛、岩石破碎等地带。若隧洞必须穿过软弱夹层或断层，应尽可能正交通过。在运行中隧洞总会有渗漏，要考虑到岩体被浸湿后发生崩滑的可能性。

（2）地形条件。隧洞在平面上力求最短，在立面上要有足够的埋藏深度。一般要求隧洞岩厚度不小于 3 倍开挖直径，以利用围岩的天然拱作用，减小山岩压力，并承担部分内水压力。隧洞的内水压力越大，埋藏应越深。不能单纯考虑缩短主洞的长度，而要统一考虑主洞及支洞的布置。

（3）施工条件。为了加快施工的进度，当引水隧洞较长时，可利用山谷等有利地形布置施工支洞（平洞、竖井或斜井），支洞外还要有相应的道路及附属企业。另外，应避免施工掘进时，因爆破开挖而影响附近建筑物的基础稳定。

（4）水流条件。隧洞选线时水流要平顺，水头损失要小。应尽可能采用直线，当必须弯曲时其转弯半径一般大于 5 倍的洞径。

（5）枢纽总体布置。选择洞线时，应与大坝、进水口、厂房等统一考虑。有时还应考虑发电洞、导流洞、泄洪洞、灌溉洞互为利用的因素。

第五节　压 力 前 池

一、概述

压力前池又称压力池或前池，位于动力渠道的末端，是水电站引水建筑物与水轮机压力管道的连接建筑物。

（一）压力前池的作用及组成

1. 压力前池的作用

无压引水式水电站的引水道末端必须设置压力前池。压力前池的作用如下：

（1）平稳水压，分配水量。从渠道中引来的水，经过前池能平稳地分配给压力管道。

（2）压力前池有一定的容积，当机组负荷变化引起需水量变化时，起一定的调节流量和反射水锤波的作用。

(3) 拦污、排沙、控制水流量。压力前池在压力管道进口处设拦污栅拦截污物，设闸门控制进入压力管道中的流量。因压力前池断面扩大，流速减小，具有一定的沉沙作用，沉下的泥沙通过排沙设施排走。

(4) 压力前池设有泄水建筑物，可以宣泄多余水量，确保工程安全，又可保证下游用水。

2. 压力前池的组成部分

(1) 前室及进水室。进水室为压力管道进水口前扩大和加深部分，一般比渠道宽和深，需要用渐变扩散段（前室）连接渠道与池身，以保证水流平顺，水头损失小，无漩涡发生。

(2) 压力墙。是压力管道进水口的闸墙（挡水墙）。

(3) 泄水建筑物。当水电站停机或负荷较小时，渠道多余来水由泄水建筑物泄走，保证前池水位不致漫溢堤顶。当水电站停止工作时，泄水建筑物宣泄多余水量。图1-23所示为布置有侧堰溢洪道，下接泄水槽及底部（或挑流）消能设施。

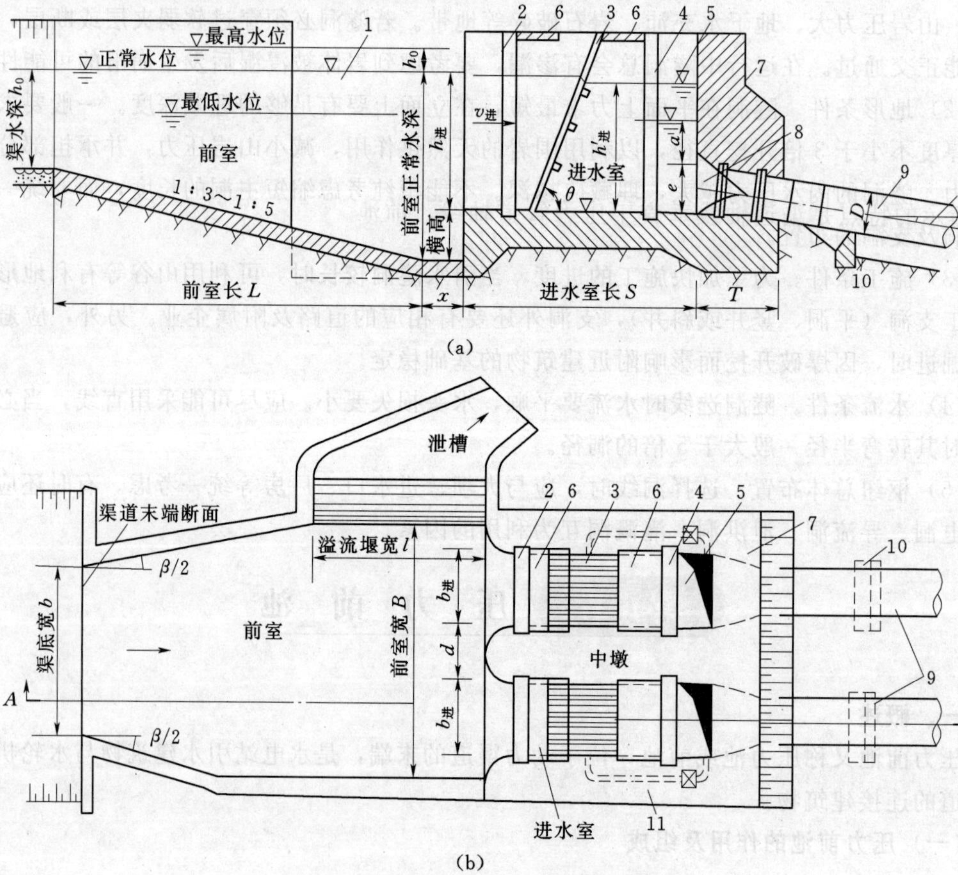

图1-23 压力前池的构造及尺寸
(a) A—A剖面图；(b) 压力前池平面图
1—溢流堰；2—检修闸门；3—拦污栅；4—工作闸门；5—通气孔；6—工作桥；
7—压力墙；8—压力管道进口；9—压力管道；10—支墩；11—旁通管

(4) 冲沙、拦冰及排冰建筑物。对北方寒冷地区及河流泥沙较多的情况，前池应布置有拦冰、排冰道及冲沙廊道等，以防止泥沙及冰冻的危害。

(二) 压力前池的位置选择及布置

1. 位置选择

应根据地形、地质条件及运用要求，并结合渠道线路、压力管线、厂房（水电站）等建筑物及其本身泄水建筑物相互位置综合考虑确定。力求做到布置紧凑合理、水流顺畅，运行灵活可靠，结构安全经济。

压力前池一般布置在陡峭山坡的上部，应特别注意地基稳定及渗漏问题，在保证前池稳定的前提下，尽可能靠近厂房，以缩短压力管道长度。

2. 布置方式

常见布置方式如图 1-24 和图 1-25 所示。

图 1-24 所示为压力前池的几种布置形式，图 1-25 表示每种布置形式中引水渠道与压力前池的连接方式。图 1-25 (a) 所示的特点是渠道、压力前池、压力管道的轴线一致，水流平顺，水量分配均匀，水头损失小，但泄水道通常采用侧堰形式，对排沙排冰不利。图 1-25 (c) 所示的特点是渠道轴线垂直于压力管道轴线，前池中水流水力损失大，转角处还可能形成死水区而使泥沙淤积，但泄水道可做成正堰，对排水、排冰、排污有利。图 1-25 (b) 中的渠线与压力管道轴线斜交，比较能适应地形、地质条件，而水流、开挖量、排污、排冰等条件都介于前述两者之间，这种布置在工程中采用较多。

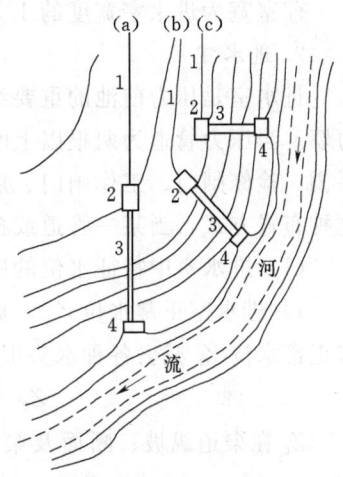

图 1-24 压力前池的布置形式
1—渠道；2—压力前池；3—压力管道；4—厂房

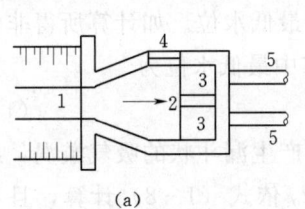 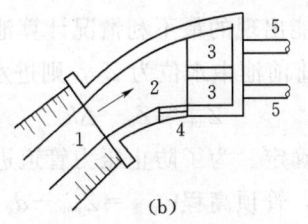 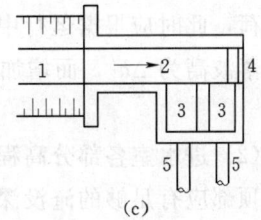

(a)   (b)   (c)

图 1-25 压力前池的平面布置方式
1—渠道；2—前室；3—进水室；4—溢流堰；5—管道

(三) 压力前池各组成部分的尺寸和构造

1. 前室

如图 1-23 所示，前室的作用是把动力渠道断面尺寸扩大并过渡到进水室的宽度和深度，减缓流速，便于沉积泥砂和清污，形成一定容积，以便于调节水量和平稳水位。为使水流顺畅，不产生漩涡，渠道连接前室的平面扩散角 β 一般不大于 $10°\sim 15°$；为便于沉沙、排沙和防止有害泥沙进入进水室，前室末端底板高度应比进水室底板高程低 0.5～

1.0m，以形成拦沙槛。槛高及前室末端水平段长度，应根据冲沙廊道或冲沙孔的布置要求确定。为了缩短前室渐变段长度，可在前室首部中间设分流墩。若分流墩楔形角为 γ，则前室的平面扩散角可加大至 $2\beta+\gamma$。

当渠道轴线与压力水管轴线不一致时，为避免在前室中产生漩涡、增大损失和造成局部淤积，可采用平缓的连接曲线和加设导流墙。

前室宽为进水室宽度的 1.0～1.5 倍，长度为宽度的 2.5～3.0 倍。

2. 进水室

进水室是压力前池的重要组成部分，上游与前室相接，下游为埋设压力管道进口的压力墙。当压力管道为两根以上时，应用隔墩分成各自独立的进水室，每个进水室都设有拦污栅、检修闸门、工作闸门、启闭设备、旁通管、通气孔和工作桥等，如图 1-23 所示。这种布置方式，当某一管道或机组进行检修时，不影响其他机组正常运行。

(1) 进水室中特征水位的确定。设计进水室时，需要确定进水室的几个特征水位：

1) 进水室正常水位 $Z_\text{进}$。此水位近似取引水渠道通过水电站最大引用流量 Q_max 时的渠末正常水位 Z_c 减去各种水头损失，即

$$Z_\text{进}=Z_c-(\Delta h_\text{进}+\Delta h_\text{门槽}+\Delta h_\text{栅}+\cdots) \tag{1-6}$$

Z_c 在渠道纵坡、断面及渠末断面位置已定的情况下，可通过明渠均匀流公式求得。$\Delta h_\text{进}$、$\Delta h_\text{门槽}$、$\Delta h_\text{栅}$ 表示进口、闸门槽和拦污栅的水头损失。

2) 进水室最高水位 Z_max。对于自动调节渠道，可认为与渠首最高水位相同，或按水电站突然丢弃全负荷时产生的最大涌波高程计算；对于非自动调节渠道，等于溢流堰顶高程加上最大溢流水深。

溢流堰下泄最大流量常取水电站最大引用流量。

3) 进水室最低水位 Z_min。进水室中最低水位取以下两种情况中的较低水位：第一种情况是枯水期渠道流量为水电站最小引用流量时的渠末水深；第二种情况是水轮机突然增加负荷，此时应根据运行中可能出现的最不利情况计算池中最低水位。如计算所得非恒定流的落波高为 $\Delta h_2'$，而增加负荷前池中水位为 Z_0，则进水室中最低水位

$$Z_\text{min}=Z_0-\Delta h_2 \tag{1-7}$$

(2) 进水室各部分高程的确定。为了防止压力管道进口产生漏斗状的吸气漩涡，压力管道顶部应有足够的淹没深度，管顶高程 $\nabla_\text{管顶}=Z_\text{min}-d_0$，$d_0$ 依式 (1-8) 计算，且不得小于 0.5m，即

$$d_0=Cv\sqrt{d} \tag{1-8}$$

式中　d_0——管顶低于最低水位的淹没深度，m；

　　　d——压力管直径，m；

　　　v——压力管的最大流速，m/s；

　　　C——经验系数，$C=0.55\sim0.73$，对称进水的进口取小值，侧向进水的进口取大值。

当直径为 D 的压力管道轴线与水平线的倾角为 α（α 一般不大于 45°）时，进水室底板高程为

第五节 压力前池

$$\nabla_{进底} = Z_{\min} - d_0 - \frac{P}{\cos\alpha} \qquad (1-9)$$

压力前池围墙顶部高程 $\nabla_{墙顶} = Z_{\max} + \delta$，$\delta$ 为安全超高，可按表 1-3 所示确定。

（3）进水室尺寸拟定。进水室的宽度 $B_{进}$ 与压力管道直径、根数以及水电站的最大引用流量 $Q_{\max}$ 有关。每一独立的进水室宽度 $b_{进}$ 应满足以下条件：

$$b_{进} \geqslant \frac{Q_{\max}}{v_{进} h_{进}} \qquad (1-10)$$

式中　$v_{进}$——拦污栅的允许过栅流速，一般不超过 $1.0 \sim 1.2 \mathrm{m/s}$；

$h_{进}$——进水室入口的水深。$h_{进} = z_{进} - \nabla_{进底}$。

通常采用 $b_{进} = (1.5 \sim 1.8)D$。若压力管道根数为 n，隔墩厚度为 d，则进水室总宽度为

$$B_{进} = nb_{进} + (n-1)d \qquad (1-11)$$

对于浆砌石隔墩，$d = 0.8 \sim 1.0 \mathrm{m}$；对于混凝土隔墩，$d = 0.5 \sim 0.6 \mathrm{m}$。

进水室的长度主要取决于拦污栅、检修闸门、工作闸门、通气孔、工作桥和启闭设备等的布置需要。对于小型电站，进水室的长度一般取 $3 \sim 5 \mathrm{m}$。

3. 压力墙

压力墙是进水室末端的挡水墙，也是压力管道进口的闸墙，一般用混凝土或浆砌石筑成。压力墙常见的构造形式有两种，一种如图 1-26 所示，在压力墙中布置有闸门和通气孔，闸门高度较小；另一种如图 1-23 所示，压力墙与工作闸门之间，为一开敞水井，可作为通气孔，此种形式闸门较高。

4. 泄水道

泄水道通常设于渠末或前池的边墙上，其形式有溢流堰和虹吸管等。图 1-23 所示为堰顶不设闸门的溢流堰。溢流堰顶高程应略高于前室中的正常水位（一般为 5cm 左右），以防止水电站正常运行时发生溢流现象。溢流堰的布置可为正堰或侧堰，下游布置有泄水陡槽和消能设施。溢流堰的断面形状一般为流线形的实用堰。当前室的最高水位确定后，溢流堰的长度 L 为

$$L = \frac{Q_{\max}}{M h_a^{3/2}} \qquad (1-12)$$

式中　h_a——堰顶允许最大溢流深度；

M——溢流堰流量系数。

也可以先确定 L 再求出 h_a，从而确定前室的最高水位。

5. 冲沙道和排冰道

渠道中水流挟带的泥沙沉积于前室中，故应在前室的最低处设置排砂管、冲沙廊道等排砂设施，其进口方向可与管道的进口方向相同，两者分上、下层排列，如图 1-26 所示，也可布置在前室最低处的一侧。

排冰道用来排除进入压力前池的冰凌，其底槛应位于前室正常水位以下，用叠梁闸门进行控制，如图 1-26 所示。

二、压力前池的主要设备

压力前池的主要设备有拦污栅、检修闸门、工作闸门、通气孔、旁通管、启闭设备和

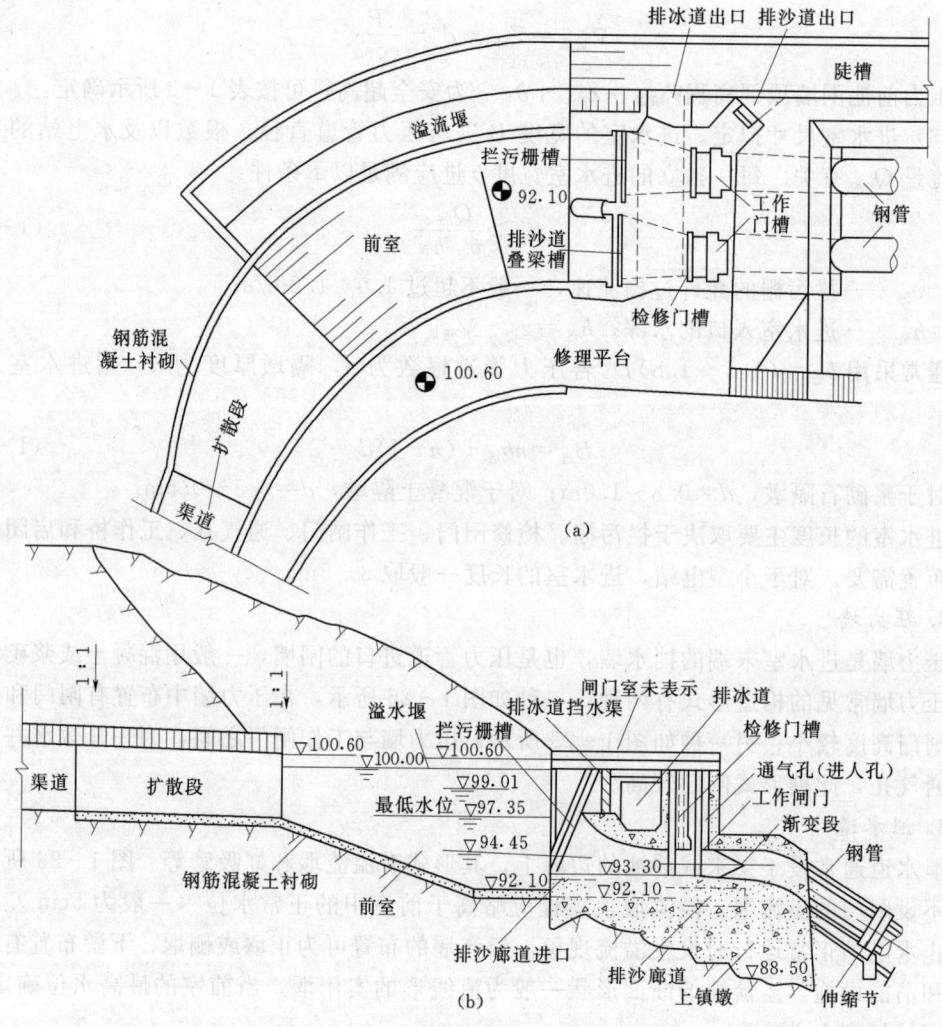

图 1-26 某水电站压力前池布置

清污机等。

1. 拦污栅

拦污栅设置在进水室入口处的栅槽中，下端支承于进水室底板，上端支承于防护梁上，防护梁与工作桥相连。拦污栅一般与水平面成 70°～80° 倾斜放置。拦污栅上的污物可采用人工清污或机械清污。有时为吊出栅片清污或检修，又不影响水电站的正常运行，可采用双层拦污栅。

2. 检修闸门和工作闸门

检修闸门位于工作闸门之前，也可位于拦污栅之前，一般为叠梁式或平板式闸门。

工作闸门的作用是当压力管道、主阀或机组发生事故或检修时，用来关闭压力管道进口。另外，当水电站长时间停机时，为了防止水轮机阀门漏水（有时水轮机不设阀门），也常需关闭工作闸门。工作闸门一般采用平面定轮闸门，明钢管必须采用快速闸门。检修闸门和工作闸门一般用电动螺杆或电动卷扬式启闭机操作。

3. 通气孔和旁通管

通气孔应布置在紧靠工作闸门的下游面。

旁通管布置在进水室的边墙和隔墩内,一般用闸阀控制。旁通管可为铸铁管、钢管或钢筋混凝土管。

4. 启闭机

拦污栅和检修闸门可采用移动式启闭机,工作闸门则应每个进水室采用一台固定启闭机。为了检修拦污栅和闸门,需设置启闭机架和工作桥。

三、压力前池结构设计的原则

压力前池中的压力墙承受自重、顶部设备重和上游水压力等荷载,应在上游为进水室最高水位的条件下,按挡水坝进行强度和稳定计算。

压力前池的边墙承受自重、设备重、水压力和土压力等荷载,应按挡土墙设计。溢流堰段则按溢流重力坝设计。

工作桥和启闭机架一般为钢筋混凝土板梁结构和框架结构,承受自重、设备重和活荷载,启闭机架则还要承受启闭力和风荷载等,应分别按板梁和框架设计。

进水室底板的构造和受力情况与水闸底板相似。当采用钢筋混凝土结构时,一般按弹性地基上的板进行设计;当采用素混凝土或浆砌石结构时,一般可不作计算,此时板的厚度为 0.5～1.0m。

另外,必须对压力前池的整体稳定进行校核。

思 考 题

1. 什么是压力前池?
2. 无压进水口有何特点?
3. 查阅有关资料,了解进水闸后沉沙池有何作用和类型。
4. 在渠系建筑物的布置工作中,一般应遵循哪些原则?
5. 渠系建筑物有何特点?
6. 查阅有关资料,了解农田灌溉渠道的分级和作用。
7. 渠道的设计有哪些基本要求?
8. 渡槽的作用是什么?说明其组成及特点。
9. 渡槽的总体布置及槽址选择应考虑哪些因素?
10. 梁式渡槽的支承形式有哪几种?各有何缺点?适用条件是什么?
11. 渡槽槽身与上下游渠道的连接方式有哪些?有何特点?
12. 查阅有关资料,比较拱式渡槽与梁式渡槽各有哪些特点?
13. 无压引水隧洞进出口水面线如何连接?
14. 无压引水隧洞洞身结构如何布置?

第二章 有压引水建筑物

【教学目的】 全面讲述有压引水建筑物的类型、特点和布置要求，通过学习重点掌握各类建筑物的布置方案的拟定、论证、比选和主要尺寸的确定方法及程序。

【教学要求】 了解有压进水口的形式、特点和适用条件及各种设备的作用，掌握有压进水口进口高程、轮廓尺寸的确定；了解水工隧洞的选线与布置、组成及各部分的形式与构造，掌握水工隧洞衬砌的计算方法；了解压力管道的布置方式，掌握压力明管的水力和结构计算的方法；了解明管上的阀门与附件，掌握镇墩、支墩的布置和结构计算方法；熟悉埋管的布置方式；了解调压室的工作原理和结构的计算方法。具体要求见下表。

本章教学要求

能力目标	知识要点	权重	自测分数
了解相关知识	各建筑物类型、特点、布置原则和要求	30%	
熟练掌握知识点	(1) 选择建筑物形式和水力计算 (2) 建筑物布置方案的论证 (3) 建筑物结构设计方法	40%	
运用知识分析案例	主要工作内容、程序	30%	

【内容导引】 有压引水建筑物是水电站和水泵站的重要组成部分。有压引水式水电站的进水系统均为有压引水建筑物，包括有压进水口、有压隧洞、调压室和压力管道；水泵站出水系统的有压引水建筑物包括出水管道和压力水箱。

本章内容编排按照水电站有压引水系统展开：包括有压进水口、有压隧洞、调压室和压力管道。水泵站的压力水箱放在第七章讲述。

第一节 概　　述

图 2-1 所示为有压引水式水电站的示意图。该水电站的建筑物包括水库、拦河坝、泄水道、水电站进水口、有压引水道（压力隧洞）、调压室、压力管道、厂房枢纽（含变电、配电建筑物）及尾水渠。本章只介绍整个引水系统（包括进水口、有压隧洞、压力管道和调压室），其他建筑物则在相应章节讨论。

第二节 有压进水口

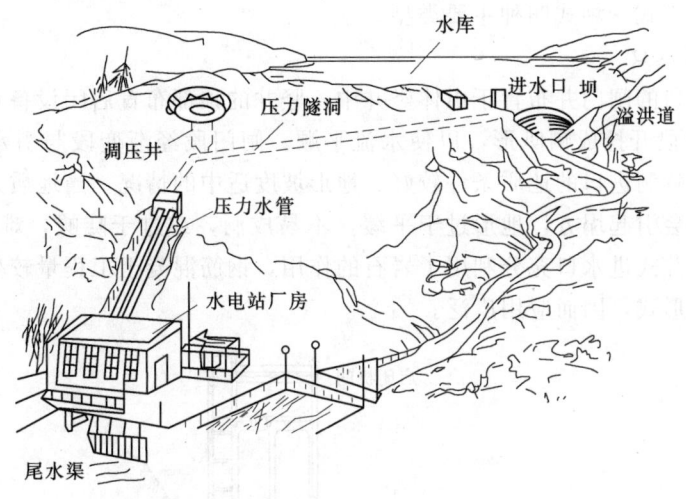

图 2-1 有压引水式水电站示意图

图 2-2 所示为离心泵站的管道布置示意图，主要建筑物和组成部件有进水池、喇叭口、进水管、弯头、偏心渐缩接管、水泵、电动机、闸阀、出水管、拍门和出水池等。

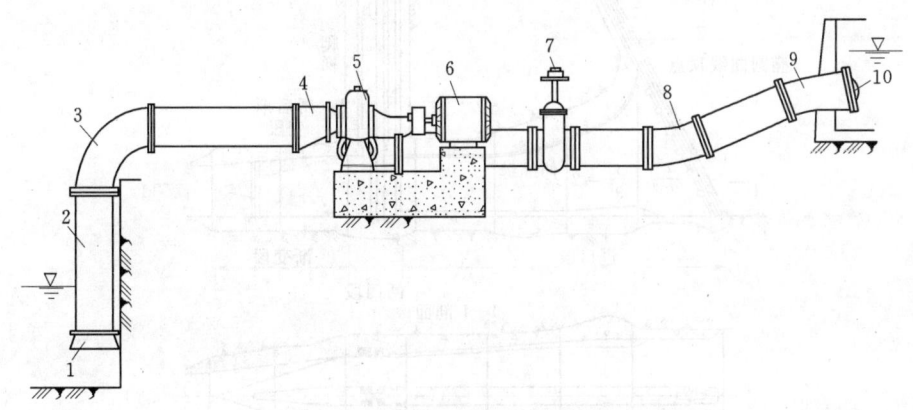

图 2-2 离心泵站的管道布置示意图
1—喇叭管；2—进水管；3—90°弯头；4—偏心渐缩接管；5—水泵；
6—电动机；7—闸阀；8，9—22.5°弯头；10—拍门

第二节 有压进水口

流道均淹没于水中，并始终保持有压流状态的进水口，称之为有压进水口，也称为深式进水口或潜没式进水口。有压引水式水电站和坝后式水电站的进水口大都属于这种类型，其后常接有压隧洞或管道，适用于从水位变幅较大的水库中取水。

一、有压进水口的主要类型及适用条件

有压进水口的类型主要取决于水电站枢纽布置要求以及地形地质条件等因素，可分为

竖井式、墙式、塔式、坝式四种主要类型。

1. 竖井式进水口

竖井式进水口的闸门井布置于山体竖井中，竖井的顶部布置启闭设备和操作室，如图2-3所示。进口段开挖成喇叭形，以使水流平顺。闸门段经渐变段与引水隧洞衔接。这种进水口适用于隧洞进口的地质条件较好、地形坡度适中的情况。当地质条件不好，扩大进口和开挖竖井会引起塌方，地形过于平缓，不易成洞，或过于陡峻，难以开凿竖井时，都不宜采用。竖井式进水口充分利用了岩石的作用，钢筋混凝土工程量较少，是一种既经济又安全的结构形式，因而应用广泛。

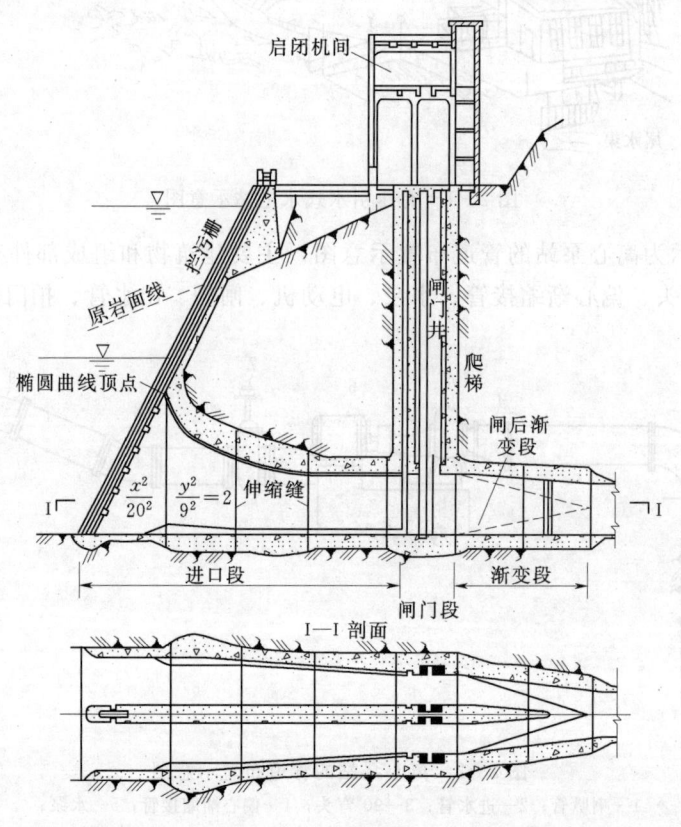

图2-3 竖井式进水口

2. 墙式进水口

墙式进水口的进口段和闸门段均布置在山体之外，形成一个紧靠在山岩上的墙式建筑物，如图2-4所示。当洞口附近地质条件较差或地形条件不允许采用洞式进水口时，可考虑墙式进水口。墙式进水口的建筑物承受水压力，有时也承受山岩压力，因而需要足够的强度和稳定性，有时可将墙式结构连同闸门槽依山作成倾斜的，以减小或免除山岩压力，同时使水压力部分或全部传给山岩承受，这时的墙式进水口称为斜卧式进水口。

3. 塔式进水口

塔式进水口的进口段和闸门段组成一个竖立于水库边的塔式结构，通过工作桥与岸边

第二节 有压进水口

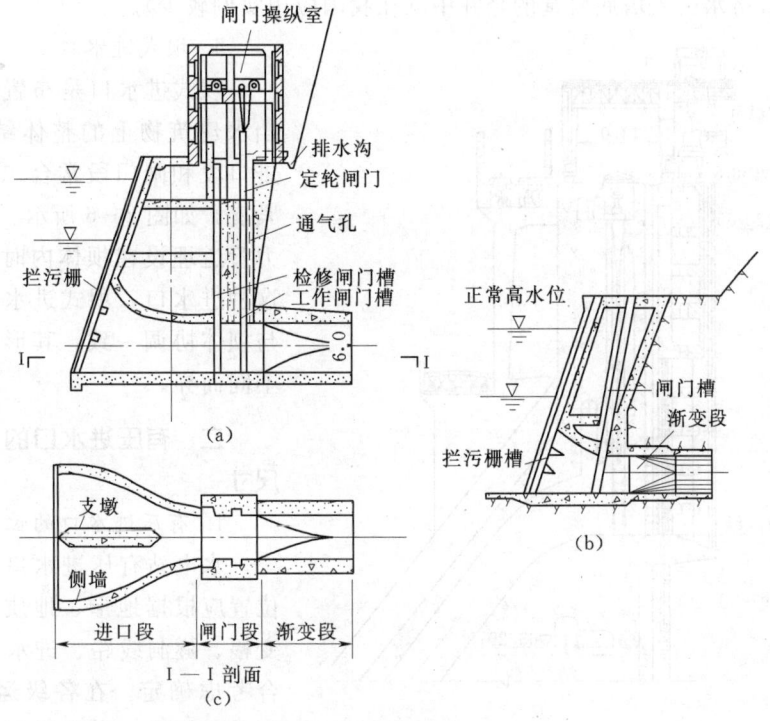

图 2-4 墙式进水口

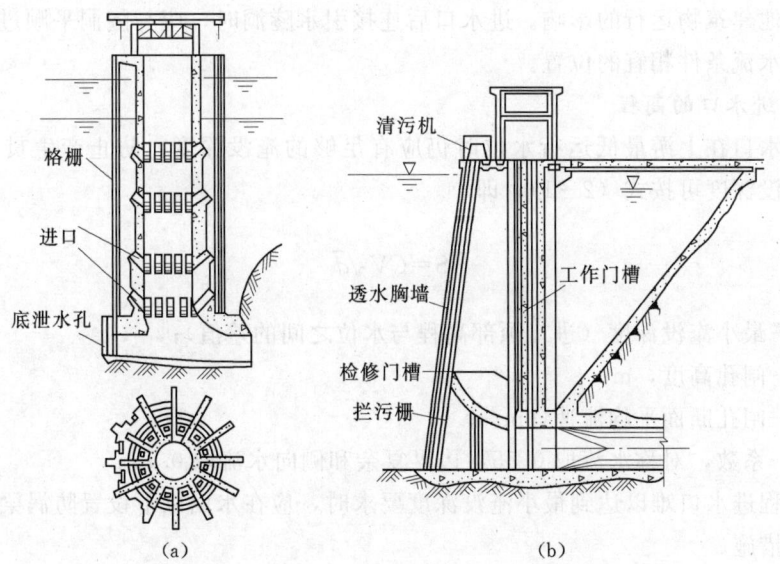

图 2-5 塔式进水口

相连,如图 2-5 所示。这种进水口适用于洞口附近地质条件较差或地形平缓,从而不宜采用洞式进水口的引水工程。当地材料坝的坝下涵管也常采用塔式进水口。塔式结构要承受风浪压力及地震力,必须有足够的强度及稳定性。塔式进水口可由一侧进水,也可由四周进水，然后将水引入塔底岩基的竖井中（在我国应用实例较少）。

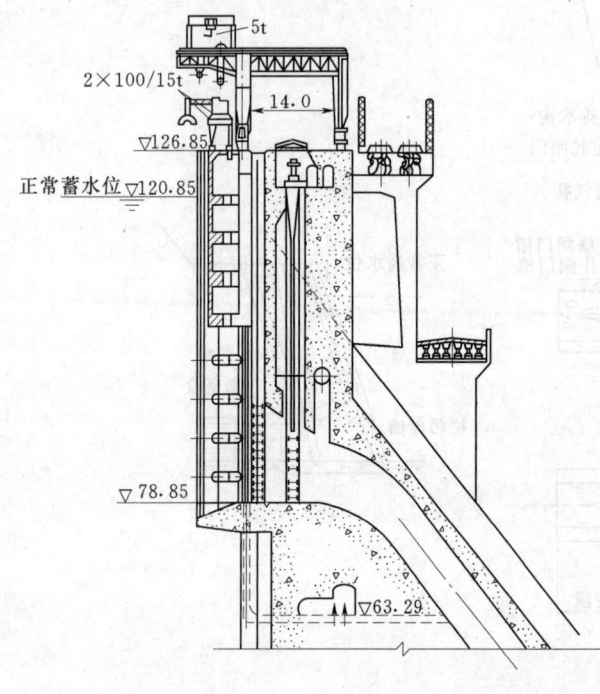

图 2-6 坝式进水口

4. 坝式进水口

坝式进水口是布置在挡水坝或挡水建筑物上的整体结构进水口，进口段和闸门段常合二为一，布置紧凑，如图 2-6 所示。当水电站压力管道埋设在坝体内时，只能采用这种进水口，坝式进水口的布置应与坝体协调一致，其形状也随坝型不同而异。

二、有压进水口的布置及轮廓尺寸

1. 有压进水口的位置

水电站有压进水口在枢纽中的位置应根据地形、地质条件、水位变幅、隧洞线路、进水口形式等综合考虑确定。在各级运行水位下，应进流匀称，水流平顺，不发生回流和漩涡，不出现淤积，不聚集污物，不受其他建筑物运行的影响。进水口后连接引水隧洞时，应与隧洞平顺过渡，选择地形、地质及水流条件相宜的位置。

2. 有压进水口的高程

有压进水口在上游最低运行水位时仍应有足够的淹没深度，防止产生贯通式漏斗漩涡。最小淹没深度可按式（2-1），即

$$S=CV\sqrt{d} \qquad (2-1)$$

式中　S——最小淹没深度（进口顶部高程与水位之间的差值）；

　　　d——闸孔高度，m；

　　　V——闸孔断面平均流速，m/s；

　　　C——系数，对称水流取 0.55，边界复杂和侧向水流取 0.73。

引水工程进水口难以达到最小淹没深度要求时，应在水面以下设置防涡梁（板）和防涡栅等防涡措施。

在满足进水口前不产生漏斗状吸气漩涡及引水道内不产生负压的前提下，进水口高程应尽可能抬高，以改善结构受力条件，降低闸门、启闭设备及引水道的造价，也便于进水口运行维护。

有压进水口的底部高程应高于设计淤积高程。若无法满足，则应在进水口附近设排沙孔，以保证进水口不被淤塞，并防止有害的石块进入引水道。

第二节 有压进水口

3. 有压进水口的轮廓尺寸

竖井式、墙式及塔式进水口的进口段、闸门段和渐变段划分比较明确，进水口的轮廓尺寸主要取决于三个控制断面的尺寸，即拦污栅断面、闸门孔口断面和隧洞断面。拦污栅断面尺寸通常按过栅流速不超过某个极限值的要求来决定。闸门孔口通常为矩形，事故闸门处净过水断面一般为隧洞断面的 1.1 倍左右，检修闸门孔口常与此相等或稍大，孔口宽度略小于隧洞直径，而高度等于或稍大于隧洞直径。

进水口的轮廓应能光滑地连接这三个断面，使得水流平顺，流速变化均匀，水流与四周侧壁之间无负压及漩涡。

进口段的作用是连接拦污栅与闸门段。隧洞的进口段常为平底，两侧稍有收缩，上唇收缩较大。两侧收缩曲线常为圆弧，上唇收缩曲线一般用 1/4 椭圆，如图 2-2 所示，当引用流量及流速不大时可用圆弧或双曲线。进口段的长度无一定标准，在满足工程结构布置与水流顺畅的条件下，尽可能紧凑。

闸门段的体型主要决定于所采用的闸门、门槽形式及结构的受力条件，其长度应满足闸门及启闭设备布置需要，并考虑引水道检修通道的要求。

渐变段是由矩形闸门段到圆形隧洞的过渡段。通常采用圆角过渡，如图 2-7 所示，其中 1—1 断面为闸门段，3—3 断面为隧洞。圆角半径 r 可按直线规律变为隧洞半径 R。渐变段的长度一般为隧洞直径的 1.5~2.0 倍，侧面扩散角以 6°~8° 为宜。

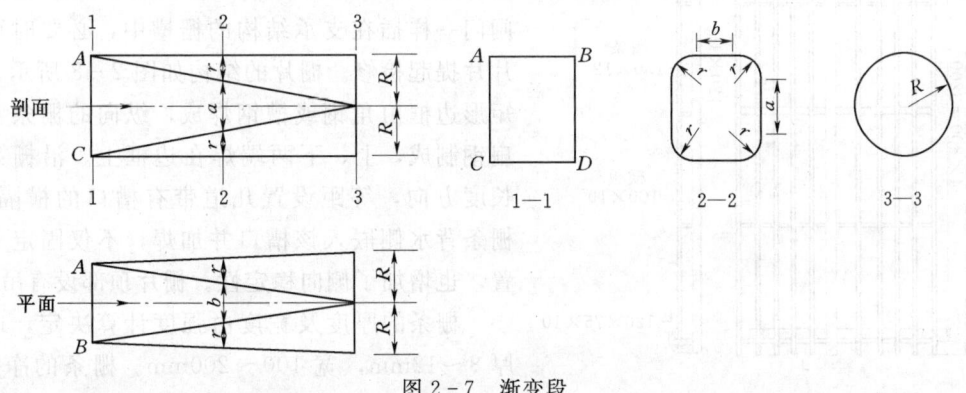

图 2-7 渐变段

上述拟定方法对坝式进水口同样适用，但为了适应坝体的结构要求，进水口长度要缩短，进口段与闸门段常合二为一。坝式进水口一般都做成矩形喇叭口状。进水口的中心线可以是水平的，也可以是倾斜的，视与压力管道的连接条件而定。开口较小时工作闸门可设于喇叭口的中部，而将检修闸门置于喇叭口上游，如图 2-6 所示。

有压进水口的其他轮廓尺寸的选用可参考图 2-6。

上述各点主要针对水电站进水口的布置，对于抽水蓄能电站的进水口在抽水工况时成为出水口，其体型还要利于反向水流的均匀扩散，以防脱流和漩涡。

三、有压进水口的主要设备

有压进水口应根据运用条件设置拦污设备、闸门及启闭设备、通气孔以及充水阀等主要设备。

(一) 拦污设备

1. 拦污栅的布置及支承结构

拦污栅可采用倾斜或垂直的布置方式。竖井式及墙式进水口的拦污栅常布置为倾斜的，倾角为 60°～70° 如图 2-3 及图 2-4 所示，其优点是过水断面大，且易于清污。塔式进水口的拦污栅可布置为倾斜的或垂直的，取决于进水口的结构形状。但坝式进水口的拦污栅一般为垂直的。

拦污栅的平面形状可以是平面的或多边形的。前者便于清污，后者可增大拦污栅处的过水断面。竖井式及墙式进水口一般采用平面拦污栅，如图 2-3 和图 2-4 所示，塔式及坝式进水口则两种均可能采用。坝式进水口采用多边形拦污栅的情况如图 2-6 所示。

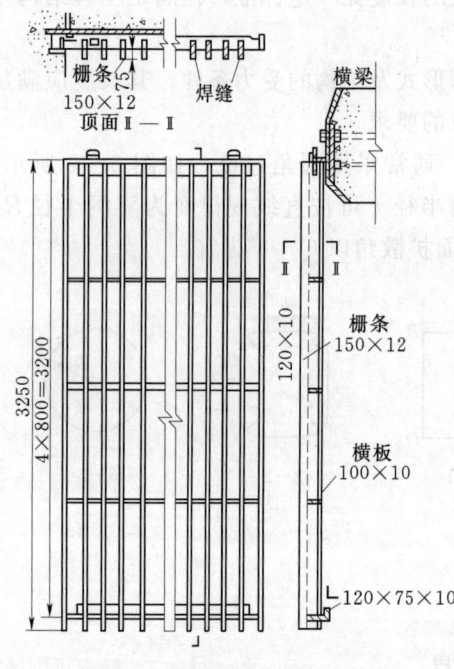

图 2-8 栅片结构示例 (mm)

为便于清污，过栅流速以不超过 1.0m/s 为宜，当河流污物很少或经过粗栅、拦污浮排等措施处理后，拦污栅前污物很少，此时，水电站引用流量可加大，过栅流速可随之加大。

2. 拦污栅栅片

拦污栅由若干块栅片组成，每块栅片的宽度一般不超过 2.5m，高度不超过 4m，栅片像闸门一样插在支承结构的栅槽中，必要时可一片片提起检修。栅片的结构如图 2-8 所示。其矩形边框由角钢或槽钢焊成，纵向的栅条常用扁钢制成，上、下两端焊在边框上。沿栅条的长度方向，等距设置几道带有槽口的横隔板，栅条背水侧嵌入该槽口并加焊，不仅固定了位置，也增加了侧向稳定性。栅片顶部设有吊环。

栅条的厚度及宽度由强度计算决定，通常厚 8～12mm，宽 100～200mm。栅条的净距 b 取决于水轮机的型号及尺寸，以保证通过拦污栅的污物不会卡在水轮机过流部件中为原则。

3. 拦污栅的清污

拦污栅的清污方法随清污设施及污物种类不同而异。人工清污是用齿耙扒掉拦污栅上的污物，一般用于小型水电站的浅水、倾斜式拦污栅。大、中型水电站常用清污机，如图 2-9 所示。若污物中的树枝较多，不易扒除时，可利用倒冲的方法使其脱离拦污栅，如引水系统中有调压井或前池，则可先加大水电站出力，然后突然丢弃负荷，造成引水道内短时间反向水流，将污物自拦污栅上冲下，再将其扒走。拦污栅吊起清污方法可用于污物不多的河流，结合拦污栅检修进行，也可用于污物（尤其是漂浮的树枝）较多、清污困难的情况。对于后一种情况，可设两道拦污栅，一道吊出清污时，另一道可以拦污，以保证水电站正常运行。

第二节 有压进水口

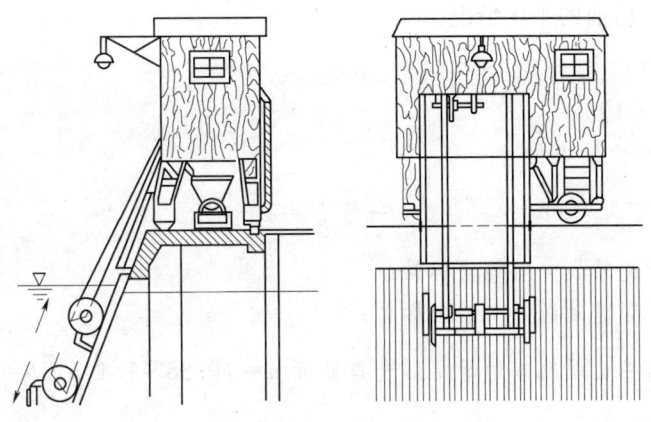

图 2-9 清污机

（二）闸门及启闭设备

进水口通常设两道闸门，即事故闸门及检修闸门。当隧洞较短或调压室处另设有事故闸门时，可只设一道检修闸门。事故闸门仅在全开或全关的情况下工作，不用于流量调节，其主要功用是，当机组或引水道内发生事故时迅速切断水流，以防事故扩大。此外，引水道检修期间，也用以封堵水流。事故闸门常悬挂于孔口上方，以便事故时能在动水中快速（1~2min）关闭。闸门开启为静水开启。事故闸门一般为平面门，每套闸门配备一套固定的卷扬式启闭机或油压启闭机，以便随时操作。闸门启闭机应有就地操作和远方操作两套系统，并配有可靠电源。闸门应能吊出进行检修。

检修闸门设在事故闸门上游侧，在检修事故闸门及其门槽时用以堵水。一般采用静水启闭的平板门，中、小型水电站也可采用叠梁。几个进水口可合用一扇检修门，并采用移动式的启闭机（如坝顶门机）或临时启闭设备进行启闭。

（三）通气孔及充水阀

通气孔设在事故闸门之后，其功用是，当引水道充水时用以排气，当事故闸门关闭放空引水道时，用以补气以防出现有害的真空。当闸门为前止水时，常利用闸门井兼作通气孔，如图 2-3 所示。当闸门为后止水时，则必须设专用的通气孔，如图 2-6 所示。通气孔中常设爬梯，兼作进人孔。

通气孔的面积常按最大进气流量除以允许进气流速得出。最大进气流量出现在事故闸门紧急关闭时，可近似认为等于进水口的最大引用流量。允许进气流速与引水道形式有关，对于露天钢管可取 30~50m/s，坝内钢管及隧洞可取 70~80m/s 或更高。通气孔顶端应高出上游最高水位，以防水流溢出。要采取适当措施，防止通气孔因冰冻堵塞，防止大量进气时危害运行人员或吸入周围物件。

充水阀的作用是开启闸门前向引水道充水，平衡闸门前后水压，以便静水开启闸门。充水阀的尺寸应根据充水容积、下游漏水量及要求充满的时间等来确定。充水阀可安装在专门设置的连通闸门前后水道的旁通管上，但较常见的是直接在平板闸门上设"小门"，利用闸门拉杆启闭设备。

此外，进水口应设有可靠的测压设施，以便监视拦污栅前后的水位差，以及事故闸门、检修闸门在开启前的平压情况。

> 【知识链接 2-1】
> (1) 进口断面曲线方程
> $$\frac{x^2}{a^2}+\frac{y^2}{b^2}=1$$
> 式中　x——沿管道轴线方向的坐标轴；
> 　　　y——垂直管道轴线方向的坐标轴；
> 　　　a,b——椭圆半长短轴，对于矩形进口断面 $a=(0.88\sim1.4)h$，$b=\frac{a}{2}$；对于圆形进口断面 $a=D$，$b=\frac{a}{3}$；
> 　　　h——进口断面高度；
> 　　　D——进口断面直径。
> (2) 门槽汽蚀问题。门槽空穴数 K 计算公式
> $$K=\frac{\frac{p}{\gamma}+h_a-h_v}{\frac{v^2}{2g}}$$
> 式中　p——门槽中点相对水压强，Pa；
> 　　　h_a——大气压强，m；
> 　　　h_v——汽化压，m；
> 　　　v——门槽处断面平均流速，m/s。
> 设矩形门槽宽度为 W，门槽深度为 D，则初生空穴数 K_i 经验计算公式
> $$K_i=0.38\frac{W}{D}$$
> 为防止汽蚀，W 和 D 应满足下式
> $$K_i\leqslant(1.2\sim1.5)K$$

第三节　有压隧洞

一、概述

(一) 有压隧洞的类型

为满足水利水电工程各项任务而设置的隧洞称为水工隧洞，其功用如下：
(1) 配合溢洪道宣泄洪水，有时也作为主要泄洪建筑物之用。
(2) 引水发电，或为灌溉、供水和航运输水。

(3) 排放水库泥沙，延长使用年限，有利于水电站等的正常运行。

(4) 放空水库，用于人防或检修建筑物。

(5) 在水利枢纽施工期用来导流。

按上述功用，水工隧洞可分为泄洪隧洞、引水发电和尾水隧洞、灌溉和供水隧洞、放空和排沙隧洞、施工导流隧洞等。按隧洞内的水流状态，又可分为有压隧洞和无压隧洞。从水库引水发电的隧洞一般是有压的；灌溉渠道上的输水隧洞常是无压的，有的干渠及干渠上的隧洞还可兼用于通航；其余各类隧洞根据需要可以是有压的，也可以是无压的。在同一条隧洞中可以设计成前段是有压的而后段是无压的。但在同一洞段内，除了流速较低的临时性导流隧洞外，应避免出现时而有压时而无压的交替流态，以防引起振动、空蚀和对泄流能力的不利影响。

在设计水工隧洞时，应该根据枢纽的规划任务，按照一洞多用的原则，尽量设计为多用途的隧洞，以降低工程造价。

有压隧洞和无压隧洞在工程布置、水力计算、受力情况及运行条件等方面差别较大，对于一个具体工程，究竟采用有压隧洞还是无压隧洞，应根据工程的任务、地质、地形及水头大小等条件提出不同的方案，通过技术经济比较后选定。无压隧洞在第一章已讲述过，本章主要讲述有压隧洞。

(二) 有压隧洞的工作特点

(1) 水力特点。枢纽中的泄水隧洞，除少数表孔进口外，大多数是深式进口。深式泄水隧洞的泄流能力与作用水头 H 的 1/2 次方成正比，当 H 增大时，泄流量增加较慢，不如表孔超泄能力强。但深式进口位置较低，能提前泄水，从而提高水库的利用率，减轻下游的防洪负担，故常用来配合溢洪道宣泄洪水。泄水隧洞所承受的水头较高、流速较大，如果体形设计不当或施工存在缺陷，可能引起空化水流而导致空蚀；水流脉动会引起闸门等建筑物的振动；出口单宽流量大、能量集中会造成下游冲刷。为此应采取适宜的防止空蚀和消能措施。

(2) 结构特点。隧洞为地下结构，开挖后破坏了原来岩体内的应力平衡，引起应力重分布，导致围岩产生变形甚至崩塌，为此，常需设置临时支护和永久性衬砌，以承受围岩压力。但围岩本身也具有承载力，可与衬砌共同承受内水压力等荷载。内水压力较大时，要求隧洞围岩具有足够的厚度并进行必要的衬砌，否则一旦衬砌破坏，内水外渗，将危害岩坡稳定及附近建筑物的正常运行。

(3) 施工特点。隧洞一般是断面小，洞线长，从开挖、衬砌到灌浆，工序多，干扰大，施工条件较差，工期一般较长。施工导流隧洞或兼有导流任务的隧洞，其施工进度往往控制整个工程的工期。

(三) 有压隧洞的组成

水利枢纽中的泄水隧洞主要包括下列三个部分：

(1) 进口段。位于隧洞进口部位，用以控制水流。包括拦污栅、进水喇叭口、闸门段及渐变段等。

(2) 洞身段。用以输送水流。一般都需进行衬砌。

(3) 出口段。用以连接消能设施。无压泄水隧洞的出口仅设有门框，有压隧洞的出口一般设有渐变段及工作闸门室。而用于水电站引水的隧洞末端通常与平水建筑物相连，无专门的出口段。

二、隧洞的布置与选线

（一）总体布置及线路选择

1. 总体布置

（1）水工隧洞在枢纽中的布置应根据枢纽的任务、隧洞用途、地形、地质、施工、运行等条件综合研究并经技术经济比较后方能确定。

（2）在合理选定洞线方案的基础上，根据地形、地质及水流条件，选定进口段的结构形式，确定闸门在隧洞中的布置。

（3）确定洞身纵坡及洞身断面形状和尺寸。

（4）根据地形、地质、尾水位等条件及建筑物之间的相互关系选定出口位置、高程及消能方式。

2. 线路选择

引水隧洞的线路选择是设计中的关键，它关系到隧洞的造价、施工难易、工程进度、运行可靠性等方面。因此，应该在勘测工作的基础上拟定不同方案，考虑各种因素，进行技术经济比较后选定。选择洞线的一般原则和要求如下：

（1）隧洞的线路应尽量避开不利的地质构造，不稳定的围岩及地下水位高、渗水量丰富的地段，以减小作用于衬砌上的围岩压力和外水压力。洞线要与岩层层面、构造破碎带和节理面有较大的交角，在整体块状结构的岩体中，其夹角不宜小于 30°；在层状岩体中，特别是层间结合疏松的高倾角薄岩层，其夹角不宜小于 45°。在高地应力地区，应使洞线与最大水平地应力方向尽量一致，以减小隧洞的侧向围岩压力。

（2）洞线在平面上应力求短直，这样既可减小工程费用，方便施工，且有良好的水流条件。若因地形、地质、枢纽布置等原因必须转弯时，应以曲线相连。对于低流速的隧洞，其曲率半径不宜小于 5 倍洞径或洞宽，转角不宜大于 60°，弯道两端的直线段长度也不宜小于 5 倍洞径或洞宽。

高流速的有压隧洞，即使转弯半径大于 5 倍洞径，由弯道引起的压力分布不均，有的达到弯道末端 10 倍洞径以外，甚至影响到出口水流不对称，流速分布不均。因此，设置弯道时其转弯半径及转角最好通过试验确定。

（3）进、出口位置合适。隧洞的进、出口在开挖过程中容易塌方且易受地震破坏，应选在覆盖层、风化层较浅，岩石比较坚固完整的地段，避开有严重的顺坡卸荷裂隙、滑坡或危岩地带。引水隧洞的进口应力求水流顺畅，避免在进口附近产生串通性或间歇性漩涡。出口位置应与调压室的布置相协调，有利于缩短压力管道的长度。

（4）隧洞应有一定的埋藏深度，包括洞顶覆盖厚度和傍山隧洞岸边一侧的岩体厚度，统称为围岩厚度。围岩厚度涉及开挖时的成洞条件，运行中在内、外水压力作用下围岩的稳定性，结构计算的边界条件和工程造价等。对于有压隧洞，当考虑弹性抗力时，围岩厚度应不小于 3 倍洞径。根据以往的工程经验，对于较坚硬完整的岩体，有压隧洞的最小围岩厚度应不小于 $0.4H$（H 为洞顶压力水头），如不加衬砌，顶部和侧向的厚度应分别不小于 $1.0H$ 和 $1.5H$。一般洞身段围岩厚度较厚，但进、出口则较薄，为增大围岩厚度而将进、出口位置向内移动会增加明挖工程量，延长施工时间。一般情况下，进、出口顶部岩体厚度不宜小于1倍洞径或洞宽。

（5）隧洞的纵坡，应根据运用要求、上下游衔接、施工和检修等因素综合分析比较以后确定。无压隧洞的纵坡应大于临界坡度。有压隧洞的纵坡主要取决于进、出口高程，要求全线洞顶在最不利的条件下保持不小于2m的压力水头。有压隧洞不宜采用平坡或反坡，因其不利于检修排水。为了便于施工期的运输及检修时排除积水，有轨运输的底坡一般为3‰～5‰，但不应大于10‰；无轨运输的坡度为3‰～15‰，最大不宜超过20‰。

（6）对于长隧洞，选择洞线时还应注意利用地形、地质条件，布置一些施工支洞、斜井、竖井，以便增加工作面，有利于改善施工条件，加快施工进度。

（二）闸门在隧洞中的布置

引水隧洞中一般要设置两道闸门：一道是工作闸门，用来调节流量和封闭孔口，能在动水中启闭；另一道是检修闸门，设置在进口，用来挡水，以便检修工作闸门或隧洞。当隧洞出口低于下游水位时，出口处还需设置叠梁检修门。大、中型隧洞的深式进水口常要求检修闸门能在动水中关闭，静水中开启，以满足发生事故时的需要，所以也称事故检修门。

对于有压泄水隧洞，其工作闸门通常布置在出口 如图2-10所示。这种布置的优点是：泄流时洞内流态平稳；门后通气条件好，便于部分开启；工作闸门的控制结构也较简单，管理方便；隧洞线路布置适应性强。但洞内经常承受较大的内水压力，一旦衬砌漏水，对岩坡及土石坝等建筑物的稳定将产生不利影响。实际工程中，常在进口设事故检修门，平时也可用以挡水，以免洞内长时间承受较大的内水压力。

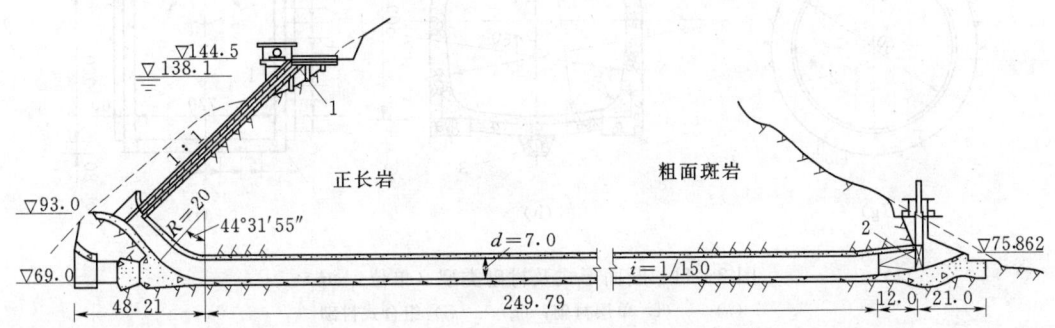

图2-10 有压隧洞布置图（单位：m）
1—通气孔进口；2—3×7工作门

三、有压隧洞各组成部分的形式及构造

（一）进口段

有压隧洞进口段包括进口喇叭口、闸门室、通气孔、平压管和渐变段等几个部分，本章第二节已介绍了相关内容，此处不再赘述。

（二）洞身段

1. 洞身断面形式

洞身断面形式取决于水流流态、地质条件、施工条件及运行要求等。

有压隧洞一般均采用圆形断面，如图2-11（a）、（b）、（c）、（g）所示，原因是圆形断面的水流条件和受力条件都较为有利。当围岩条件较好，内水压力不大时，为了施工方便，也可采用无压隧洞常用的断面形式。

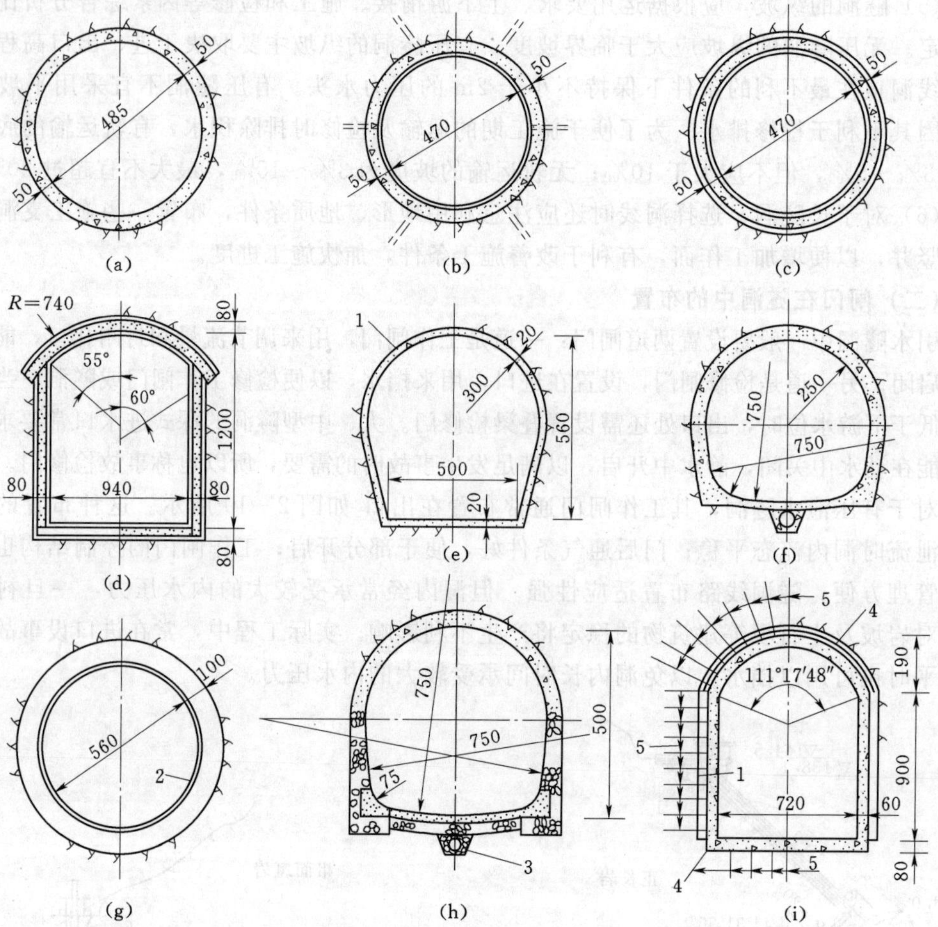

图 2-11 断面形式及衬砌类型（单位：cm）
(a)～(f) 单层衬砌；(g)～(i) 组合式衬砌
1—喷混凝土；2—δ 为 16mm 的钢板；3—ϕ25cm 排水管；4—20cm 钢筋网喷混凝土；5—锚筋

2. 洞身断面尺寸

洞身断面尺寸应根据运用要求、泄流量、作用水头及纵剖面布置，通过水力计算确定，有时还要进行水工模型试验验证。有压隧洞水力计算的主要任务是核算泄流能力及沿程压坡线。

有压隧洞泄流能力按管流计算，即

$$Q = \mu \omega \sqrt{2gH} \tag{2-2}$$

式中 μ——考虑隧洞沿程阻力和局部阻力的流量系数；
ω——隧洞出口的断面面积，m^2；
H——作用水头，m。

洞内的压坡线，可根据能量方程分段推求。为了保证洞内水流处于有压状态，如前所述，洞顶应有 2m 以上的压力余幅。

在确定隧洞断面尺寸时，还应考虑到洞内施工和检查维修等方面的需要，圆形断面的内径不小于 1.8m，非圆形洞的断面不小于 1.5m×1.8m。

3. 洞身衬砌

（1）衬砌的功用。为了保证水工隧洞安全有效地运行，通常需要对隧洞进行衬砌。衬砌的功用是：①限制围岩变形，保证围岩稳定；②承受围岩压力、内水压力等荷载；③防止渗漏；④保护岩石免受水流、空气、温度、干湿变化等的冲蚀破坏作用；⑤减小表面糙率。

（2）衬砌的类型。隧洞衬砌主要有以下几种类型：

1）平整衬砌。亦称护面或抹平衬砌，它不承受作用力，只起减小隧洞表面糙率，防止渗漏和保护岩石不受风化的作用。对于无压隧洞，如岩石不易风化，可只衬砌过水部分。平整衬砌适用于围岩条件较好，能自行稳定，且水头、流速较低的情况。根据隧洞的开挖情况，平整衬砌可采用混凝土、浆砌石或喷混凝土。

2）单层衬砌。由混凝土［图 2-11（a）］、钢筋混凝土［图 2-11（b）、（c）、（d）］或浆砌石等做成。单层衬砌特别是钢筋混凝土、混凝土衬砌应用最广，适用于中等地质条件、断面较大、水头及流速较高的情况。根据工程经验，混凝土及钢筋混凝土的厚度，一般为洞径或洞宽的 1/12～1/8，且不小于 25cm，由衬砌结构计算最终确定。

3）组合式衬砌。有内层为钢板、钢筋网喷浆，外层为混凝土或钢筋混凝土［图 2-11（g）］；有顶拱为混凝土，边墙和底板为浆砌石［图 2-11（h）］；有顶拱、边墙喷锚后再进行混凝土或钢筋混凝土衬砌［图 2-11（i）］等形式。

在软弱破碎的岩体中开挖隧洞，因其自稳能力差，容易发生塌方，先用喷锚支护，再作混凝土或钢筋混凝土衬砌是一种很好的组合形式。

选择洞身衬砌类型，应根据隧洞的任务、地质条件、断面尺寸、受力状态、施工条件等因素，通过综合分析比较后确定。

在有压圆形隧洞中，一般以采用混凝土、钢筋混凝土单层衬砌最为普遍。当内水压力较大，围岩条件较差，钢筋混凝土衬砌不能满足要求或不经济时，可采用内层为钢板的组合式双层衬砌。冯家山水库右岸压力泄洪洞（水头 70.00m）出口段采用了双层衬砌［图 2-11（g）］。当内水压力较大时，也可研究采用预应力衬砌。

配合光面爆破，喷锚是一种经济、快速的衬砌形式。

当围岩坚硬、完整、裂隙少、稳定性好且不易风化时，对于流速低、流量较小的引水发电隧洞或导流隧洞，可以不加衬砌。不加衬砌的有压隧洞，其内水压力应小于地应力的最小主应力，以保证围岩稳定。不加衬砌隧洞的糙率大，引用同样流量要增加开挖断面。因此，是否采用不加衬砌隧洞，应该经过技术经济比较之后确定。

（3）衬砌分缝。混凝土及钢筋混凝土衬砌是分段分块浇筑的。为防止混凝土干缩和温度应力而产生裂缝，在相邻分段间设有环向伸缩缝，沿洞线的浇筑分段长度应根据浇筑能力和温度收缩等因素分析决定，一般可采用 6～12m。有压隧洞需在缝中设止水［图 2-12（a）、（b）］。纵向施工缝应设在拉、剪应力较小的部位，对于圆形隧洞常设在与中心铅直线夹角 45°处 [图 2-12 (c)]；纵向施工缝需要凿毛处理，有时增设插筋以加强整体性，缝内可设键槽，必要时设止水。

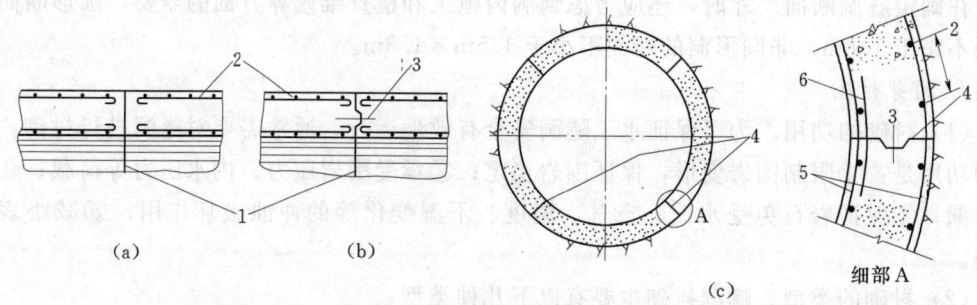

图 2-12　环向伸缩缝及纵向施工缝
1—环向伸缩缝；2—分布钢筋；3—止水片；4—纵向施工缝；5—受力筋；6—插筋

隧洞穿过断层破碎带或软弱带，衬砌需要加厚。当破碎带较宽，为防止因不均匀沉降而开裂，在衬砌厚度突变处，应设沉降缝（图 2-13）。此外，在进口闸室与渐变段、渐变段与洞身交接处和衬砌的形式、厚度改变，以及可能产生相对位移的部位，也需要设置环向沉降缝。沉降缝的缝面不凿毛，分布钢筋也不穿过，但缝内应填 1～2cm 厚的沥青油毡或其他填料。有压隧洞还应在缝内设止水带或止水铜片。

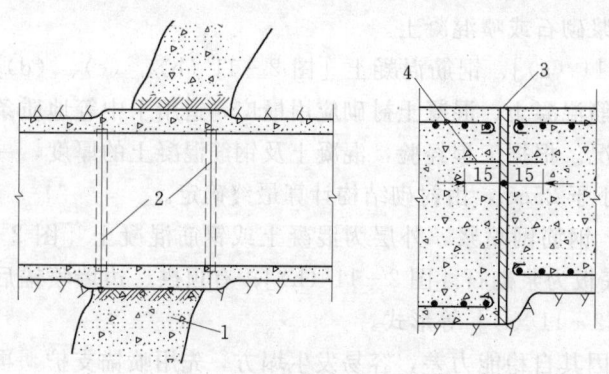

图 2-13　沉降缝（单位：cm）
1—断层破碎带；2—沉降缝；3—沥青油毡厚 1～2cm；
4—止水片或止水带

4. 灌浆

隧洞灌浆分为回填灌浆和固结灌浆两种。回填灌浆是为了充填衬砌与围岩之间的空隙，使之结合紧密，共同受力，以发挥围岩的弹性抗力作用，并减少渗漏。砌筑顶拱时，可预留灌浆管，待衬砌完成后，通过预埋管进行灌浆（图 2-14）。回填灌浆范围，一般在顶拱中心角 90°～120°以内，孔距和排距为 2～6m，灌浆孔应深入围岩 5cm 以上，灌浆压力为 0.2～0.3MPa。

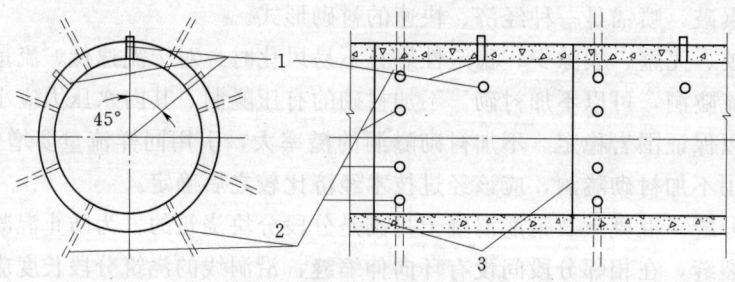

图 2-14　灌浆孔布置
1—回填灌浆孔；2—固结灌浆孔；3—伸缩缝

第三节 有压隧洞

固结灌浆的目的在于加固围岩，提高围岩的整体性，减小围岩压力，保证围岩的弹性抗力，减小渗漏。对围岩是否需要进行固结灌浆，应通过技术经济比较确定。固结灌浆孔一般深入岩石2～5m，有时可达10m，或为隧洞半径的1倍左右，根据对围岩的加固和防渗要求而定。固结灌浆孔排距2～4m，每排不少于6孔，对称布置，相邻断面错开排列，按逐步加密法灌浆。固结灌浆压力一般为0.4～1.0MPa或更大，对于有压隧洞可用1.5～2.0倍的内水压力。固结灌浆应在回填灌浆7～14d之后进行。灌浆时应加强观测，以防洞壁发生变形破坏。

回填灌浆孔和固结灌浆孔常分排间隔排列，如图2-14所示。

5. 排水

设置排水，可以降低作用在衬砌上的外水压力。对于有压圆形隧洞，外水压力一般不控制衬砌设计。当外水位很高，对衬砌设计起控制作用时，可在衬砌底部外侧设纵向排水管，通至下游。必要时，还可增设环向排水槽，每隔6～8m设一道，收集的渗水汇集后由纵向排水暗管排向下游。

（三）出口段

有压隧洞出口，绝大多数设有工作闸门，布置启闭机室，闸门前设有渐变段，将洞身从圆形断面渐变为闸门处的矩形孔口，出口之后即为消能设施。图2-15所示为有压泄洪洞的出口段结构。

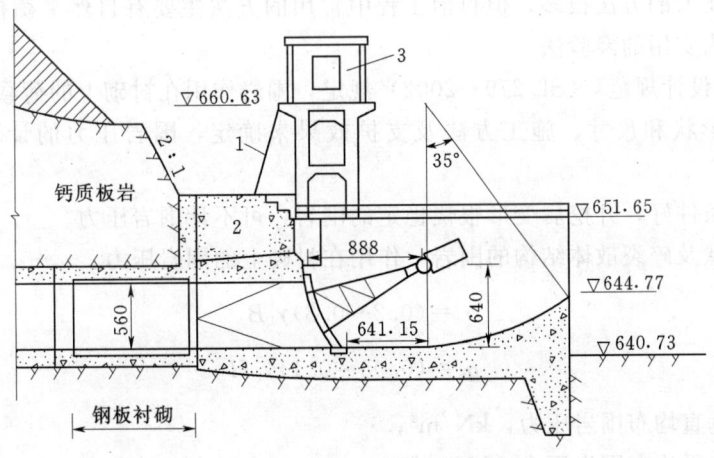

图2-15 有压泄洪洞的出口段结构
1—钢梯；2—混凝土压重；3—启闭机室

四、隧洞的衬砌计算

衬砌结构计算的目的在于核算在设计规定的荷载组合下衬砌强度能否满足设计要求。计算之前可先按1/12～1/8的洞径或用工程类比法初拟衬砌厚度，经过计算再行修正。

我国已建大量的水工隧洞采用了多种应力计算方法，如结构力学法、弹性力学法、边界元法、有限元法等。尽管方法各异，但这些隧洞绝大多数运行正常，说明衬砌计算的设计条件较接近实际情况，有一定的安全裕度。《水工隧洞设计规范》（SL 279—2002）指出：①将围岩作为承载结构的隧洞，可采用有限元法进行围岩和衬砌的分析计算，计算时应根据围岩特性选取适宜的力学模型，并应模拟围岩中的主要构造；②以内水压力为主要荷载，围岩为Ⅰ、Ⅱ类的圆形有压隧洞，可采用弹性力学解析方法计算；③对于Ⅳ、Ⅴ类围岩中的洞段，可采用结构力学方法计算。

（一）荷载及其组合

在进行水工隧洞衬砌计算之前，必须首先确定作用在隧洞衬砌上的荷载，并根据荷载特性，按不同的工作情况分别计算出衬砌中的内力。衬砌上的作用力有围岩压力、内水压力、外水压力、衬砌自重、灌浆压力、温度作用和地震力等，其中，内水压力、衬砌自重容易确定，而围岩压力、外水压力、灌浆压力、温度及地震力等只能在一些假定的前提下进行近似计算。

荷载计算对象与结构计算相同，为单位洞长。

1. 围岩压力

围岩压力也称山岩压力。隧洞开挖后由于围岩变形（隧洞开挖破坏了岩体原来的平衡，从而引起围岩应力重分布，引起变形）或塌落而作用在衬砌上的压力，称围岩压力。按作用的方向山岩压力主要有两种：作用于衬砌顶部的垂直山岩压力；作用于衬砌两侧的侧向山岩压力。一般岩体中，作用在衬砌上的主要是垂直向下的围岩压力，对Ⅳ、Ⅴ类破碎岩层，还需考虑侧向山岩压力。

计算山岩压力的方法很多，但目前工程中常用的方法主要有自然平衡拱法和经验法。这里仅介绍较为实用的经验法。

《水工隧洞设计规范》（SL 279—2002）规定，围岩作用在衬砌上的荷载，应根据围岩条件、横断面形状和尺寸、施工方法及支护效果来确定，围岩压力的计取应符合下列规定。

（1）自稳条件好，开挖后变形很快稳定的围岩，可不计围岩压力。

（2）薄层状及碎裂散体结构的围岩，作用在衬砌上的围岩压力：

垂直方向 $\qquad q_v = (0.2 \sim 0.3)\gamma_1 B \qquad (2-3)$

水平方向 $\qquad q_h = (0.05 \sim 0.1)\gamma_1 H \qquad (2-4)$

式中 q_v——垂直均布围岩压力，kN/m^2；

$\qquad q_h$——水平均布围岩压力，kN/m^2；

$\qquad \gamma_1$——岩石的重度，kN/m^3；

$\qquad B$——隧洞开挖宽度，m；

$\qquad H$——隧洞开挖高度，m。

（3）不能形成稳定拱的浅埋隧洞，宜按洞室顶拱的上覆盖层岩体重力作用计算围岩压力，再根据施工所采取的支护措施予以修正。

（4）块状、中厚层至厚层状结构的围岩，可根据围岩中不稳定块体的作用力来确定围岩压力。

（5）采取了支护或加固措施的围岩，根据其稳定状况，可不计或少计围岩压力。

（6）采用掘进机开挖的围岩，可适当少计围岩压力。

(7) 具有流变或膨胀等特殊性质的围岩，可能对衬砌结构产生变形压力时，应对这种作用进行专门研究，并宜采取措施减小其对衬砌的不利作用。

2. 弹性抗力

在荷载作用下，衬砌向外变形时受到围岩的抵抗，这种因围岩抵抗衬砌向外变形而作用在衬砌外壁的作用力，称为弹性抗力。弹性抗力是一种被动力。它与地基反力不同，后者是由力的平衡决定的，其数值与围岩的性质无关；而前者的产生是有条件的。围岩考虑弹性抗力的重要条件是岩石本身的承载能力，而充分发挥弹性抗力作用的主要条件是围岩与衬砌接触程度。当岩石比较坚硬，且有一定的厚度（一般要求大于3倍的洞径），无不利的滑动面，围岩与衬砌紧密接触时，才可考虑弹性抗力的作用，否则不考虑围岩的弹性抗力，只考虑衬砌底部的地基反力。

岩石的弹性抗力可以近似地认为与衬砌变形造成的围岩的法向位移δ成正比，即

$$p_0 = k\delta (10\text{kPa}) \tag{2-5}$$

式中　p_0——岩石弹性抗力；

　　　δ——衬砌表面法线方向位移；

　　　k——与岩石情况及隧洞开挖尺寸有关的弹性抗力系数，N/cm^3。

弹性抗力系数是与围岩性质和隧洞直径有关的比例常数。实质上，它表示能阻止$10^{-4}m^2$衬砌面积变为$0.01m$所需要的力。实践中，常以隧洞半径为1m时的单位弹性抗力系数k_0表示围岩的抗力特性，对开挖半径为r时的弹性抗力系数为

$$k = k_0 / r \tag{2-6}$$

式中　r——隧洞开挖半径，cm，对非圆形隧洞，$r = B/2$；

　　　B——开挖洞宽。

弹性抗力系数常用类比法和现场实验方法来确定。弹性抗力估计过高，则会使衬砌结构不安全，估计过低则造成不经济。因此，必须对其进行认真分析和估算。

3. 内、外水压力

内水压力是有压隧洞衬砌上的主要荷载。当围岩坚硬完整，洞径小于6m时，可只按内水压力进行衬砌的结构设计。内水压力可根据隧洞压力线或洞内水面线确定。在有压隧洞的衬砌计算中，常将内水压力分为均匀内水压力和非均匀内水压力两部分。均匀内水压力是洞顶内壁以上水头h产生的，其值为γh；非均匀内水压力是指洞内充满水，洞壁各点的压强值为$\gamma d(1-\cos\theta)/2$（θ为计算点半径与洞顶半径的夹角，d为隧洞内直径）时的压力。非均匀内水压力的合力向下，方向向下，数值等于单位洞长内的水重，如图2-16所示。

对有压发电引水隧洞，还应考虑机组甩负荷时引起的水击压力。

外水压力的大小取决于水库蓄水后形成的地下水位线，由于地质条件的复杂性，很难准确计算。一般来说，常假设隧洞进口处的地下水位线与水库正常挡水位相同，在隧洞出口处与下游水位或洞顶齐平，中间按直线变化。考虑到地下水渗流过程的水头损失，工程中实际取用外水压力的数值应等于地下水的水头乘以折减系数β_e（见表2-1）。设计中，当与内水压力组合时，外水压力常用偏小值；当隧洞放空时，采用偏大值。

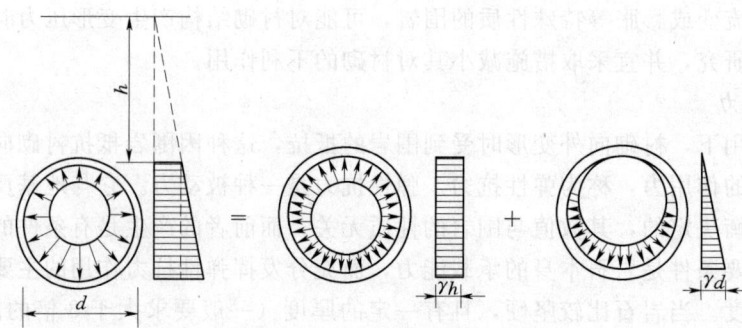

图 2-16　有压隧洞内水压力分解

表 2-1　　　　　　　　　　外水荷载折减系数 β_e 值选用表

级别	地下水活动状况	地下水对围岩稳定的影响	β_e 值
1	洞壁干燥或潮湿	无影响	0～0.2
2	沿结构面有渗水或滴水	风化结构面填充物质，地下水降低结构面的抗剪强度，对软弱岩体有软化作用	0～0.4
3	沿裂隙或软弱结构面有大量滴水、线状流水或喷水	泥化软弱结构面充填物质，地下水降低结构面的抗剪强度，对中硬岩体有软化作用	0.25～0.6
4	严重滴水，沿软弱结构面有小量涌水	地下水冲刷结构面中充填物质，加速岩体风化，对断层等软弱带软化泥化，并使其膨胀崩解，以及产生机械管涌；有渗透压力，能鼓开较薄的软弱层	0.4～0.8
5	严重股状水流，断层等软弱带有大量涌水	地下水冲刷携带结构面中填充物质，分离岩体，有渗透压力，能鼓开一定厚度的断层等软弱带，能导致围岩塌方	0.65～1.0

4. 衬砌自重

沿隧洞轴线 1m 长的衬砌重量，一般根据衬砌厚度的不同，沿洞线分段进行计算，认为自重是均匀作用在衬砌厚度的平均线上，衬砌单位面积上的自重强度 g 为

$$g = \gamma_c h \tag{2-7}$$

式中　γ_c——衬砌材料重度，kN/m^3；

h——衬砌厚度，应考虑平均超挖回填的部分，m。

除上述主要荷载外，隧洞衬砌上还作用有灌浆压力、温度荷载和地震荷载等。由于对衬砌影响较小，荷载组合时均不予考虑。

5. 荷载组合

计算衬砌时，应根据荷载特点及同时作用的可能性，按不同情况进行组合。设计中常用的组合如下：

(1) 正常运用情况。山岩压力＋衬砌自重＋宣泄设计洪水时的内水压力＋外水压力。

(2) 施工、检修情况。山岩压力＋衬砌自重＋可能出现的最大外水压力。

(3) 非正常运用情况。山岩压力＋衬砌自重＋宣泄校核洪水时的内水压力＋外水压力。

正常运用情况属于基本组合，用以设计衬砌的厚度、配筋量和强度校核，其他情况用作校核。工程中视隧洞的具体运用情况还应考虑其他荷载组合。

（二）衬砌结构计算

衬砌结构计算步骤，主要包括：选择衬砌形式并初步拟定其厚度；分别计算单位洞长上各种荷载产生的内力，并按不同的荷载组合叠加；进行强度校核，确定配筋量，判定初拟衬砌厚度是否合理并进行修改。

下面介绍以内水压力为主要荷载，围岩为Ⅰ、Ⅱ类，直径不大于 6m 的圆形有压隧洞的衬砌结构计算。

混凝土和钢筋混凝土衬砌结构不作为有严格防渗要求的结构。衬砌厚度的计算方法如下。

1. 混凝土衬砌

求混凝土衬砌厚度 h 时，以均匀内水压力 p 作用下内边缘切向拉应力不超过混凝土的允许轴心抗拉强度 $[\sigma_{hl}]$ 为限，计算公式为

$$h = r_i \left[\sqrt{A \frac{[\sigma_{hl}] + p}{[\sigma_{hl}] - p}} - 1 \right] \tag{2-8}$$

$$[\sigma_{hl}] = \frac{R_l}{K_l} \tag{2-9}$$

式中　R_l——混凝土的设计抗拉强度；

　　　K_l——混凝土的抗拉安全系数，按表 2-2 选用；

　　　A——弹性特征因数；

　　　h——衬砌厚度；

　　　r_i——隧洞内径。

表 2-2　　　　　　　　　混凝土的抗拉安全系数表

建筑物级别	1		2、3		4、5	
荷载组合	正常运用	非正常运用	正常运用	非正常运用	正常运用	非正常运用
安全系数 K_l	2.1	1.8	1.8	1.6	1.7	1.5

2. 钢筋混凝土衬砌

同样，求钢筋混凝土衬砌厚度 h 时，以均匀内水压力 p 作用下内边缘切向拉应力不超过钢筋混凝土的允许轴心抗拉强度 $[\sigma_{gh}]$ 为限，计算公式为

$$h = r_i \left[\sqrt{A \frac{[\sigma_{gh}] + p}{[\sigma_{gh}] - p}} - 1 \right] \tag{2-10}$$

衬砌的内边缘应力，可按式（2-11）校核，即

$$\sigma_i = \frac{F}{F_n} p \frac{t^2+A}{t^2-A} \leqslant [\sigma_{gh}] \quad (2-11)$$

$$[\sigma_{gh}] = \frac{R_f}{K_f} \quad (2-12)$$

式中　R_f——混凝土的设计抗裂强度；

K_f——钢筋混凝土结构的抗裂安全系数；

F——沿洞线 1m 长衬砌混凝土的纵断面面积；

F_n——F 中包括钢筋在内的折算面积。

如果由式（2-10）求出的 h 为负值或小于结构的最小厚度时，则应采用结构的最小厚度，钢筋可按结构的最小配筋率对称配置。

当围岩条件较差，或圆洞直径大于 6m 时，不能只按均匀内水压力设计衬砌。此时，应该计算出非均匀内水压力作用下的内力，然后与其他荷载引起的内力进行组合，再行设计。

五、隧洞的喷锚支护

喷锚支护是喷混凝土支护与锚杆支护的总称。根据不同的工程地质条件和对支护的要求，可以单独或联合使用，还可在喷层中加设钢筋网。

喷锚支护（锚喷支护）是配合新奥法（New Austrian Tunnelling Method，NATM）而逐渐发展起来的一种新型支护方式。由于其具有许多优点，如能及时对围岩进行加固、充分发挥围岩的自承作用、可节省材料和劳力及降低造价等，故自 20 世纪 50 年代以来，在国内外的矿山坑道、铁路隧道等地下工程中获得了广泛应用。在我国的水利水电建设中，20 世纪 50 年代也曾采用过喷锚修补隧洞衬砌和锚杆临时支护洞室。随着技术的发展，在交通洞室、地下厂房、调压井、导流隧洞中已逐步推广应用，直至作为水工隧洞的永久性支护（喷锚衬砌）。国内采用喷锚支护的水工隧洞已有数十项，其中，1971 年建成的回龙山引水隧洞，断面为 11m×11.1m 的城门洞形，总长 646m，全部采用喷锚，至今运行良好。在长达 9680m 的引滦入津引水隧洞中，喷锚段总长 5000m，是国内采用喷锚支护最长的水工隧洞。

喷锚衬砌与传统的现浇混凝土或钢筋混凝土衬砌相比，前者喷层薄、柔性大，能与围岩紧密贴结，围岩承受内水压力的百分数很高。几个工程的水压试验表明，当围岩的变形模量 $E_R = (1 \sim 2) \times 10^4$ MPa 时，围岩能承担 80%~90% 的内水压力。但也由于喷层薄，且随开挖岩面起伏不平，糙率较大。另外，大面积喷射，施工质量难以控制，在内水压力及水流作用下，有可能引起渗漏及冲蚀。

随着工程实践经验的积累和科学实验的进展，喷锚支护必将得到更为广泛的应用。

喷锚支护有以下几种类型：

（1）喷混凝土支护［图 2-17（b）］。洞室开挖后，及时喷射混凝土，使其与围岩紧密连接（加入早强剂可使混凝土很快凝固），可以有效地限制围岩的变形发展，发挥围岩的自承能力，改善支护的受力条件。混凝土在喷射压力下，部分砂浆渗入围岩的节理、裂隙，可以重新胶结松动岩块，能起到加固围岩、堵塞渗水通道、填补缺陷的作用。

（2）锚杆支护。根据洞室周围的地质条件和可能的破坏形式（局部性破坏或整体性

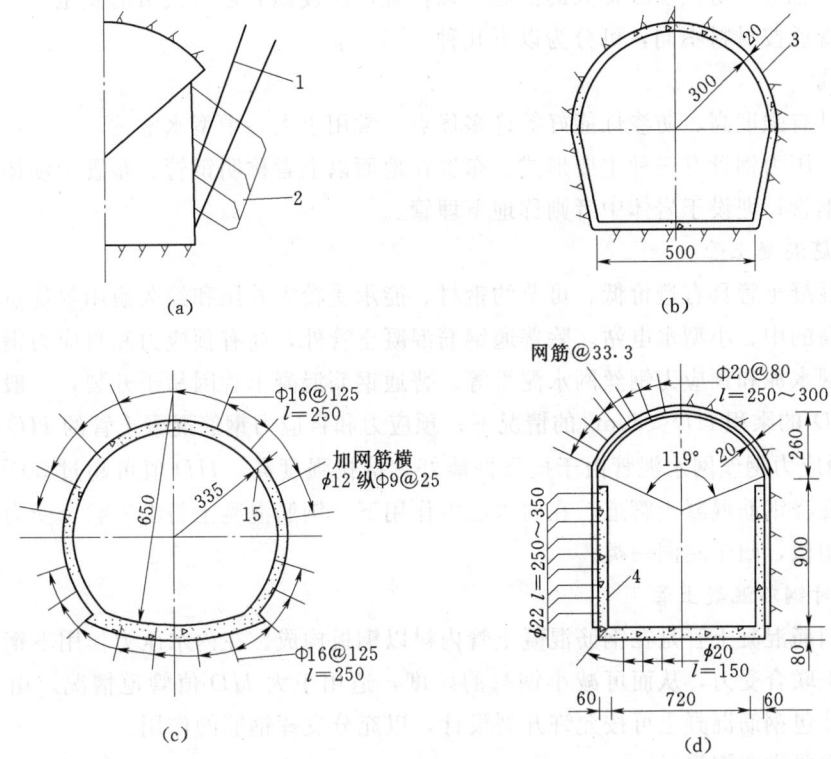

图 2-17 喷锚支护类型(单位:cm)
1—裂隙;2—锚杆;3—喷混凝土;4—浇混凝土

破坏),采用局部锚杆加固或系统锚杆加固,对节理发育的块状围岩,利用锚杆可将不稳定的岩块锚固于稳定的岩体上[图 2-17 (a)];对层状围岩,垂直于层面布置的锚杆起组合作用,可将岩层组合起来形成"组合梁";对于软弱岩体通过系统布置的锚杆,可以加固节理、裂隙和软弱面,形成承重环,使围岩变形受到约束,达到围岩自承状态。

(3) 喷混凝土锚杆联合支护。此种支护,用于强度不高和稳定性较差的岩体。二者兼顾可加固锚杆之间的不稳定岩块,达到稳定岩体、保证洞室安全运行的目的。

(4) 喷锚加钢筋网支护。对软弱、碎裂的围岩,如喷混凝土锚杆支护仍感不足时,可加设一层钢筋网,以改善围岩应力,使支护受力趋于均匀,提高喷层的整体性及强度,并可减少温度裂缝[图 2-17 (c)、(d)]。

第四节 压 力 管 道

一、压力管道的功用和类型

压力管道是指从水库、前池或调压室向水轮机输送水量的管道,其一般特点是坡度陡,内水压力大,承受水锤的动水压力,而且靠近厂房,因此它必须是安全可靠的。万一发生事故，也应有防止事故扩大的措施，以保证厂房设施和运行人员的安全。

压力管道按材料不同，可分为以下几种。

1. 钢管

钢管具有强度高、防渗性能好等许多优点，常用于大、中型水电站。

水电站压力钢管有三种主要形式：布置在地面以上者称明钢管；布置于坝体混凝土中者称坝内钢管；埋设于岩体中者则称地下埋管。

2. 钢筋混凝土管

钢筋混凝土管具有造价低、可节约钢材、能承受较大外压和经久耐用等优点，通常用于内压不高的中、小型水电站。除普通钢筋混凝土管外，尚有预应力和自应力钢筋混凝土管、钢丝网水泥和预应力钢丝网水泥管等。普通钢筋混凝土管因易于开裂，一般用在水头 H 和内径 D 的乘积 $HD<50m^2$ 的情况下；预应力和自应力钢筋混凝土管的 HD 值可超过 $200m^2$；预应力钢丝网水泥管由于抗裂性能好，抗拉强度高，HD 值可超过 $300m^2$，位于岩体中的现浇钢筋混凝土管道，在内水压力作用下，钢筋混凝土与围岩联合受力，工作状态与隧洞相似，归于隧洞一类。

3. 钢衬钢筋混凝土管

钢衬钢筋混凝土管是在钢筋混凝土管内衬以钢板构成。在内水压力作用下钢衬与外包钢筋混凝土联合受力，从而可减小钢衬的厚度，适用于大 HD 值管道情况。由于钢衬可以防渗，外包钢筋混凝土可按允许开裂设计，以充分发挥钢筋的作用。

本节主要讲明钢管。

二、压力管道的布置和供水方式

（一）压力管道的布置

压力管道是引水系统的一个组成建筑物。压力管道的布置应根据其形式、当地的地形地质条件和工程的总体布置要求确定，其基本原则可归纳如下：

（1）尽可能选择短而直的路线。这样不但可以缩短管道的长度，降低造价，减小水头损失，而且可以降低水锤压力，改善机组的运行条件。因此，明钢管常敷设在陡峻的山坡上，以缩短管道长度。

（2）尽量选择良好的地质条件。明钢管应敷设在坚固而稳定的山坡上，以免因地基滑动引起管道破坏。

（3）尽量减少管道的起伏波折，避免出现反坡，以利管道排空；管道任何部位的顶部应在最低压力线以下，并有 2m 的裕度。若因地形限制，为了减少挖方而将明管布置成折线时，在转弯处应设镇墩，管轴线的转弯半径应不小于 3 倍管径。明钢管的底部至少应高出地表 0.6m，以便安装检修；若直管段超过 150m，中间宜加镇墩。地下埋管的坡度应便于开挖出碴和钢管的安装检修。

（4）避开可能发生山崩或滑坡地区。明管应尽可能沿山脊布置，避免布置在山水集中的山谷之中，若明管之上有坠石或可能崩塌的峭壁，则应事先清除。

（5）明钢管的首部应设事故闸门，并应考虑设置事故排水和防冲设施，以免钢管发生事故时危及电站设备和运行人员的安全。

（二）压力管道的供水方式

水电站的机组往往不止一台，压力管道可能有一根或数根，压力管道向机组的供水方式可归纳为三类。

1. 单元供水

每台机组由一根专用水管供水，如图 2-18 (a)、(b) 所示。

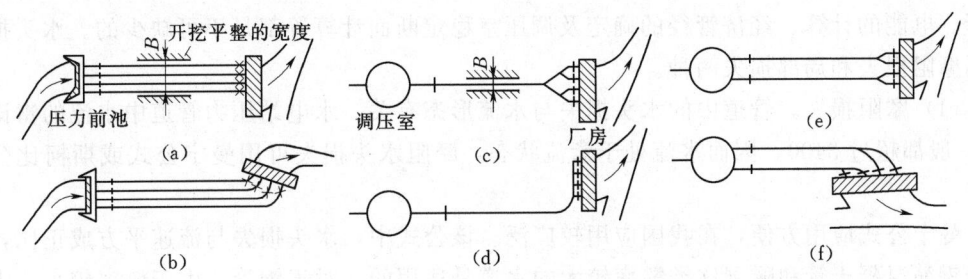

图 2-18 压力管道供水方式示意图
+—必须设的闸门或阀门； ×—有时可以不设的阀门

这种供水方式结构简单，工作可靠，管道检修或发生事故时，只影响一台机组工作，其余机组可照常运行。这种布置方式除水头较高和机组容量较大者外，一般只在进口设事故闸门，不设下阀门。单机供水所需的管道根数较多，需要较多的钢材，适用于单机流量大或者压力管道较短的电站。坝内钢管一般较短，通常都采用单元供水。

2. 集中供水

全部机组集中由一根管道供水，如图 2-18 (c)、(d) 所示。用一根管道代替几根管道，管身材料较省，但需设置结构复杂的分叉管，并需在每台机组之前设置事故阀门，以保证在任意一台机组检修或发生事故时不致影响其他机组运行。这种供水方式的灵活性和可靠性不如单元供水，一旦主管发生事故或进行检修，需全厂停机，运行的灵活性和可靠性较单元供水差。适用于水头较高、流量较小、管道较长的水电站。地下埋管由于不宜平行开挖几根近距离的管井时，常采用这种供水方式。

3. 分组供水

采用数根管道，每根管道向几台机组供水，如图 2-18 (e)、(f) 所示。这种供水的特点介于单元供水和集中供水之间，适用于压力管道较长、机组台数较多和容量较大的情况。

无论采用联合供水还是分组供水，与每根管道相连的机组台数一般不宜超过四台。

压力管道可以从正面进入厂房，如图 2-18 (a)、(c)、(e) 所示，也可以从侧面进入厂房，如图 2-18 (b)、(d)、(f) 所示。前者适用于水头不高、管道不长或地下埋管情况。对于明钢管，若水头较高，宜从侧面进入厂房，在这种情况下，万一管道爆破，可使高速水流从厂外排走，以防危及厂房和运行人员的安全。在集中供水和分组供水情况下，管道从侧面进入厂房也易于分叉。地下埋管爆破的可能性较小，即使爆破，由于受围岩限制亦不易突然扩大，管道进入厂房的方式常取决于管道及厂房布置的需要。

三、压力管道的水力计算和经济直径的确定

(一) 水力计算

压力管道的水力计算包括恒定流计算和非恒定流计算两种。

1. 恒定流计算

恒定流计算主要是为了确定管道的水头损失。管道的水头损失对于水电站装机容量的选择、电能的计算、经济管径的确定及调压室稳定断面计算等都是不可缺少的。水头损失包括摩阻损失和局部损失两种。

(1) 摩阻损失。管道中的水头损失与水流形态有关。水电站压力管道中水流的雷诺数 Re 一般都超过3400，因而水流处于紊流状态，摩阻水头损失可用曼宁公式或斯柯比公式计算。

曼宁公式应用方便，在我国应用较广泛。该公式中，水头损失与流速平方成正比，这对于钢筋混凝土管和隧洞这类糙率较大的水道是适用的。对于钢管，由于糙率较小，水流未能完全进入阻力平方区，但随着时间的推移，管壁因锈蚀使糙率逐渐增大，按流速平方关系计算摩阻损失仍然是可行的。曼宁公式见水力学教材，此处从略。

斯柯比推荐用以下公式计算每米长钢管的摩阻损失

$$i = \alpha m \frac{v^{1.9}}{D^{1.1}} \tag{2-13}$$

式中 α——水头损失系数，焊接管用0.00083；

m——考虑水头损失随使用年数 t 的增加而增大的系数，清水取 $K=0.01$，腐蚀性水可取 $K=0.015$；

v——管道流速，m/s；

D——管径，m。

(2) 局部损失。在流道断面急剧变化处，由于受边界的扰动，使水流与边界之间及水流的内部形成漩涡，在水流强烈的混掺和大量的动量交换过程中，在不长的距离内造成较大的能量损失，这种损失通常称为局部损失。压力管道的局部损失发生在进口、门槽、渐变段、弯段、分叉等处。压力管道的局部损失往往不可忽视，尤其是分叉的损失有时可能达到相当大的数值。局部损失的计算公式通常表示为

$$\Delta h = \xi \frac{v^2}{2g} \tag{2-14}$$

局部水头损失系数 ξ 可查有关手册。

2. 非恒定流计算

管道中的非恒定流现象通常称为水锤。进行非恒定流计算的目的是为了推求管道各点的动水压强及其变化过程，为管道的布置、结构设计和机组的运行提供依据。具体内容见第三章。

(二) 管径的确定

压力管道的直径应通过动能经济计算确定。在前面已经研究了确定渠道和隧洞经济断面的方法，其基本原理对压力管道也完全适用，可以拟定几个不同管径的方案进行比较，

第四节 压 力 管 道

选定较为有利的管道直径，也可以将某些条件加以简化，推导出计算公式直接求解。在可行性研究和初步设计阶段，可用以下彭德舒公式来初步确定大、中型压力钢管的经济直径，即

$$D=\sqrt[7]{\frac{5.2Q_{\max}^3}{H}} \qquad (2-15)$$

式中　$Q_{\max}$——钢管的最大设计流量，m^3/s；

　　　H——设计水头，m。

四、钢管的管壁厚度

压力钢管按其构造又分为无缝钢管、焊接管和箍管，其中焊接管应用最普遍。

焊接管是用钢板按要求的曲率辊卷成弧形，在工厂用纵向焊缝连接成管节，运到现场后再用横向焊缝将管节连成整体。内水压力是钢管的主要荷载，纵缝受力较大，在工厂焊接后应以超声法或射线法作探伤检查，以保证纵缝的焊接质量。在焊接横缝时，应使各管节的纵缝错开，如图2-19所示。对于明管，纵缝不应布置在横断面的水平轴线和垂直轴线上，与轴线的夹角应大于10°，相应的弧线距离应大于300mm。

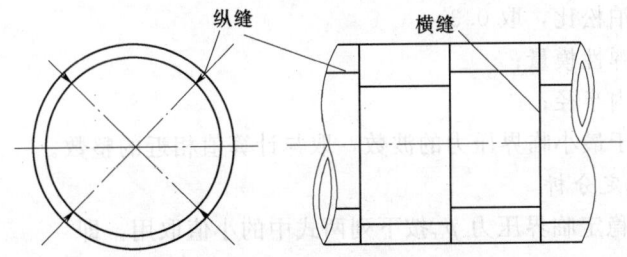

图2-19　纵缝和横缝布置示意图

管壁厚度一般经结构分析确定。管壁的结构厚度取为计算厚度加2mm的锈蚀裕度。考虑制造工艺、安装、运输等要求，管壁的最小结构厚度不宜小于式（2-16）确定的数值，也不宜小于6mm，即

$$\delta \geqslant D/800+4 \qquad (2-16)$$

式中　D——钢管直径，mm。

按内水压力计算管壁厚度为

$$t \geqslant \frac{Pr}{0.85\varphi[\sigma]}+2 \qquad (2-17)$$

式中　φ——焊缝系数，双面对接焊时，取0.95；单面对接焊、有垫板时，取0.90；

　　　P——内水压强，含水锤压强，kPa；

　　　r——管道半径，mm；

　　　$[\sigma]$——钢板允许应力，kPa。

管壁的计算厚度还需进行抗外压稳定校核（不计2mm裕度）。光面明钢管管壁能保持稳定的管壁厚，满足

$$t \geqslant \frac{1}{130} D_0 \tag{2-18}$$

式中 D_0——管径。

若无法满足抗外压稳定要求,用设置加劲环的方法提高其抗外压能力,一般较为经济。刚性环式钢管抗外压稳定分析,包括刚性环间管壁和刚性环两个部分的稳定分析。

1. 刚性环间管壁的稳定分析

地下埋管刚性环间的管壁失稳时,因刚性环的存在,管壁屈曲波数一般较多,波幅较小。目前,设计规范规定临界外压仍采用明管的相应公式计算。

刚性环的间距为 l,则对于刚性环中间管壁,可用米赛斯公式计算临界外压力 p_{cr},即

$$p_{cr} = \frac{E_s t}{(n^2-1)\left(1+\frac{n^2 l^2}{\pi^2 r^2}\right)^2 r} + \frac{E_s}{12(1-u_s^2)} \left[n^2 - 1 + \frac{2n^2 - 1 - u_s}{1+\frac{n^2 l^2}{\pi^2 r^2}} \right] \left(\frac{t}{r}\right)^3 \tag{2-19}$$

$$n = 2.74 \left(\frac{r}{l}\right)^{0.5} \left(\frac{r}{t}\right)^{0.25} \tag{2-20}$$

式中 u_s——钢材泊松比,取 0.3;
E_s——钢材弹性模量;
r——钢管内半径;
n——相应于最小临界压力的波数,取与计算值相近的整数。

2. 刚性环的稳定分析

加劲环抗外压稳定临界压力 p_{cr} 按下列两式中的小值取用,即

$$p_{cr1} = \frac{3 E_s J_R}{R^3 l} \tag{2-21}$$

$$p_{cr2} = \frac{\sigma_s F}{rl} \tag{2-22}$$

式中 R——加劲环有效断面重心轴线半径,mm;
F——刚性环的有效截面面积,mm²,$F = ha + t(a + 1.56\sqrt{r_1 t})$;
h——刚性环高度,mm;
a——刚性环厚度,mm;
l——刚性环间距,mm;
J_R——有效截面惯性矩,mm⁴。

地下埋管的抗外压稳定安全系数 K_c,对光面管管壁取 2.0,刚性环和刚性环间管壁取 1.8。

五、明钢管的敷设方式和镇墩、支墩及附属设备

(一) 明钢管的敷设方式

明钢管一般敷设在一系列的支墩上,底面高出地表不小于 0.6m,这样使管道受力明确,管身离开地面也易于安装、维护和检修。在管道的转弯处设镇墩,将管道固定,使其不能自由伸缩,相当于梁的固定端。根据明钢管的管身在镇墩间是否连续,其敷设方式有

连续式和分段式两种。

明钢管宜做成分段式，在两镇墩之间设伸缩节，如图 2-20 所示。由于伸缩节的存在，在温度变化时，管身在轴向可以自由伸缩，由温度变化引起的轴向力仅为管壁和支墩间的摩擦力和伸缩节的摩擦力。为了减小伸缩节的内水压力和便于安装钢管，伸缩节一般布置在管段的上端，靠近上镇墩处。这样布置也常常有利于镇墩的稳

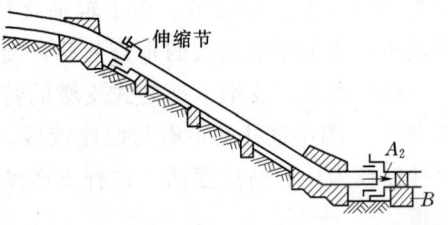

图 2-20 明钢管的敷设方式

定。伸缩节的位置可以根据具体情况进行调整。若直管段的长度超过 150m，可在其间加设镇墩；若其坡度较缓，也可不加镇墩，而将伸缩节置于该管段的中部。

（二）明钢管的支墩和镇墩

1. 支墩

支墩的作用是承受水重和管道自重在法向的分力，相当于梁的滚动支承，允许管道在轴向自由移动。减小支墩间距可以减小管道的弯矩和剪力，但支墩数增加，故支墩的间距应通过结构分析和经济比较确定，一般在 6～12m 之间。大直径的钢管可采用较小的支墩间距。

按管身与墩座间相对位移的特征，可将支墩分成滑动式、滚动式和摆动式三种。

（1）滑动式支墩。滑动式支墩的特征是管道伸缩时沿支墩顶部滑动，可分为鞍式和支承环式两种。

鞍式支墩如图 2-21 (a) 所示。钢管直接安放在一个鞍形的混凝土支座上，鞍座的包角为 120°左右。为了减小管壁与鞍座间的摩擦力，在鞍座上常设有金属支承面，并敷以润滑剂。

支承环式滑动支墩是在支墩处的管身外围加刚性的支承环，用两点支承在支墩上，这样可改善支座处的管壁应力状态，减小滑动摩阻，并可防止滑动时磨损管壁，如图 2-21 (b) 所示。但与滚动式支座相比，摩阻系数仍然较大，适用于直径 200cm 以下的管道。

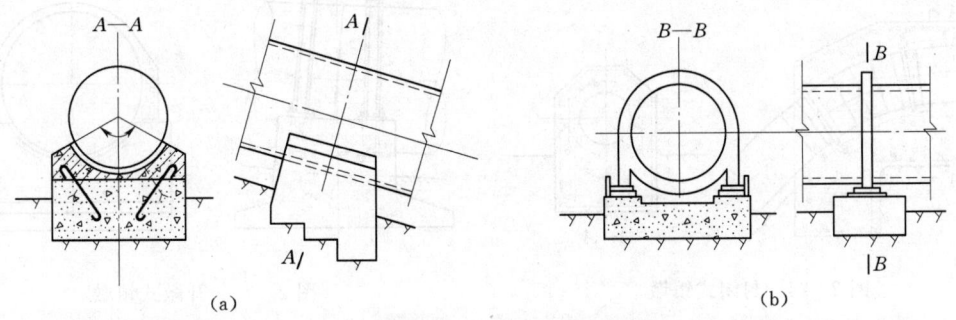

图 2-21 滑动式支座

（2）滚动式支墩。滚动式支墩与上述支承环式滑动支墩不同之处，在于支承环与墩座之间有辊轴，如图 2-22 所示，改滑动为滚动，从而使摩擦系数降为 0.1 左右，适用于直

径为 200cm 以上的管道。由于辊轴直径不可能做得很大，所以辊轴与上下承板的接触面积较小，不能承受较大的垂直荷载，使这种支墩的使用受到限制。

（3）摆动式支墩。摆动式支墩的特征是在支承环与墩座之间设一摆动短柱，如图 2-23 所示。图中摆柱的下端与墩座铰接，上端以圆弧面与支承环的承板接触，管道伸缩时，短柱以铰为中心前后摆动。这种支墩摩阻力很小，能承受较大的垂直荷载，适用于大直径管道。

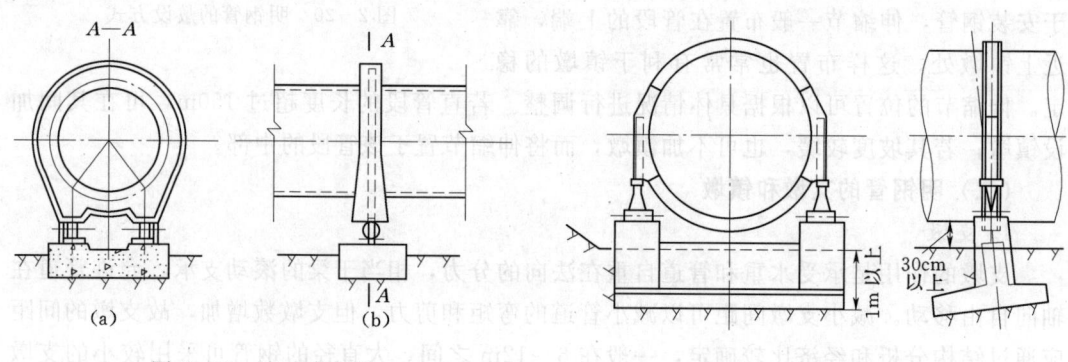

图 2-22 滚动式支座　　　　图 2-23 摆动式支座

2. 镇墩

镇墩一般布置在管道的转弯处，以承受因管道改变方向而产生的不平衡力，将管道固定在山坡上，不允许管道在镇墩处发生任何位移，如图 2-20 所示。在管道的直线段，若长度超过 150m，在直线段的中间也应设置镇墩，此时伸缩节可布置在中间镇墩两侧的等距离处，以减小镇墩所受的不平衡力。

镇墩靠自身重量保持稳定，一般用混凝土浇制。按管道在镇墩上的固定方式，镇墩可分为封闭式（图 2-24）和开敞式（图 2-25）两种。前者结构简单，节省钢材，对管道的固定好，应用较多；后者易检修，但镇墩处管壁受力不够均匀，用于作用力不太大的情况。

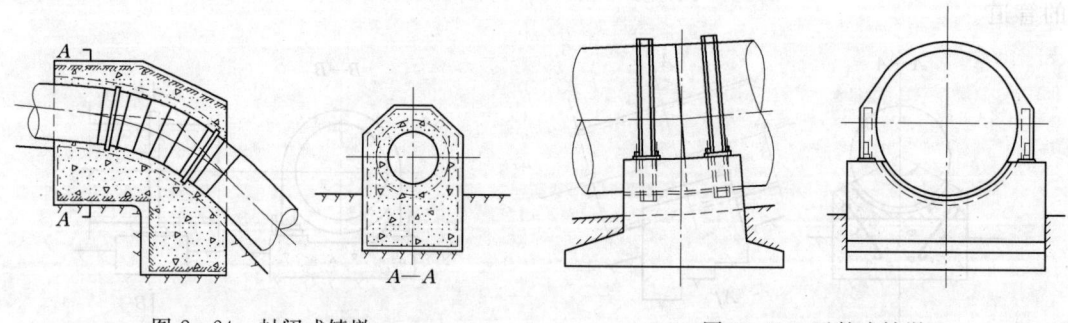

图 2-24 封闭式镇墩　　　　图 2-25 开敞式镇墩

（三）明钢管上的闸、阀门和附件

1. 闸门及阀门

压力管道的进口处常设置平面钢闸门，以便在压力管道发生事故或检修时用以切断水流。平面钢闸门价格便宜，便于制造，应用较广泛。平面钢闸门可用到 80m 水头或更高。

第四节 压力管道

图 2-26 蝴蝶阀

在压力管道末端，即蜗壳进口处，是否需要设置阀门则视具体情况而定：如系单元供水，水头不高，或单机容量不大，而管道进口处又有闸门者，则管末可不设阀门，坝内埋管通常如此；如为集中供水或分组供水，或虽系单元供水而水头较高和机组容量较大时，则需在管道末端设置阀门。

阀门的类型很多，有闸阀（平板阀）、蝴蝶阀、球阀、圆筒阀、针阀和锥阀等，但作为水电站压力管道上的阀门，最常用的是蝴蝶阀和球阀。

（1）蝴蝶阀。蝴蝶阀由阀壳和阀体构成。阀壳为一短圆筒。阀体形似圆饼，在阀壳内绕水平或垂直轴旋转。当阀体平面与水流方向一致时，阀门处于开启状态；当阀体平面与水流方向垂直时，阀门处于关闭状态，如图 2-26 所示。蝴蝶阀的操作有电动和液压两种，前者用于小型，后者用于大型。蝴蝶阀的优点是启闭力小，操作方便迅速，体积小，重量轻，造价较低；缺点是在开启状态，由于阀体对水流的扰动，水头损失较大；在关闭状态，止水不够严密。它适用于直径较大和水头不很高的情况。

蝴蝶阀有横轴和竖轴两种。前者结构简单，水压力的合力偏于阀体的中心轴以下，一旦阀体离开中间位置，即有自闭倾向，特别适于用作事故阀门，但因控制阀门启闭的接力器在阀门旁侧，需要较大的位置。后者接力器在阀顶，结构紧凑，但需设推力轴承支撑阀体，较复杂。

蝴蝶阀是目前国内外应用最广泛的一种阀门。国外最大直径用到 800cm 以上，最大水头用到 200m。蝴蝶阀可在动水中关闭，但必须用旁通管上、下游平压后开启，蝴蝶阀因止水不够严密，不适用于高水头情况。

（2）球阀。球阀由球形外壳、可转动的圆筒形阀体及其他附件构成。当阀体圆筒的轴线与管道轴线一致时，阀门处于开启状态，如图 2-27 (b) 所示；若将阀体旋转 90°，使圆筒一侧的球面封板挡住水流通路，则阀门处于关闭状态，如图 2-27 (a) 所示。关闭时，将小阀 B 关闭，在空腔 A 内注入高压水（可使之与上游管道相通），使球阀封板紧紧

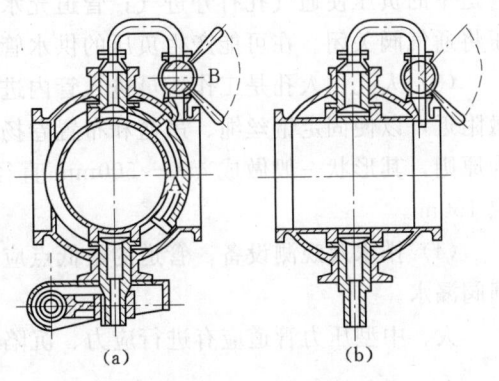

图 2-27 球阀

压在下游管口的阀座上，故止水严密。开启时，先将小阀 B 打开，将空腔 A 中的压力水排至下游，并用旁通管向下游管道充水，形成反向压力，使球面封板离开阀座，以减小旋转阀体时的阻力和防止磨损止水。

球阀的优点是在开启状态时实际上没有水头损失，止水严密，结构上能承受高压；缺点是结构较复杂，尺寸和重量较大，造价高。球阀适用于高水头电站的水轮机前阀门。

球阀可在动水中关闭，但必须用旁通管上下游平压后方能开启。

2. 附件

明钢管上的附件有伸缩节、通气阀、人孔和排水管等。

(1) 伸缩节。根据功用的不同，伸缩节可采用不同的结构形式。图2-28所示为单套筒伸缩节，这种伸缩节只允许管道在轴向伸缩。这两种均属温度伸缩节。如地基可能出现较大的变形，则应采用温度沉陷伸缩节，这种伸缩节除允许管道沿轴向自由变形外，还允许两侧管道发生较大的相对转角。温度沉陷伸缩节与图2-28（b）所示相似，只在管壁与填料的接触部位沿轴向做成弧形，以适应管轴转动。细部结构可参阅有关资料。

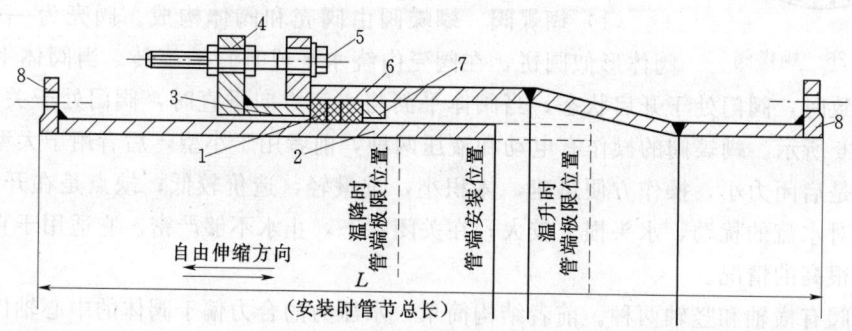

图2-28 伸缩节
1—填料；2—内套管；3—调压圈；4—调压圈法兰；5—调压螺栓；6—外套管；7—挡环；8—法兰

(2) 通气阀。通气阀常布置在阀门之后，其功用与通气孔相似。当阀门紧急关闭时，管道中的负压使通气孔打开进气；管道充水时，管道中的空气从通气阀排出，然后利用水压将通气阀关闭。在可能产生负压的供水管路上，有时也需设通气阀。

(3) 人孔。人孔是工作人员进入管内进行观察和检修的通道。明钢管的人孔宜设在镇墩附近，以便固定钢丝绳、吊篮和布置卷扬机等。人孔在管道横断面上的位置以便于进人为原则，其形状一般做成450～500mm直径的圆孔。人孔间距视具体情况而定，一般可取150m。

(4) 排水及观测设备。管道的最低点应设排水管，以便在检修管道时排除其中积水和闸阀漏水。

大、中型压力管道应有进行应力、沉陷和振动（明管）、腐蚀与磨损等原型观测设备。

六、压力管的结构分析

(一) 荷载

作用在分段式明钢管及墩座上的力按作用方向可分为轴向力、法向力与径向力三种。作用于管壁、镇墩、支墩上的主要作用力计算公式及受力简图见表2-3。

镇墩、支墩不均匀沉陷引起的力P_c、风荷载P_f、雪荷载P_x、施工荷载P_s、地震荷载P_z及管道放空时通气设备造成的管内外气压差P_q等荷载的计算方法可参考有关规范。直径和跨度很大而水头不很高、管壁较薄的钢管部分充水时，会在管壁引起较大的弯曲应力，需考虑充水、放水过程中管内部分水重Q_3的情况；当支承环刚度较大、间距较小时，部分充水产生的管壳弯曲应力可基本消除，不必计算。

第四节 压力管道

表 2-3　　　　作用在分段式明钢管及墩座上的力

序号	作用力方向	作用力名称	计算公式	作用力符号 上段温度 升	作用力符号 上段温度 降	作用力符号 下段温度 升	作用力符号 下段温度 降	结构受力部位 管壁	结构受力部位 支墩	结构受力部位 镇墩	作用力示意图	备注
1	管轴方向	钢管自重分力	$A_1=\sum(q_sL)\times\sin\alpha$	+	+	+	+		√	√		q_s—每米管长钢管自重
2		关闭的阀门及阀头上的力	$A_2=\dfrac{\pi D_0^2}{4}p$	±	±	±	±		√	√		D_0—钢管内径；p—内水压强；阀门全开，此力不存在
3		弯管上的内水压力	$A_3=\dfrac{\pi D_0^2}{4}p$	+	+	−	−		√	√		
4		渐缩管的内水压力	$A_4=\dfrac{\pi}{4}(D_{01}^2-D_{02}^2)p$	+	+	+	+		√	√		D_{01}，D_{02}—渐缩管最大和最小内径
5		伸缩节端部的内水压力	$A_5=\dfrac{\pi}{4}(D_1^2-D_2^2)p$	+	+	−	−		√	√		D_1，D_2—套管式伸缩节内套管外径和内径
6		温度变化时伸缩节止水填料的摩擦力	$A_6=\pi D_1 b_1\mu_1 p$	+	−	−	+		√	√		μ_1—伸缩节止水填料与钢管摩擦系数；b_1—填料沿管轴长度
7		温度变化时支座对钢管的摩擦力	$A_7=\sum(qL)\times f\cos\alpha$	+	−	−	+	√	√	√		f—支座对管壁的摩擦系数；L—支承环间距
8		弯管中水的离心力的分力	$A_8=\dfrac{\pi D_0^2}{4}\dfrac{v_0^2}{g}\gamma_w$	+	+	−	−		√	√		v_0—管中平均流速；R—离心力；A_s—离心力在管轴方向的分力
9	垂直管轴方向	钢管自重分力	$Q_s=q_sL\cos\alpha$						√	√		q_s—每米管长钢管自重
10		钢管中水重分力	$Q_w=q_wL\cos\alpha$						√	√		q_w—每米管长管内水重
11	径向	内水压力	$p=H\gamma_w$					√				H—水头，算到计算截面管道中心

注　1. "上段"和"下段"，分别指镇墩上游侧管段和下游侧管段。
　　2. 管轴向作用力符号：+：钢管下行方向；−：钢管上行方向。

（二）计算工况与荷载组合

进行明钢管结构分析时，必须根据工程具体情况按不同计算工况对上述荷载进行可能的最不利组合。直管段管身结构分析时的计算工况与荷载组合见表2-4。

表 2-4 计算工况与荷载组合

荷载			p_1	p_2	p_3	p_4	A_1	A_2	A_4	A_5	A_6	A_7	Q_s	Q_w	Q_3	p_c	p_f或p_x	p_s	p_z	p_q
荷载组合	基本荷载组合	正常运行工况 一		√			√	√	√	√	√	√	√			√	√			
		正常运行工况 二	√				√	√	√	√	√	√				√	√			
	特殊荷载组合	放空工况																		√
		特殊运行工况			√		√	√	√	√	√	√				√				
		水压试验工况				√	√	√	√		√									
		施工工况					√		√	√							√	√		
		充水工况					√							√	√					
		地震工况		√			√	√	√	√	√	√							√	

（三）允许应力

压力钢管是按允许应力原则设计的，即要求在各种荷载组合情况下，管壁按弹性工作状态计算所得应力不超过允许值。压力钢管的允许应力 $[\sigma]$ 以钢材的屈服点控制，按表2-5取值。

表 2-5 钢管的允许应力

应力区域		膜应力区		局部应力区			
荷载组合		基本	特殊	基本		特殊	
产生应力的内力		轴力	轴力	轴力	轴力和弯矩	轴力	轴力和弯矩
允许应力	明钢管	$0.55\sigma_s$	$0.7\sigma_s$	$0.67\sigma_s$	$0.85\sigma_s$	$0.8\sigma_s$	$1.0\sigma_s$
	地下埋管	$0.67\sigma_s$	$0.9\sigma_s$				
	坝内埋管	$0.67\sigma_s$	$0.8\sigma_s$ $0.9\sigma_s$				

（四）直管段管身应力分析

有支承环、加劲环的钢管承受内压作用时，应力分析的四个基本部位为：

(1) 两支墩间的跨中断面①—①（整体膜应力）。

(2) 支承环旁管壁膜应力区边缘断面②—②（局部膜应力）。

(3) 加劲环及其旁管壁断面③—③（包括局部膜应力和局部膜应力加弯曲应力两种情况）。

(4) 支承环及其旁管壁断面④—④（包括局部膜应力和局部膜应力加弯曲应力两种情况），如图2-29所示。

明钢管应力分析方法有结构力学法和弹性力学法两种。在多数情况下，采用结构力学法可以满足精度要求。弹性力学法考虑了水重及管重在横断面上所产生的弯矩和剪力，计算较精确，但较繁杂。在水头较低、支承环间距较大的情况下，对于支承环及其旁管壁是否按弹性力学方法计算，可利用图2-30进行判别。

钢管中的应力呈三向应力状态。自钢管上切取微小管壁，如图2-31所示，以钢管轴线方向为 x 轴，半径方向为 r 轴，管壁环向为 θ 轴，作为应力方向的坐标系，则在微元上作用有三个方向的正向力 σ_x、σ_r、σ_θ（拉力为正）及六个剪应力。

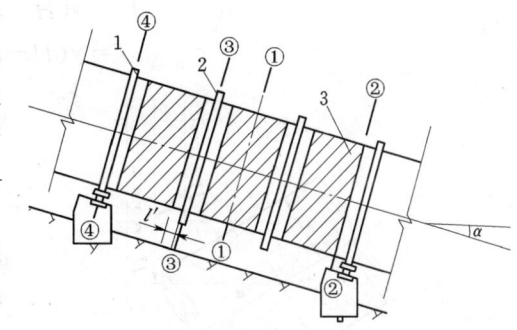

图2-29 明钢管应力分析的基本部位
1—支承环；2—加劲环；3—膜应力区

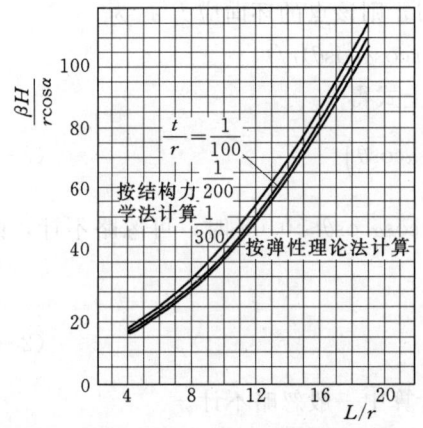

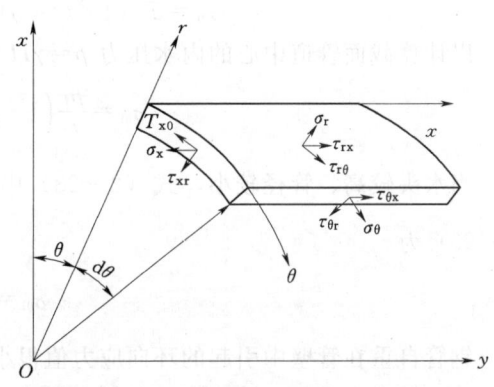

图2-30 支承环及其旁管壁应力计算判别方法

图2-31 管壁应力计算坐标系

1. 中断面①—①的应力计算

（1）环向应力 $\sigma_{\theta 1}$。如图2-32所示，沿管轴线切取单位长度管段，再计算点取微小弧段 $ds=rd\theta$，该点内水压力为 p'，则由力的平衡条件知该点的环向拉力 T 为

$$Td\theta = p'rd\theta$$

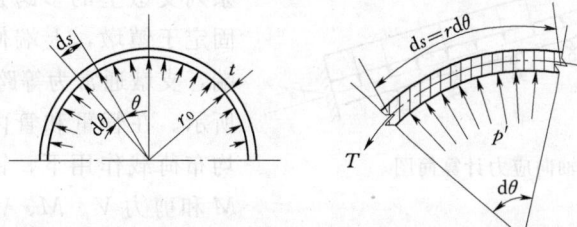

图2-32 环向应力计算简图

对倾斜的管道，如图2-33所示，以 θ 表示管壁某计算点的半径与垂直线的夹角，r 表示管壁平均半径，则计算点的内水压力为

故
$$P' = \gamma(H - r\cos\alpha\cos\theta)$$
$$T = \gamma(H - r\cos\alpha\cos\theta)r$$

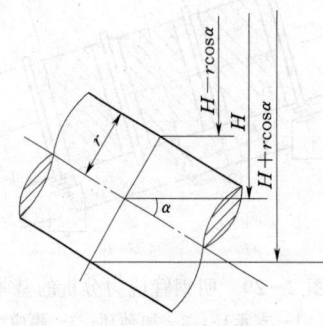
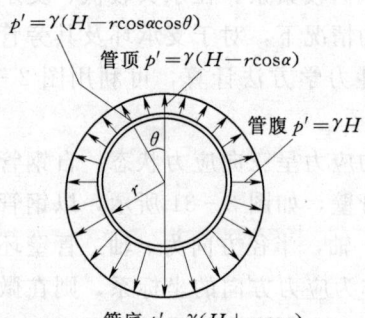

图 2-33 倾斜管道横截面的内水压力

考虑钢管属薄壳结构，$\sigma_{\theta 1}$ 沿管壁厚度均匀分布，则该点的环向应力 $\sigma_{\theta 1}$ 为
$$\sigma_{\theta 1} = T/(1 \times t) = \gamma(H - r\cos\alpha\cos\theta)r/t$$
以计算截面管道中心的内水压力 $p = \gamma H$ 代入上式得

$$\sigma_{\theta 1} = \frac{pr}{t}\left(1 - \frac{r}{H}\cos\alpha\cos\theta\right) \tag{2-23}$$

当水头较高、管径较小，式（2-28）中的 $\frac{r}{H}\cos\alpha\cos\theta \leqslant 0.05$ 时，可忽略不计，则式（2-23）为

$$\sigma_{\theta 1} = \frac{pr}{t} \tag{2-24}$$

钢管自重在管壁中引起的环向应力值很小，计算中一般忽略不计。

（2）轴向应力 σ_x。跨中断面的轴向应力 σ_x 由两部分组成。

1）由轴向力引起的轴向应力 σ_{x1}。设计算情况下各轴向力之和为 $\sum A$，则

$$\sigma_{x1} = \frac{\sum A}{2\pi rt} \tag{2-25}$$

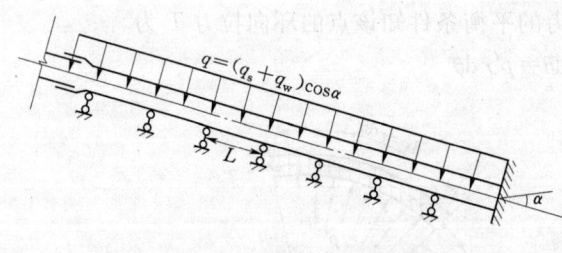

图 2-34 轴向应力计算简图

2）由法向力引起的轴向应力 σ_{x2}。分段式明钢管可视为支承在镇墩和一系列支墩上的多跨连续空心梁，下端固定于镇墩，上端伸缩节处视为自由端，支墩通常为等跨布置，如图 2-34 所示。在管重和管内水重组成的法向均布荷载作用下，钢管上将产生弯矩 M 和剪力 V。M、V 可按多跨连续梁求得，参考规范 SL 281—2003，在距伸缩节三跨以上可按两端固结计算。

跨中： $M = 0.04167QL\cos\alpha$
支墩处： $M = -0.08333QL\cos\alpha$
$V = 0.5Q\cos\alpha$

第四节 压力管道

$$Q=Q_w+Q_s$$

式中 Q_w——每跨管内水重，N；
Q_s——每跨钢管自重，N。

由法向力引起的弯曲正应力 σ_{x2} 为

$$\sigma_{x2}=-\frac{M}{\pi r^2 t}\cos\theta \qquad (2-26)$$

式中符号意义同前。

如果同时计入地震力作用，则轴向应力 σ_{x2} 为

$$\sigma_{x2}=\frac{1}{\pi r^2 t}(-M\cos\theta+M_e\sin\theta) \qquad (2-27)$$

$$M_e\approx\frac{0.5K_H M}{\cos\alpha}$$

$$n_e\approx 0.5K_H$$

式中 M_e——地震力作用下的连续梁弯矩，N·mm；
K_H——水平地震荷载系数，取值见《水工建筑物抗震设计规范》（DL 5057）；
n_e——地震系数，当设计烈度为Ⅶ度、Ⅷ度、Ⅸ度时，n_e 分别为 0.05、0.1、0.2。

(3) 径向应力 σ_r。内水压力作用下管壁上产生的径向应力 σ_r 数值较小，一般忽略不计。
(4) 剪应力 $\tau_{x\theta}$。因为跨中不产生剪应力，所以 $\tau_{x\theta}=0$。

2. 支承环旁管壁膜应力区边缘断面②—②的管壁应力计算

断面②—②靠近支承环，但还在支承环影响范围之外，其环向应力 $\sigma_{\theta 1}$、径向应力 σ_r 与轴向应力 σ_{x1}、σ_{x2} 的计算方法与断面①—①相同，只是 M 的方向和绝对值不同。

该断面处有管重和水重的法向分力引起剪力 V，需计算由此引起的剪应力 $\tau_{x\theta}$

$$\tau_{x\theta}=\frac{VS}{Jb}=\frac{1}{\pi rt}V\sin\theta \qquad (2-28)$$

$$J=\pi r^3 b$$
$$b=2t$$
$$S=2r^2 t\sin\theta$$

式中 J——管横断面的惯性矩，mm⁴；
b——受剪断面宽度，mm；
S——计算点水平线以上管壁面积对重心轴的静面矩，mm³。

如果同时计入地震力作用，则剪应力为

$$\tau_{x\theta}=\frac{1}{\pi rt}(V\sin\theta-V_e\cos\theta) \qquad (2-29)$$

$$V_e\approx\frac{0.5K_H V}{\cos\alpha}$$

式中 V_e——地震力作用下的连续梁剪力；
其余符号意义同前。

3. 加劲环及其旁管壁断面③—③的管壁应力计算

钢管承受内水压力时，管壁将向外位移。由于加劲环的约束，环附近管壁发生局部弯

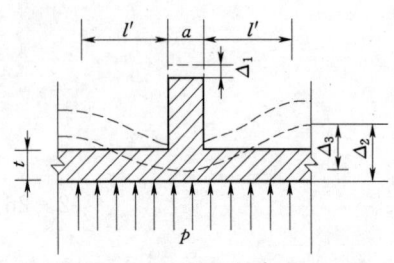

图 2-35 加劲环及其旁管壁变形示意图

曲，因而产生了局部应力，其变形如图 2-35 所示。

加劲环对管壁的影响只限于环附近一段范围内。环变形时对管壁的影响长度，每侧为 l'，l' 称为管壁等效翼缘宽度。由弹性理论分析可知

$$l' = \frac{1}{k} = \frac{\sqrt{rt}}{\sqrt[4]{3(1-u_s^2)}} = 0.78\sqrt{rt} \quad (2-30)$$

式中　u_s——钢材泊松比，取 0.3。

加劲环两侧 l' 范围以外的管壁已不受加劲环的影响，也就不存在局部应力。因此，加劲环及其旁管壁的全部有效截面积 F 为环自身净面积 F_k' 加上两侧 l' 翼缘长的管壁断面积，如图 2-36 所示。

在内水压力的作用下，由于弯曲应力是轴对称的，管壁圆周各处的弯矩及剪力强度都相等。设想将环与其旁的管壁切开，根据变形相容条件可证明，在切口处存在着均布的径向弯矩和剪力。因此，除内水压力 p 外，环还要承受由管壁传来的因加劲环约束而产生的弯矩 M_1 和剪力 V_1，如图 2-37 所示。此外，环还受轴向力 ΣA 的作用。

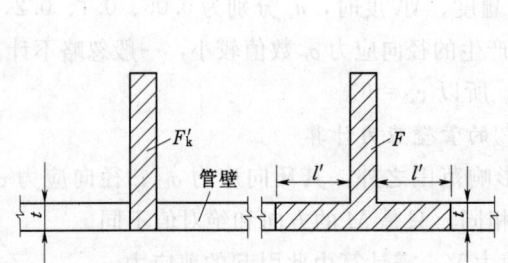

图 2-36 支承环或加劲环的计算断面

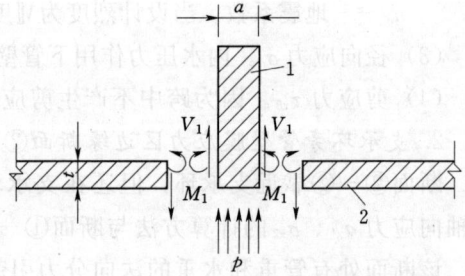

图 2-37 内水压力作用下加劲环受力情况
1—加劲环；2—管壁

（1）环向应力 $\sigma_{\theta 2}$。在内水压力 pa 和剪力 $2V_1$ 的作用下，加劲环向外的径向变位为 Δ_1，加劲环影响范围以外的管壁在内水压力作用下的径向变位为 Δ_2；若没有弯矩 M_1 及剪力 V_1 的作用，全部管壁都将有相同的变位 Δ_2，但是在弯矩 M_1 及剪力 V_1 的作用下，管壁与加劲环连接处的变位应该与加劲环的变位 Δ_1 相同，因此在加劲环的约束下，管壁在弯矩 M_1 及剪力 V_1 的作用下，在断面③—③处产生的变位为 Δ_3，根据连续条件知 $\Delta_3 = \Delta_2 - \Delta_1$，进而可求得

$$M_1 = \frac{1}{2}\beta l'^2 p \quad (2-31)$$

$$V_1 = \beta l' p \quad (2-32)$$

$$\beta = \frac{F_k' - at}{F_k' + 2l't} \quad (2-33)$$

式中　β——反映加劲环相对刚性的参数；
　　　a——加劲环宽度，mm。

则在径向的均匀内水压力 pa 和两侧径向剪力 $2V_1$ 的共同作用下，环向应力 $\sigma_{\theta 2}$ 为

第四节 压力管道

$$\sigma_{\theta 2}=r(pa+2V_1)/F'_k$$

将式（2-32）代入上式得

$$\sigma_{\theta 2}=\frac{(pa+2\beta l'p)r}{F'_k}$$

$$=\frac{pr(a+2\beta l')}{F'_k}$$

由式（2-23）得

$$F'_k=\frac{t(a+2\beta l')}{1-\beta}$$

故

$$\sigma_{\theta 2}=\frac{pr}{t}(1-\beta) \tag{2-34}$$

(2) 轴向应力 σ_{x1}、σ_{x2} 及 σ_{x3}。断面③—③由轴向力及法向力引起的轴向应力 σ_{x1} 及 σ_{x2} 的计算同断面②—②。

由弯矩 M_1 在加劲环旁管壁内外缘引起的局部弯曲应力 σ_{x3} 为

$$\sigma_{x3}=\pm\frac{6M_1}{t^2}$$

将式（2-31）和式（2-30）代入上式，并取 $\mu_s=0.3$，得

$$\sigma_{x3}=\pm 1.816\beta pr/t \tag{2-35}$$

管壁内缘 σ_{x3} 取（+）号，外缘取（-）号。

由上式可知，由于加劲环的约束，内水压力所产生的最大局部弯曲应力等于其所产生的最大环向正应力的 1.816 倍。若环断面很大，$\beta\approx 1$；不设加劲环，$\beta=0$，不存在局部弯曲应力。

等效翼缘内的管壁 $\sigma_x=\sigma_{x1}+\sigma_{x2}+\sigma_{x3}$。

(3) 剪应力 $\tau_{\theta x}$ 及 τ_{xr}。由管重和管内水重在管壁产生的剪力 V 引起的剪应力 $\tau_{\theta x}$ 用式 (2-28) 计算。

$$\tau_{\theta x}=\tau_{x\theta}$$

由剪力 V_1 引起的剪应力 τ_{xr} 较小，可忽略不计。

4. 支承环及其旁管壁断面④—④的应力计算

由于支承环与加劲环在形式上具有相同的特点，因而断面④—④的管壁应力 σ_{x1}、σ_{x2}、σ_{x3}、$\sigma_{\theta 2}$、$\tau_{\theta x}$、$\tau_{x\theta}$、τ_{xr} 的计算方法与断面③—③相同。

断面④—④与断面③—③的不同在于支承环要传递管重、水重产生的法向力给支墩，并由此引起支承反力，从而在支承环内产生附加应力。支承环支承形式和结构不同，应力状态也不同。

(1) 支承环的支承形式。水电站明钢管支承环的支承形式有侧支承和下支承两种形式，其结构形式如图 2-38 所示。图中点画线为支承环有效截面重心轴，它与圆心距离为半径 R，支墩支承点至支承环有效截面重心轴距离 b，则支承反力为 $\frac{Q}{2}\cos\alpha$。

(2) 支承环的内力计算。支承环所承受的主要荷载有管重和水重法向分力产生的剪力以及支墩每侧的支承反力，如图 2-38 所示。明钢管一般都是倾斜布置，支承反力为

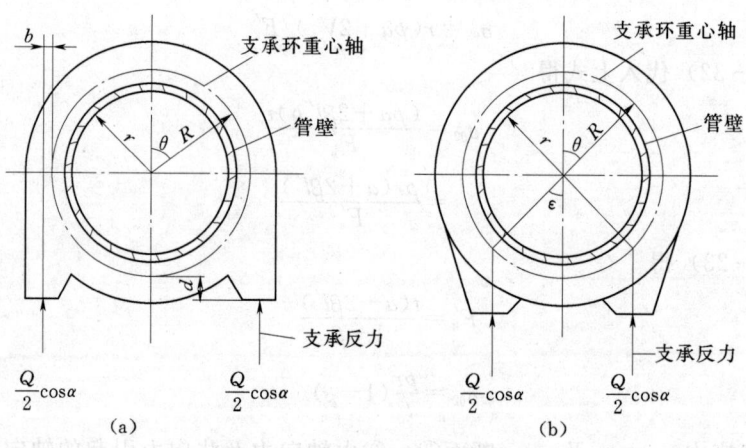

图 2-38 支承环的支承形式
(a) 侧支承；(b) 下支承

$0.5Q\cos\alpha$，管重和水重在支承环两侧管壁产生的剪应力为 $\tau_{x\theta}=\dfrac{Q}{2\pi rt}\sin\theta\cos\alpha$，管壁单位圆周长度上的剪力为

$$V_{x\theta}=2\tau_{x\theta}tl=\dfrac{Q}{\pi r}\sin\theta\cos\alpha$$

在以上荷载作用下的支承环为一个对称荷载作用下的圆环，是一个三次超静定结构，可用结构力学中的弹性中心法求得任一截面的弯矩 M_R、轴力 T_R 和剪力 N_R。支承环的内力计算公式见表 2-6。从表中可以看出支承环的内力除取决于它的几何尺寸及荷载以外，还与支点的位置有关，实践证明，对于侧支承，当 $b/R=0.04$ 时，环上最大正、负弯矩近似相等，且值最小，如图 2-39 所示，故钢材的利用最为经济。

表 2-6　　　　　　　　　支承环内力的计算公式

计算情况	内力及反力	支承环支承形式	
		侧 支 承	下 支 承
正常情况 （管重和管内水重作用）	N_R	$Q\cos\alpha(K_1+B_1K_2)$	$Q\cos\alpha(K_7+B_0K_2)$
	T_R	$Q\cos\alpha(K_5+CK_6)$	$Q\cos\alpha(K_8+C_0K_6)$
	M_R	$QR\cos\alpha\left(K_3+\dfrac{b}{R}K_4\right)$	$QR\cos\alpha(K_7-0.5K_2D_3+E_0)$
地震情况 （横向地震力作用）	N_R	$n_eQ(K_{11}-B_4K_6)$	$n_eQ\left[K_9+\dfrac{K_6}{2}\left(A_a+\dfrac{A_bd}{R}-B_3\right)\right]$
	T_R	$n_eQ(K_{13}+C_4K_2)$	$n_eQ\left[K_{10}+K_2\left(C_1-0.5\dfrac{A_bd}{R}+C_3\right)\right]$
	M_R	$n_eQR\left(K_{11}+\dfrac{R+d}{R+b}K_{12}\right)$	$n_eQ\left[K_9+0.5\left(A_a+\dfrac{A_bd}{R}\right)K_6\right]$
	P_1	$\dfrac{n_eQ(R+d)}{2(R+b)}$	$\dfrac{n_eQ}{2\sin\varepsilon}\left(\dfrac{d}{R}+1\right)$

注　1. 对于侧支承，当 $b/R=0.04$ 时，最大正弯矩等于最大负弯矩的绝对值，使支承环材料可以得到充分利用。
　　2. 支承环上最大的正、负弯矩出现在 $\dfrac{dM_R}{d\theta}=0$ 处，侧支承不同的 $\dfrac{b}{R}$ 和下支承不同的 ε 值，其最大的正、负弯矩位置不同。
　　3. 式中系数 $K_1 \sim K_{13}$、A_a、A_b、$B_0 \sim B_4$、$C \sim C_4$、D_3、E_0 可查规范求得。

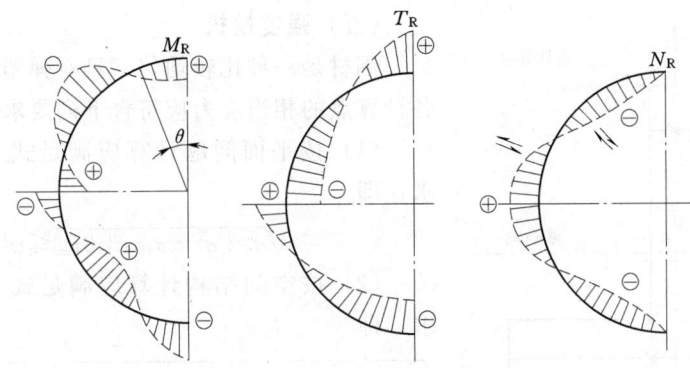

图 2-39 支承环各断面内力示意图

(3) $\sigma_{\theta 3}$、$\sigma_{\theta 4}$、$\tau_{\theta r}$ 的计算。当支承环的内力确定后,由此产生的应力分别为

$$\sigma_{\theta 3} = \frac{N_R}{F} \tag{2-36}$$

$$\sigma_{\theta 4} = \frac{M_R Z_R}{J_R} \tag{2-37}$$

$$\tau_{\theta r} = \frac{T_R S_R}{J_R a} \tag{2-38}$$

式中 F——包括等效翼缘的支承环有效面积,mm^2;

J_R——支承环有效截面对重心轴的惯性矩,mm^4;

S_R——支承环有效截面上,计算点以外部分截面对重心轴的面积矩,mm^3;

Z_R——支承环有效截面上,计算点至重心轴的距离,mm。

通过分析,明钢管四个基本部位的管壁应力结构力学法的计算公式汇总于表 2-7。

表 2-7 各计算断面的应力计算公式(结构力学法)

应力所在断面	应力分析部位				计 算 公 式
	跨中	支承环旁管壁膜应力区边缘	加劲环及其旁管壁	支承环及其旁管壁	
纵断面	$\sigma_{\theta 1}$	$\sigma_{\theta 1}$			$\sigma_{\theta 1} = \frac{pr}{t}\left(1 - \frac{r}{H}\cos\alpha\cos\theta\right)$
			$\sigma_{\theta 2}$	$\sigma_{\theta 2}$	$\sigma_{\theta 2} = \frac{pr}{t}(1-\beta)$
				$\sigma_{\theta 3}$	$\sigma_{\theta 3} = \frac{N_R}{F}$
				$\sigma_{\theta 4}$	$\sigma_{\theta 4} = \frac{M_R Z_R}{J_R}$
				$\tau_{\theta \gamma}$	$\tau_{\theta \gamma} = \frac{T_R S_R}{J_R a}$
			$\tau_{\theta x}$	$\tau_{\theta x}$	$\tau_{\theta x} = \tau_{x\theta}$
横断面	σ_{x1}	σ_{x1}	σ_{x1}	σ_{x1}	$\sigma_{x1} = \frac{\sum A}{2\pi rt}$
	σ_{x2}	σ_{x2}	σ_{x2}	σ_{x2}	$\sigma_{x2} = \frac{1}{\pi r^2 t}(-M\cos\theta + M_e\sin\theta)$
			σ_{x3}	σ_{x3}	$\sigma_{x3} = \pm 1.816\beta pr/t$
		$\tau_{x\theta}$	$\tau_{x\theta}$	$\tau_{x\theta}$	$\tau_{x\theta} = \frac{1}{\pi rt}(V\sin\theta - V_e\cos\theta)$

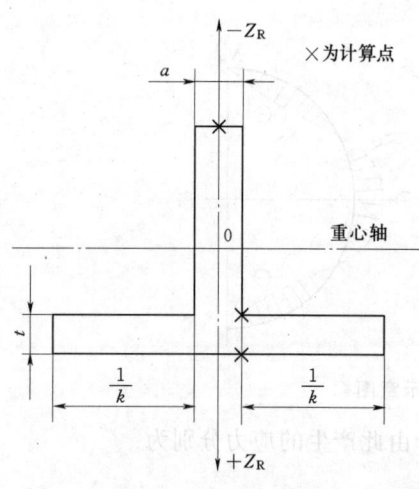

图 2-40 应力计算点

(五) 强度校核

钢材是一种比较均匀、具有弹塑性的金属材料，各计算点的相当应力应符合下列要求：

(1) 按平面问题计算应满足式 (2-39) 的要求，即

$$\sqrt{\sigma_x^2+\sigma_\theta^2-\sigma_x\sigma_\theta+3\tau_{x\theta}^2}\leqslant\varphi[\sigma] \quad (2-39)$$

(2) 按空间结构计算应满足式 (2-40) 的要求，即

$$\sqrt{\sigma_\theta^2+\sigma_x^2+\sigma_r^2-\sigma_\theta\sigma_x-\sigma_\theta\sigma_\gamma-\sigma_\chi\sigma_\gamma+3(\tau_{\theta\kappa}^2+\tau_{\theta\gamma}^2+\tau_{\kappa\gamma}^2)}\leqslant\varphi[\sigma]$$

$$(2-40)$$

式中 σ_θ、σ_x、σ_r——轴向、环向、径向正应力，N/mm^2，以拉应力为正。

强度计算应分段进行。计算校核点应选在 σ_θ、σ_x 值较大处，剪应力一般不控制。同一跨内一般采用相同的管壁厚度。正常情况下应力计算点位置如图 2-40 所示，各计算断面控制点的计算公式见表 2-8。

表 2-8 正常情况下各部位控制点应力的结构力学法计算公式

断面	计算点位置 应力	跨中 跨中附近 $\theta=0°$ 管壁外缘	支承环旁膜应力区边缘 下游侧支座处 $\theta=180°$ 管壁外缘	加劲环及其旁管壁 下游侧支座附近 $\theta=180°$ 管壁外缘
纵断面	$\sigma_{\theta 1}$	$\dfrac{pr}{t}$	$\dfrac{pr}{t}\left(1+\dfrac{r}{H}\cos\alpha\right)$	$\dfrac{pr}{t}$
	$\sigma_{\theta 2}$			$\dfrac{pr}{t}(1-\beta)$
横断面	σ_{x1}	$\dfrac{\sum A}{2\pi rt}$	$\dfrac{\sum A}{2\pi rt}$	$\dfrac{\sum A}{2\pi rt}$
	σ_{x2}	$-\dfrac{M}{\pi r^2 t}$	$\dfrac{M}{\pi r^2 t}$	$\dfrac{M}{\pi r^2 t}$
	σ_{x3}			$-1.816\beta\dfrac{pr}{t}$

注 支承环旁管壁应力通常在 $\theta=0°$、$\theta=180°$、$\dfrac{dM_R}{d\theta}=0$ 和支承点处最大。

第五节 埋 管

一、地下埋管

地下埋管指埋设于岩体中并在管道和岩壁间充填混凝土的钢管，断面形式如图 2-41 所示。地下埋管虽然增加了岩石开挖和混凝土衬砌的费用，但与明钢管相比，往往可以缩短压力管道的长度，省去支承结构，在坚固的岩体中，可利用围岩承担部分内水压力，从而减小钢衬的厚度，节约钢材。此外，地下埋管位于地下，受气候等外界影响较小，运行安全可靠，在我国大、中型水电站中应用较广泛。

第五节 埋 管

1. 地下埋管的布置形式

地下埋管有竖井、斜井和平洞三种布置形式。

(1) 竖井式管道的轴线是垂直的，常用于首部式地下水电站。采用竖井式可使压力管道缩至最短，从而减小水锤压强和压力管道的工程量。虽然这样做不可避免地会增加尾水隧洞的长度，但在经济上往往仍然是合理的。竖井的开挖、钢管的安装和混凝土的回填，一般都自下而上进行。

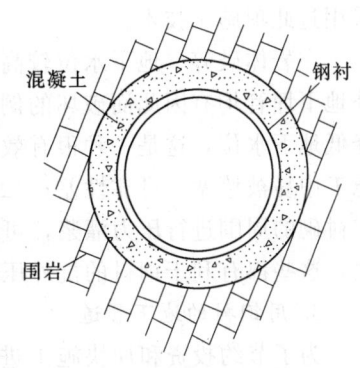

图2-41 地下埋管的断面形式

(2) 斜井式管道的轴线倾角小于90°，对于地面式或地下式厂房均适用，在地下埋管中是采用最多的一种。斜井的倾角通常决定于施工要求。如斜井自上而下开挖，为了便于出碴，倾角不宜超过35°；若采用自下而上开挖，为了使爆破后的石碴能自由滑落，倾角不宜小于45°。

(3) 平洞一般作过渡段使用。例如，上游引水道经平洞过渡为竖井或斜井；竖井或斜井先转为平洞再进入厂房，管道分叉也多在平洞部分；对于高水头电站，斜井的长度很大，为了使斜井开挖、钢管安装和混凝土回填等工作能分段同时进行，可在斜井中部的适当部位设置一个平段，并用交通洞与地面相通。

地下埋管应尽量布置在坚固完整的岩体之中，以便充分利用围岩的弹性抗力承担内水压力。完整岩体的透水性小，在水管放空时，钢衬因外压失稳的可能性也小。管道的埋置深度以大些为宜，对于斜井和平洞，只有当垂直管轴方向的新鲜岩石覆盖厚度达到3倍开挖直径时，才能考虑岩石的弹性抗力。对于竖井，这一数值还应取得大些。

2. 地下埋管的结构和构造

地下埋管的工作特点相当于一个多层衬砌的隧洞。钢衬的功用是承担部分内水压力和防止渗透；回填混凝土的功用是将部分内水压力传给围岩，因此，回填混凝土与钢衬和围岩必须紧密结合。回填混凝土的质量是地下埋管施工中的一个关键。钢管与岩壁的间距在满足钢管安装和混凝土浇筑要求的前提下应尽量减小，一般在50cm左右。一般说来，竖井的回填混凝土质量易于保证，斜井次之，平洞最难。在斜井和平洞中，钢管两侧混凝土的质量较易保证，在顶、底拱处，平仓振捣困难，稀浆集中，易于形成空洞。我国几个电站的地下埋管曾因外压和内压造成破坏，破坏部位多位于平洞部位，这不是偶然的。

由于混凝土凝固收缩和温降的影响，在钢管和混凝土之间、混凝土与围岩之间均可能存在一定缝隙，需进行灌浆。斜井和平洞的顶部应进行回填灌浆，压力不小于0.2MPa，钢管与混凝土、混凝土与岩壁之间有时也进行压力不小于0.2MPa的接缝灌浆。对于不太完整的围岩，为了提高其整体性，增加弹性抗力，有时还进行固结灌浆，灌浆压力与孔深视水头大小和围岩的破碎情况而定，压力可达0.5～1.0MPa，孔深一般为2～4m。灌浆应在气温较低时进行。

钢管与岩壁间的混凝土除一般常用的浇筑方法外，尚有预压骨料灌浆法，后者最早于1960年在密云水库白河电站高压管道钢管外壁混凝土回填和调压井井壁接头混凝土填筑采用过此项施工技术。

在岩体破碎、地下水位较高的地区,管道放空后,钢衬可能因外压而失去稳定,国内外地下埋管均有因此而破坏的例子。解决的办法有二:一是离开管道一定距离打排水洞以降低地下水位,这是一种很有效的措施,有的工程在回填混凝土中设排水管,但排水管在施工中易被堵塞,可靠性差;二是在钢衬外设加劲环,或用锚件将钢衬锚固在混凝土上。在衬砌的周围进行压力灌浆,可减小钢衬、混凝土与岩壁间的初始缝隙,减小围岩的透水性,这些都有利于钢衬的抗外压稳定。

3. 用钢衬的地下管道

为了节约投资和加快施工进度,取消钢衬是近代埋藏式压力管道设计的一个发展方向。充分利用围岩承担内水压力是其设计的指导思想。

地下管道的衬砌形式除钢板衬砌外,尚有混凝土及钢筋混凝土衬砌、预应力混凝土衬砌和具有防渗薄膜的混凝土衬砌等。此衬砌与有压引水隧洞中的衬砌相似,只是其承受的内水压力更大。

【知识链接 2-2】

地下埋管管壁厚度。若在给定钢管材料的允许应力$[\sigma]$的条件下,设计钢衬厚度t的计算公式

$$t = \frac{pr_1}{[\sigma]\varphi} - 1000 K_0 \left(\frac{r_1}{E'_s} - \frac{\Delta}{[\sigma]\varphi} \right)$$

如果 $1000 K_0 \left(\frac{r_1}{E'_s} - \frac{\Delta}{[\sigma]\varphi} \right) < 0$ 时

$$t = \frac{pr_1}{[\sigma]\varphi}$$

$$E'_s = \frac{E_s}{1 - u_s^2}$$

式中 E_s——钢材的弹性模量;

E'_s——平面应变问题的钢材弹性模量;

u_s——钢材的泊松比;

r_1——钢管内半径。

$$\Delta = \Delta_0 + \Delta_s + \Delta_R$$

(1) 施工缝隙Δ_0:施工缝隙是混凝土浇筑或接触灌浆施工完成、水化热消失、温度恢复正常时,钢衬与混凝土衬圈间的缝隙和混凝土衬圈与围岩间的缝隙的总和。它是由混凝土及水泥浆收缩与施工不良所造成,其数值大小主要取决于施工质量。

根据国内外埋管的原型观测资料分析,混凝土衬圈浇筑密实并进行可靠的回填和接触灌浆,Δ_0可取0.1~0.2mm,大的可达到0.3~0.4mm。一般可选用0.2mm。

(2) 钢管冷缩缝隙Δ_s:钢管冷缩缝隙是钢管通水后,因水温较低,由钢管冷缩而形成的钢衬与混凝土衬圈间的缝隙,该缝隙取决于钢管起始温度与最低运行温度之差Δt_s。钢管起始温度系管壁环向应力σ_0为0且$\Delta = \Delta_0$时的温度。如无资料,可近似用平均地

第五节 埋 管

温。最低运行温度近似用最低水温。冬季时钢管冷缩缝隙值最大。

$$\Delta_s = (1+u_s)\alpha_s \Delta t_s r_1$$

式中 Δt_s——钢管施工温度与最低运行温度差；

α_s——钢材的线膨胀系数，1/℃ 或 K^{-1}。α_s 一般为 $1.2\times10^{-5} K^{-1}$。

(3) 围岩冷缩缝隙 Δ_R：围岩冷缩缝隙是钢管投入运行后，因水温低于围岩原始温度，围岩降温冷缩形成的缝隙。围岩冷缩缝隙 Δ_R 按下式计算：

$$\Delta_R = \alpha_d \Delta t_R r_3 \Delta'_R$$

式中 α_d——围岩的膨胀系数，1/℃ 或 K^{-1}，一般为 1.0×10^{-5}，K^{-1}；

Δt_R——洞壁表面岩石起始温度与最低温度之差，℃，如无实测资料，可近似用平均地温与最低三个月平均水温之差；

Δ'_R——围岩破碎区相对半径影响系数，可从下表中查得；

r_4/r_1	1	2	3	5	7	9	10	11
Δ'_R	0	0.8389	1.460	2.312	2.822	3.089	3.151	3.170

r_3——混凝土衬砌外半径；

r_4——围岩破碎区外半径，mm，坚硬完整围岩可取 $r_4=r_3$，破碎软弱围岩可取 $r_4=7r_1$。

【应用算例 2-1】 某高压水管，直径为 2200mm，承受内压为 $0.7N/mm^2$，围岩较厚、完整，混凝土衬砌厚度 500mm。已知钢材 $\sigma_s=210N/mm^2$，$E_s=2.1\times10^5 N/mm^2$，$u_s=0.25$。设计钢板厚度（考虑温差 $\Delta t=20℃$）。

解：

(1)
$$E'_s = \frac{E_s}{1-u_s^2} = \frac{2.1\times10^5}{1-0.25^2} = 2.24\times10^5 (N/mm^2)$$
$$[\sigma] = 0.67\sigma_s = 140.7 (N/mm^2)$$

(2) 缝隙计算。

取 $\Delta_0 = 0.2mm$。

$$\Delta_s = (1+u_s)\alpha_s \Delta t_s r_1 = (1+0.25)\times1.2\times10^{-5}\times20\times1100 = 0.33(mm)$$

取 $r_4 = 2r_3 = 3200mm$，$r_4/r_1 = 2.9$，查得 $\Delta'_R = 1.4035$。

$$\Delta_R = \alpha_d \Delta t_R r_3 \Delta'_R = 1.0\times10^{-5}\times20\times1600\times1.4035 = 0.449(mm)$$
$$\Delta = 0.2+0.33+0.449 = 0.979(mm)$$

(3) 判别。

$$\frac{\varphi[\sigma]r_1}{E'_s} = \frac{0.9\times140.7\times1100}{2.24\times10^5} = 0.622mm < \Delta = 0.979(mm)$$

(4) 管壁厚度。

$$t = \frac{pr_1}{[\sigma]\varphi} + 2 = \frac{0.7 \times 1100}{140.7 \times 0.9} + 2 = 8.08 \text{(mm)}$$

如果围岩不满足厚度要求，则按明管计算，$[\sigma] = 0.55\sigma_s = 115.5 (\text{N/mm}^2)$

$$t = \frac{pr_1}{[\sigma]\varphi} + 2 = \frac{0.7 \times 1100}{115.5 \times 0.9} + 2 = 9.407 \text{(mm)}$$

二、坝身管道

坝后式厂房的压力管道需穿过坝身，其布置形式主要有两种：①管道埋于混凝土坝体之中，称坝内埋管；②管道上段穿过混凝土坝体后，沿坝下游面布置在坝体之外，称为下游坝面管道，习惯上又常称"坝后背管"或"背管"。此外，尚有布置在拱坝上游面的管道。

限于篇幅，此处只简单介绍坝身管道的布置。

1. 坝内埋管

坝内埋管的布置主要决定于进水口的高程、坝型及坝体尺寸、水轮机的安装高程和厂房的位置。

坝内埋管的直径可由式（2-15）初步确定，由上而下可采用同一管径，也可分段采用不同的管径。坝内埋管的经济流速一般为5~7m/s。由于管道布置在坝内，回旋余地较小，故坝内埋管弯管段的曲率半径可以小些，一般为直径的2~3倍。

钢管在坝体内有两种埋设方式。第一种是钢管在坝体内用软垫层与坝体混凝土分开，钢管基本上承受全部内水压力，周围混凝土的应力则根据坝体荷载按坝内孔口求出。这种埋设方式的优点是受力较明确，坝身孔口应力较小，不致引起混凝土开裂，钢筋用量也较小，但钢管按明管设计，需要较多钢材，在高水头大直径情况下，可能因钢板太厚，在加工制造时需作消除应力处理。第二种方式是将钢管直接埋置在坝体混凝土中，二者结为整体，共同承担内水压力，其工作情况与地下埋管相似。

对于第二种情况，为了保证外围混凝土与钢管联合受力，在二者之间应进行接触灌浆。坝内埋管的施工方法有两种：第一种是安装一段钢管浇筑一层坝体混凝土，二者相互配合，这样做虽可省去二期混凝土的工作，但钢管安装与坝体混凝土的浇筑干扰较大，影响施工进度；第二种方法是在浇筑坝体时预留钢管槽，待钢管在槽中安装就绪后用混凝土回填，槽壁与钢管间的最小距离以能满足钢管的安装要求为限，一般采用1m。

2. 坝后背管

为了解决钢管安装与坝体混凝土浇筑的矛盾，前苏联从20世纪60年代起，在一些大型坝后式水电站中将钢管布置在混凝土坝的下游面上，形成坝后背管。与坝内埋管相比，坝后背管虽然长度较大，耗材较多，但由于可以加快施工进度，缩短工期，在世界各国逐步得到了推广。

坝后背管可采用明钢管，如图2-42所示。其优点是管道结构简单，受力明确，施工简便。但管道位于厂房上游，如若爆裂对厂房的安全威胁较大，在高水头大直径情况下，可能因管壁太厚，在加工制造时需作消除应力处理，在气候寒冷地区，需有防冻设施。

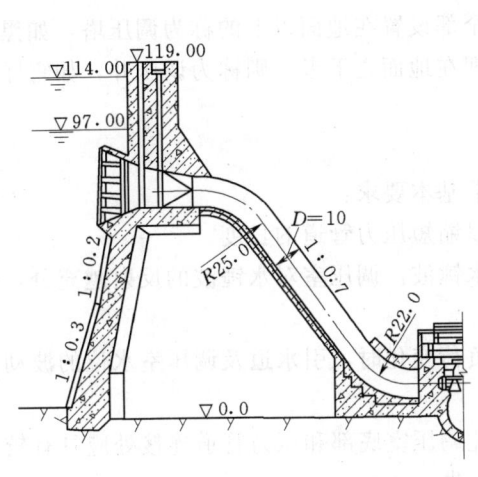

图 2-42 明背管　　图 2-43 钢衬钢筋混凝土背管

坝后背管目前采用较多的是钢衬钢筋混凝土管道，即在钢管之外再包一层钢筋混凝土，形成组合式多层管道，如图 2-43 所示。钢筋混凝土层的厚度视水头高低和管道直径大小而定，通常用 1～2m，不宜用得太厚。

早期的钢衬钢筋混凝土背管多按钢衬单独承担内压设计，外层钢筋混凝土只是一种附加的安全措施。近期的钢衬钢筋混凝土背管则按钢衬和钢筋混凝土联合受力设计，并允许混凝土裂穿。原型观测也证明了混凝土要分担部分内水压力。但由于钢衬和钢筋混凝土之间有一定的初始缝隙 Δ，钢衬和钢筋的材料强度不能同时得到充分利用，故二者总的钢材用量将超过明钢管的钢材用量。钢衬和钢筋的用材量在一定情况下是可以互相代替的，既可以采用厚一些的钢衬和少一些钢筋，也可以相反。由于钢筋的单价较低，故钢衬钢筋混凝土管道宜采用较薄的钢衬和较多的钢筋，这样不但有助于降低造价，而且可以降低钢衬对焊接的要求，但钢衬的最小厚度受管壁最小结构厚度限制。钢衬钢筋混凝土管道具有较高的安全度，但与明管相比，增加了扎筋、立模和浇筑混凝土等工序。

第六节　调　压　室

一、调压室的功用、要求及设置调压室的条件

（一）调压室的功用

调压室是指在较长的压力引水（尾水）道与压力管道之间修建的，用以降低压力管道的水锤压力和改善机组运行条件的水电站建筑物。调压室利用扩大的断面和自由水面反射水锤波，将有压引水系统分成两段：上游段为有压引水隧洞，下游段为压力管道。

调压室的功用可归纳为以下三点：

（1）反射水锤波，基本上避免（或减小）压力管道中的水锤波进入有压引水道。

(2) 缩短压力管道的长度，从而减小压力管道及厂房过流部分中的水锤压力。

(3) 改善机组在负荷变化时的运行条件及系统供电质量。

按照人们的习惯，调压室的大部分或全部设置在地面以上的称为调压塔，如黑龙江省的镜泊湖水电站的调压塔；调压室大部分埋在地面之下者，则称为调压井，如官厅、乌溪江等水电站的调压井。

（二）对调压室的基本要求

根据调压室的功用，调压室应满足以下基本要求：

(1) 调压室的位置应尽量靠近厂房，以缩短压力管道的长度。

(2) 能较充分地反射压力管道传来的水锤波。调压室对水锤波的反射越充分，越能减小压力管道和引水道中的水锤压力。

(3) 调压室的工作必须是稳定的。在负荷变化时，引水道及调压室水位的波动应该迅速衰减，达到新的恒定状态。

(4) 正常运行时，水头损失要小。为此调压室底部和压力管道连接处应具有较小的断面积，以减小水流通过调压室底部的水头损失。

(5) 工程安全可靠，施工简单方便，造价经济合理。

上述各项要求之间会存在一定程度的矛盾，所以必须根据具体情况统筹考虑各项要求，进行全面的分析比较，审慎地选择调压室的位置、形式及轮廓尺寸。

（三）设置调压室的条件

如前所述，在有压引水系统中设置调压室后，一方面使有压引水道基本上避免了水锤压力的影响，减小了压力管道中水锤压力，改善了机组运行条件，从而减少了它们的造价；但另一方面却增加了设置调压室的造价，所以是否需要设置调压室应进行方案的技术经济比较来决定。我国《水电站调压室设计规范》（DL/T 5058—1996）建议以式（2-41）作为初步判别是否需要设置上游调压室的近似准则，即

$$T_\omega = \sum \frac{L_i v_i}{g H_p} > [T_\omega] \tag{2-41}$$

式中　T_ω——压力水道的惯性时间常数，s；

　　　L_i——压力水道、蜗壳及尾水管（无下游调压室时应包括压力尾水道各分段的长度）长度，m；

　　　v_i——各分段内相应的流速，m/s；

　　　g——重力加速度，9.8m/s²；

　　　$[T_\omega]$——T_ω 的允许值，一般取 2～4s，$[T_\omega]$ 的取值随电站在电力系统中的作用而异。当水电站作孤立运行或机组容量在电力系统中所占的比例超过 50% 时宜用小值；当比例小于 10%～20% 时可取大值；

　　　H_p——设计水头，m。

在有压尾水道中，为了缩短尾水道的长度，减小甩负荷时尾水管中的真空度，防止液柱分离，需要设置下游调压室，以尾水管内不产生液柱分离为前提，其必要性可按式（2-42）作初步判断，即

$$L_\omega > \frac{5 T_s}{v_{\omega 0}} \left(8 - \frac{\nabla}{900} - \frac{v_{\omega j}^2}{2g} - H_s \right) \tag{2-42}$$

第六节 调 压 室

式中 L_ω——压力尾水道的长度，m；

T_s——水轮机导叶关闭时间，s；

$v_{\omega 0}$——恒定运行时尾水道中的流速，m/s；

$v_{\omega j}$——尾水管进口流速，m/s；

∇——水轮机安装高程，m；

H_s——水轮机吸出高度，m。

最终通过调节保证计算，当机组丢弃全负荷时尾水管内的最大真空度不宜大于 8m 水柱，高海拔地区应作高程修正，即

$$H_V = \Delta H - H_s - \phi \frac{v_{\omega j}^2}{2g} > -\left[8 - \frac{\nabla}{900}\right] \quad (2-43)$$

式中 H_V——尾水管内的绝对压力水头；

ΔH——尾水管入口处的水锤值；

ϕ——考虑最大水锤真空与流速水头真空最大值之间相位差的系数。对于末相水击 $\phi=0.5$；对于第一相水击 $\phi=1.0$。

二、调压室的基本类型

（一）调压室的基本布置方式

根据水电站不同的条件和要求，调压室可以布置在厂房的上游或下游，有些情况下，在厂房的上、下游都需要设置调压室而成双调压室系统。调压室在引水系统中的布置有以下四种基本方式。

1. 上游调压室（引水调压室）

调压室在厂房上游的有压引水道上，如图 2-44 所示，它适用于厂房上游有压引水道比较长的情况下，这种布置方式应用最广泛。

2. 下游调压室（尾水调压室）

当厂房下游具有较长的有压尾水隧洞时，需要设置下游调压室以减小水锤压力，如图 2-44（a）所示，特别是防止丢弃负荷时产生过大的负水锤，因此尾水调压室应尽可能地靠近水轮机。

尾水调压室是随着地下水电站的发展而发展起来的，均在岩石中开挖而成，其结构形式，除了满足运行要求外，常决定于施工条件。

尾水调压室的水位变化过程，正好与引水调压室相反。当丢弃负荷时，水轮机流量减小，调压室需要向尾水隧洞补充水量，因此水位首先下降，达到最低点后再开始回升；在增加负荷时，尾水调压室水位首先开始上升，达最高点后再开始下降。在电站正常运行时，调压室的稳定水位高于下游水位，其差值等于尾水隧洞中的水头

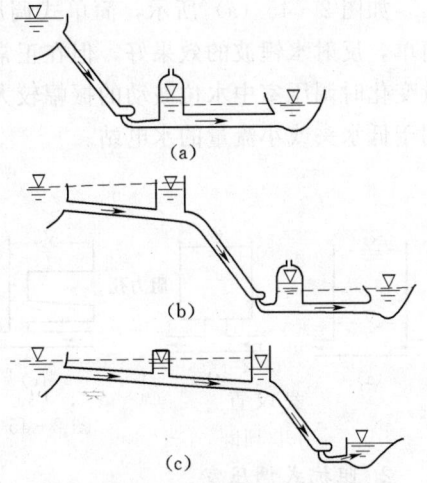

图 2-44 调压室的几种布置方式

损失。

3. 上、下游双调压室系统

在有些地下式水电站中，厂房的上、下游都有比较长的有压输水道，为了减小水锤压力，改善电站的运行条件，在厂房的上、下游均设置调压室而成双调压室系统，如图 2-44（b）所示。当负荷变化水轮机的流量随之发生变化时，两个调压室的水位都将发生变化，而任一个调压室的水位的变化，将引起水轮机流量新的改变，从而影响到另一个调压室的水位的变化，因此两个调压室的水位变化是相互制约的，使整个引水系统的水力现象大为复杂，当引水隧洞的特性和尾水隧洞接近时，可能发生共振。因此，设计上、下游双调压室时，不能只限于推求波动的第一振幅，而应该求出波动的全过程，研究波动的衰退情况，但在全弃负荷时，上、下游调压室互不影响，可分别求其最高水位和最低水位。

4. 上游双调压室系统

在上游较长的有压引水道中，有时设置两个调压室，如图 2-44（c）所示。靠近厂房的调压室对于反射水锤波起主要作用，称为主调压室；靠近上游的调压室用以反射越过主调压室的水锤波，改善引水道的工作条件，帮助主调压室衰减引水系统的波动，因此称之为辅助调压室。辅助调压室越接近主调压室，所起的作用越大；反之，越向上游其作用越小。引水系统波动衰减由两个调压室共同担当，增加一个调压室的断面，可以减小另一个调压室的断面，但两个调压室所需要的断面之和大于只设置一个调压室时所需的断面。当引水道中有施工竖井可以利用时，采用双调压室方案可能是经济的；有时因电站扩建，原调压室容积不够而增设辅助调压室；有时因结构、地质等原因，设置辅助调压室以减小主调压室的尺寸。

上游双调压室系统的波动是非常复杂的，相互制约和诱发的作用很大，整个波动并不成简单的正弦曲线，因此，应合理选择两个调压室的位置和断面，使引水系统的波动能较快地衰减。

（二）调压室的基本结构形式

1. 简单式调压室

如图 2-45（a）所示，简单式调压室的特点是自上而下具有相同的断面，结构形式简单，反射水锤波的效果好，但在正常运行时隧洞与调压室的连接处水头损失较大，当流量变化时调压室中水位波动的振幅较大，衰减较慢，所需调压室的容积较大，因此一般多用于低水头或小流量的水电站。

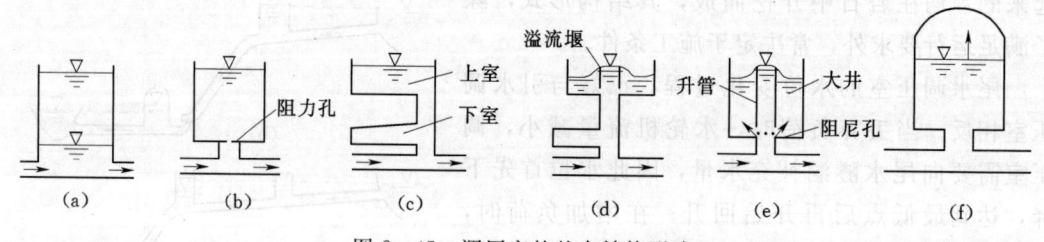

图 2-45 调压室的基本结构形式

2. 阻抗式调压室

将简单式调压室的底部，用断面较小的短管或孔口与隧洞和压力管道连接起来，即为阻抗式调压室，如图2-45（b）所示。由于进、出调压室的水流在阻抗孔口处消耗了一部分能量，所以水位波动振幅减小了，衰减加快了，因而所需调压室的体积小于简单式，正常运行时水头损失小。但由于阻抗的存在，水锤波不能完全反射，隧洞中可能受到水锤的影响，设计时必须选择合适的阻抗。

3. **双室式调压室**

双室式调压室是由一个断面较小的竖井和上下两个断面扩大的储水室组成，如图2-45（c）所示。当丢弃负荷时，竖井中水位迅速上升，一旦进入断面较大的上室，水位上升的速度便立即缓慢下来；增加负荷时，水位迅速下降至下室，并由下室补充不足的水量，因而限制了水位的下降。由于丢弃负荷时涌入上室中水体的重心较高，而增加负荷时由下室流出的水体重心较低，故同样的能量，可存储于较小的容积之中，所以这种调压室的容积比较小，适用于水头较高和水库工作深度较大的水电站。

4. **溢流式调压室**

溢流式调压室的顶部有溢流堰，如图2-45（d）所示。当丢弃负荷时，水位开始迅速上升，达到溢流堰顶后开始溢流，限制了水位的进一步升高，有利于机组的稳定运行，溢出的水量，可以设上室加以储存，也可排至下游。

5. **差动式调压室**

如图2-45（e）所示，差动式调压室由两个直径不同的圆筒组成，中间的圆筒直径较小，其上有溢流口，通常称为升管，其底部以阻力孔口与外面的大井相通，它综合地吸取了阻抗式和溢流式调压室的优点，但结构较复杂。

在某些情况下，还可采用气垫调压室，如图2-45（f）所示。气垫调压室自由水面之上的密闭空间中充满高压空气，利用调压室中空气的压缩和膨胀，来减小调压室水位的涨落幅度。此种调压室可靠近厂房布置，但需要较大的稳定断面，还需配置空气压缩机，定期向气室补气，增加了运行费用。在表层地质地形条件不适于做常规调压室或通气竖井较长、造价较高的情况下，气垫调压室是一种可供考虑选择的形式，多用于高水头、地质条件好、深埋于地下的水道。

有时，还可根据水电站的具体条件和要求，将不同形式调压室的特点组合在一个调压室中，形成组合式调压室。

思 考 题

1. 有压进水口有哪几种形式？其优、缺点和适用条件如何？
2. 有压式进水口的位置如何合理地选择？应考虑哪些因素？
3. 有压进水口的高程确定与哪些因素有关？
4. 坝式进水口拦污栅设备有哪些布置形式？
5. 进水口划分为几个部分？进口段为何要做成矩形喇叭形状？闸门段应有哪些设备？
6. 闸门段下游为什么要有渐变段？其变化规律如何？
7. 压力明管有哪几种供水方式？各种供水方式的优、缺点及适用条件是什么？
8. 压力明管的支墩、镇墩的作用、类型、构造及布置原则是什么？

9. 伸缩节的作用是什么？通常布置在压力明管的哪些部位上？
10. 压力明管进口、出口阀门的作用是什么？什么情况下应设置出口阀门？
11. 为什么水电站压力钢管设计规范要限制压力钢管的最小管壁厚度？
12. 什么是围岩的弹性抗力？它与山岩压力有何区别？
13. 有压引水隧洞进行各种灌浆的目的是什么？
14. 调压室有哪些作用？调压室应满足哪些基本要求？哪些情况下需设置？
15. 调压室有哪些基本结构形式？其优、缺点和适用条件是什么？

第三章 水电站与水泵站水力过渡过程

【教学目的】 主要讲述水电站和水泵站引水系统水力过渡过程基础知识。通过学习压力管道水锤、机组转速变化、调压室水位波动和停泵水锤等水力过渡过程的过程、特点、基本方程及其边界条件,重点掌握水锤、机组转速变化、调压室水位波动和停泵水锤等的计算方法和要求。

【教学要求】 了解水电站与水泵站水力过渡过程的水力现象和有关基本方程的建立,掌握水电站水锤和机组转速变化计算的基本方法,熟悉水电站调节保证计算的控制指标和基本措施;掌握水电站调压室水位波动分析的基本方法;掌握水泵站停泵水锤的计算方法。具体要求见下表。

本章教学要求

能力目标	知识要点	权重	自测分数
了解相关知识	水力过渡过程类型、特点、基本方程和边界条件	30%	
熟练掌握知识点	(1) 水锤传播特点、基本方程和防治措施 (2) 调节保证计算的目的、要求和标准 (3) 停泵水锤的分析方法	40%	
运用知识分析案例	主要工作内容、程序	30%	

【内容导引】 水电站的引水系统、水轮机及其调速设备、发电机、电力负荷等组成一个大的动力系统。同样,水泵站的出水管道、水泵、电动机等组成一个动力系统。动力系统有两个稳定状态:静止和恒速运行。当动力系统从一个状态转移到另一状态,或在恒速运行时受到扰动,系统都会出现非恒定的暂态(过渡)过程,由此产生一系列工程问题:压力水管(道)的水锤现象、调压室水位波动现象、机组转速变化和调速系统的稳定等问题。本章主要介绍水电站和水泵站水力过渡过程的现象和基本方程。

第一节 概 述

一、水锤

(一) 水电站水锤现象及其传播

引水系统是水电站大系统中的子系统,水锤是发生在引水系统中的非恒定流现象。当水轮发电机组正常运行时，如果负荷突然变化，或开机、停机，引水系统的压力管道的水流会产生非恒定流现象，一般称为水锤。水锤的实质是水体受到扰动，在管壁的限制下，产生压能与动能相互转换的过程，由于管壁和水体具有弹性，因此这一转换过程不是瞬间完成的，而是以波的形式在水管中来回传播。

为了便于说明水锤现象，首先研究水管材料、管壁厚度、管径沿管长不变，并且无分叉的水管（一般称为简单管）。阀门突然关闭时的水锤现象，如图 3-1 所示。管中水流的初始状态是水压力为 H_0，流速为 v_0。当阀门突然关闭时，首先在阀门附近长度为 Δl 的管段发生水锤现象——水体被挤压，水压力上升为 $H_0+\Delta H$，流速变为 0，这时管中水体的动能转变为压能。由于管壁膨胀，水体被压缩，在管段 Δl 中会产生剩余空间，待后面的水体填满剩余空间后，邻近管段水体又会发生水体挤压，引起水压力上升，流速变为 0，也产生剩余空间。这样在水管中，从阀门开始逐段产生水锤现象，水锤波以一定的速度 a 从阀门传向进口（水库）。当水锤到达引水管进口时，这时进口外的水压力为 H_0，管内水压力为 $H_0+\Delta H$，在水管进口处造成压力差 ΔH。在 ΔH 的作用下，水体流向水库，使得水管中的水体压能转变为动能，管中水体的压力从 $H_0+\Delta H$ 降为 H_0，流速变为 $-v_0$，这相当于产生一个反射波，反射波以 a 的速度从水管进口向阀门处传播。当反射波到达阀门处时，水流离开阀门，在阀门处造成真空，产生负压，使水体压力从 H_0 变为 $H_0-\Delta H$，流速从 $-v_0$ 变为 0，水管中水体的动能转变为压能，即在阀门处产生负压波，负压波以 a 的速度从阀门传向进口。当负压波到达水管进口时，进口外的水压力仍为 H_0，管内水压力为 $H_0-\Delta H$，在水管进口处形成压力差 $-\Delta H$。在 $-\Delta H$ 的作用下，水体流向水管，使水管的压力从 $H_0-\Delta H$ 升为 H_0，流速变为 v_0，水体压能转变为动能，又产生反射波，反射波以 a 的速度从进口向阀门处传播。当反射波到达阀门处时，水管全长水流恢复到初始状态，即水管的压力为 H_0，流速为 v_0。由于阀门仍然关闭，在阀门处又产生水锤波，水锤波将重复以上的传播过程。

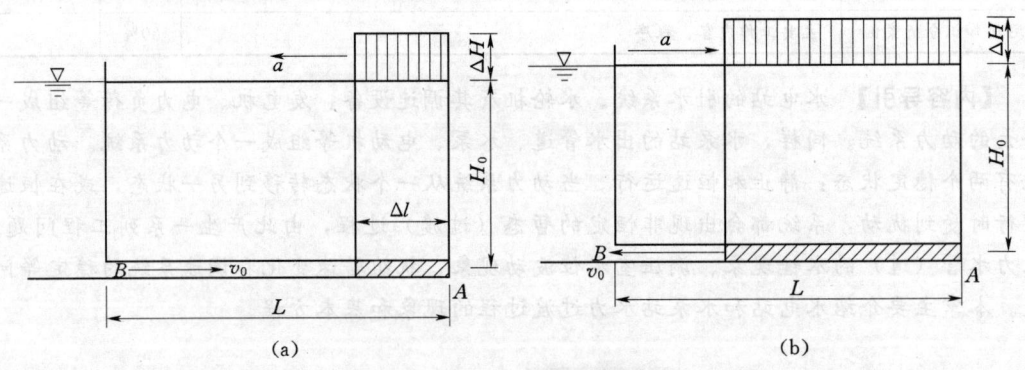

图 3-1 水锤压力传播过程

水锤波在水管中的传播经历了四个状态、两个来回，才完成一个周期。把水锤在管中传播一个来回的时间称为一相（phase），两相为一个周期（period）。设管长为 L，则一相的时间为 $T_{相}=\dfrac{2L}{a}$，一周的时间为 $T_{周}=\dfrac{4L}{a}$。

(二) 水泵站的水锤现象

水泵站最危险的水锤发生在停泵时,所以水泵站一般只分析停泵水锤。停泵水锤发生的原理与水电站相同,但其经历的过程不同,停泵水锤经历三个过程,如图 3-2 所示。

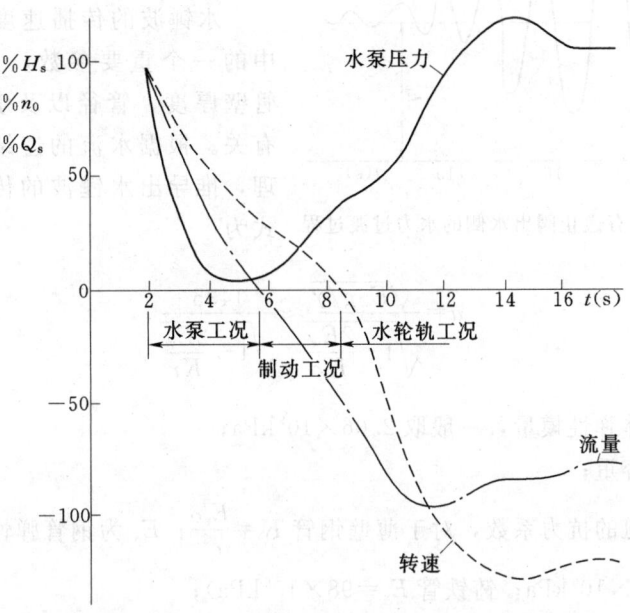

图 3-2 无逆止阀时水泵出口处水力过渡过程

1. 管道上无逆止阀的停泵水锤

(1) 水泵工况。水泵工况是从水泵突然失去动力,到管道水体停止正向流动为止。当水泵正常运行时,突然中断动力,由于惯性作用,水泵仍然维持正转,管道水体仍然流向出水池。但在重力和阻力作用下,水泵转速和管道流速逐渐减小、压力降低,从而产生降压水锤,在此阶段末,管道流速为0,压力降至最低或接近最低。

(2) 制动工况。制动工况是从管道水体开始倒流,到水泵正转停止为止。管道静止的水体,在重力作用下开始倒流,并对正转的叶轮和转子产生制动作用,使机组正转转速进一步降低,直至停止。由于叶轮和转子的阻止,使管道中的水压有所回升,产生增压水锤。在此阶段末,机组转速流速为0,管道水压力升高。

(3) 水轮机工况。水轮机工况从机组开始反转,到机组稳定在飞逸转速为止。在管道水压力作用下,机组开始反转,转速逐渐增加,流速增大,机组转子和管道的阻力也不断上升,直至水压力与阻力平衡时,机组处于稳定转动状态,此时,机组转速达到飞逸转速。在此阶段,管道水压力也不断上升,但阻力的上升速率更快,最终达到平衡状态。

2. 管道上装有逆止阀的停泵水锤

(1) 水泵工况。与管道上无逆止阀的停泵水锤的第一阶段情况相同。

(2) 逆止阀关闭工况。逆止阀关闭工况,出水侧的水锤过程与水电站关闭阀门的水锤

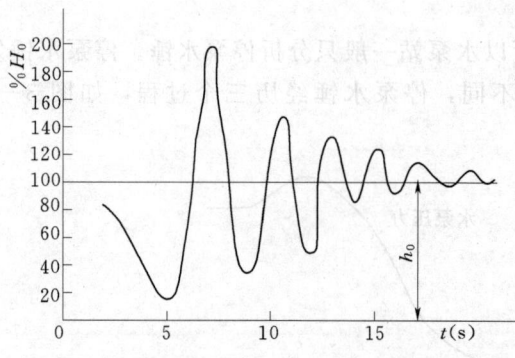

图 3-3 管道上装有逆止阀出水侧的水力过渡过程

过程类似,如图 3-3 所示。机组转子因无倒流水的制动作用,在阻力作用下,转速慢慢降下,直至停止。

(三) 水锤传播速度

水锤波的传播速度是水锤分析计算中的一个重要参数,它与水管的材料、管壁厚度、管径以及水体的弹性、容重有关。根据水流的连续性定理和动量定理,推导出水锤波的传播速度的计算公式为

$$a=\frac{\sqrt{E_{w}g/\gamma}}{\sqrt{1+\frac{2E_{w}}{Kr}}} \approx \frac{1435}{\sqrt{1+\frac{2E_{w}}{Kr}}} \tag{3-1}$$

式中 E_w——水体弹性模量,一般取 2.06×10^6 kPa;

γ——水容重;

K——管道的抗力系数,对于薄壁钢管 $K=\frac{E_s\delta}{r^2}$;E_s 为钢管弹性模量(钢管 $E_s=206\times10^6$ kPa;铸铁管 $E_s=98\times10^6$ kPa);

δ——管壁厚度;

r——管道半径。

水锤波的传播速度的具体计算,应按露天薄壁钢管、坚固岩石中的无衬砌隧洞、埋藏式钢管或钢筋混凝土衬砌管等类型分别计算,计算公式可参照有关规范或论著。

二、调压室水位波动

混合式水电站的压力引水道一般比较长,为了减小此类水电站压力引水道的水锤压力,通常在压力引水道靠近厂房的适当位置设置调压室。调压室是一种具有自由水面和一定体积的井式结构物,底部与压力引水道连接,以破坏压力引水道的封闭性,如同水库一样能反射水锤波,从而减小水锤压强。调压室将压力引水道分为两部分,调压室上游部分称为引水道,下游部分称为压力管道,如图 3-4 所示。

当水电站发生过渡过程时,引水系统中的压力管道发生水锤现象,而引水道—调压室系统则会发生水位波动现象。下面分几种情况来讨论引水道—调压室系统的水位波动情况。

当水电站以满负荷运行时,假设水库水位为 z,水轮机引用流量为 Q_0,引水道水头损失为 h_{w0},引水道流速为 v_0,则调压室水位为 $z-h_{w0}-\frac{\beta v_0^2}{2g}$。如果电站突然丢弃全部负荷,水轮机引用流量变为 0,此时压力管道发生水锤现象,并在短时间内停止,压力管道的流量变为 0。由于惯性作用,引水道的流量此时仍为 Q_0,大量的水量涌进调压室,使调压室的水位不断上升,水库与调压室的水位差在不断减小,致使引水道的流速逐渐减缓。由于

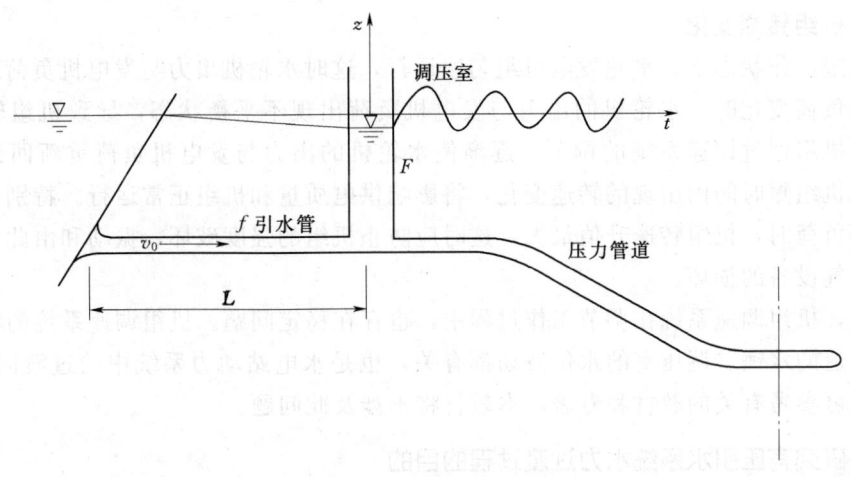

图 3-4 调压室的水位波动现象

惯性的作用，调压室水位最终将超过水库水位，从而产生反向水压差，进一步减小引水道流速，直至引水道的流速为 0，这时调压室到达最高水位。引水道的水体在反向水压的作用下，开始流向水库。由于调压室内的水体流出，造成调压室水位不断下降，逐渐减小反向水压差，当调压室水位低于水库水位时，又出现正向水压差，阻止水流向水库流动，减缓流速，最后引水道流速变为 0，这时调压室水位最低。在正向水压差的作用下，管中水体又流向水库，迫使调压室水位上升，调压室水位波动又回到初始波动的状态，完成一个波动周期，波动过程将周期性地进行下去。

当水电站以某一负荷运行时，突然增加负荷，使水轮机引用流量加大，由于惯性的作用，引水道不能及时补足水轮机所需的水量，这时由调压室补给不足的水量，引起调压室的水位下降，加大水库与调压室之间的水位差，从而迫使引水道的水流加速流向调压室。当引水道水流能满足发电需要时，调压室水位到达最低点。这时由于水流惯性的影响，引水道的水流还将继续加速，流量超过发电所需的流量，因此多余的水量将涌进调压室，调压室的水位开始回升，逐步减小水库与调压室之间的水位差，减缓引水道的流速。当调压室的水位超过水库水位，在水库与调压室之间产生反向的水位差，阻止水流流向调压室。当引水道流速变为 0 时，调压室到达最高水位，在反向压力的作用下，调压室水流开始流向水库，水位也开始回落，直到低于水库水位，水库与调压室之间的水位差迫使引水道减速，直至停止流向水库，这时调压室处在最低水位。在水库与调压室之间的水位差的作用下，引水道水流开始流向调压室，这样调压室的水位回到开始时的状态，也是周期性的波动。

理论上引水道—调压室系统水位波动是周期性的波动过程，但是由于引水道摩阻力的存在，引水道—调压室系统水位波动过程会慢慢停止下来。

调压室水位波动过程与压力管道的水锤现象、机组调速系统的工作是相互联系的。压力管道的水锤过程变化快，持续时间短，一般仅为几秒。而调压室水位波动过程相对来说是变化慢、周期长、幅度小，整个过程要经历几十秒到几百秒的时间。因此，调压室水位波动过程与压力管道的水锤现象相互干扰少，一般可分别研究。

三、机组转速变化

在恒定工作状态下，水轮发电机组匀速运行，这时水轮机出力与发电机负荷之间相互平衡。当负荷变化时，水轮机的出力与发电机负荷出现不平衡状态，导致机组转速的变化。尽管机组通过调速系统的调节，逐渐使水轮机的出力与发电机负荷重新回到平衡状态，但是机组短时间内出现的转速变化，将影响供电质量和机组正常运行。特别是在机组丢弃全部负荷时，机组转速升值最大，这时应防止机组的强度破坏、振动和由此引起的过电压对电气设备的损坏。

此外，机组调速系统在调节工作过程中，也存在稳定问题。机组调速系统的稳定问题与压力管道的水锤、调压室的水位波动都有关，也是水电站动力系统中的过渡问题之一。这个问题可参考有关的教材和专著，本教材将不涉及此问题。

四、研究有压引水系统水力过渡过程的目的

水电站动力系统包括水、机、电各方面，系统的过渡过程在前面已作简单的介绍。在水利工程中主要涉及的是引水系统部分的水力过渡过程：水锤、调压室的水位波动和机组转速变化等问题，其中水锤和机组转速变化的问题是相互关联的。它们都与调速器动作的快慢有关，换句话说，与导水机构总关闭时间 T_s 有关。一方面要求选用较大的 T_s，以便控制水锤压强，减小引水管道的基建投资；另一方面要求选用较小的 T_s，防止机组过速，影响供电质量和机组正常运行。实际工程中是通过调节保证计算来协调 T_s 的取值。因此，研究有压引水系统水力过渡过程的目的有两个：一是通过调节保证计算，其中包含水锤计算和机组转速变化计算，选择合理的 T_s，并提供压力水管设计所需的水锤动水压强值；二是通过计算调压室水位波动的幅度，为调压室结构设计提供依据。同时，通过稳定分析，掌握调压室水位波动稳定性机理，提出波动稳定的判据，据此来制定相应的工程措施。

水泵停泵水锤分析主要为出水管道提供设计荷载依据，并为管道防振提供依据。

五、调节保证计算的标准和条件

调节保证计算就是通过水锤计算和机组转速变化计算来确定调速器总关闭时间 T_s，使得引水建筑物和机组设备在技术经济上最为合理。工程上，衡量引水建筑物和机组设备在技术经济上的合理性，是通过规范规定压力管道水锤相对值和机组转速变化相对值的允许范围——允许值来判断。这是在一定的时期、一定的技术条件和经济条件下制定的，随着技术经济的发展将不断加以修订。

（一）水锤压力的计算标准

1. 压力升高

规范采用相对压力升高值作为限制值指标，即 $\xi = \dfrac{H - H_0}{H_0}$，其中 H、H_0 分别为水锤作用水头和静水头。根据规范规定，最大相对压力升高值 $\xi_{\max}$ 应不超过下列数值：

当 $H_0 > 100\text{m}$ 时，$\xi_{\max} = 0.15 \sim 0.3$；

当 $H_0 = 40 \sim 100\text{m}$ 时，$\xi_{\max} = 0.3 \sim 0.5$；

当 $H_0 < 40\text{m}$ 时，$\xi_{\max} = 0.5 \sim 0.7$。

2. 压力降低

压力降低的限制主要要求在压力引水系统的任何位置均不允许出现负压，且应有 2～3m 水柱高的余压，保证管道特别是钢管的稳定和防止水柱分离。同时，尾水管进口的允许最大真空度为 8m 水柱高。

（二）机组转速变化的计算标准

机组转速变化会影响水电站机组正常运行和供电质量。特别是由于水电站丢弃全部负荷时，引起的机组转速过大，会造成机组振动和破坏，也会由于过速引起过电压造成发电机电气绝缘的破坏。所以，工程上主要限制机组相对转速变化的最大值。

相对转速变化的最大值 $\beta_{max} = \dfrac{n_{max} - n_0}{n_0}$，其中 n_{max}、n_0 分别为机组暂态过程的最大转速和正常转速。目前对 β_{max} 的限制尚无统一规定，可按以下情况来考虑：

当机组容量占电力系统总容量的比例较大，且担任调频任务时，宜小于 0.45；

当机组容量占电力系统总容量的比例不大或担负基荷时，宜小于 0.55；

对冲击式水轮机，宜小于 0.3；

当大于上述值时，应进行论证。

（三）调节保证的计算条件

调节保证计算需要计算水锤的最大值、最小值和机组转速变化的最大值，其计算条件主要考虑，上下游水位与增加全部（部分）负荷、丢弃全部（部分）负荷的组合：

（1）水锤最大值和机组转速变化的最大值，采用最大水头差与丢弃全部（部分）负荷的组合情况，如上游为正常水位丢弃全部负荷时的情况。

（2）水锤最小值，采用最小水头差与丢弃或增加全部（部分）负荷的组合情况，如上游为最低水位丢弃全部负荷或增加全部负荷时的情况。

第二节 基 本 方 程

前面已讨论了水电站有压引水系统中的水锤和调压室水位波动现象，这是两种水力过渡现象，同属于非恒定流。本节主要建立水锤过程和调压室水位波动的基本方程式。

一、水锤的基本微分方程及其基本解

压力管道水锤的基本方程包括动力方程和连续方程。在一维流的条件下，取出管道的一微小段进行分析，如图 3-5 所示。作用于微小段的水锤压力为 $\gamma\left[\left(H+\dfrac{\partial H}{\partial x}dx\right)-H\right]A$，水流的摩阻力为 $\lambda\chi\dfrac{v|v|}{2g}dx$，$H$ 为作用于管段上的水头，A 为水管截面积，χ 为湿周，γ 为水容

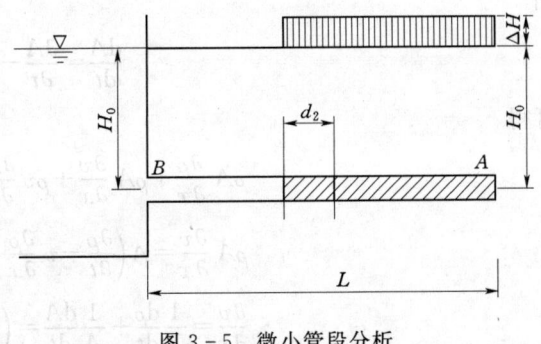

图 3-5 微小管段分析

重。根据牛顿第二定律，有

$$\gamma\left[\left(H+\frac{\partial H}{\partial x}dx\right)-H\right]A-\lambda\chi\frac{v|v|}{2g}dx=\frac{\gamma}{g}Adx\frac{dv}{dt} \quad (3-2)$$

即

$$\frac{\partial H}{\partial x}-\left(\frac{4\lambda}{\gamma}\right)\frac{1}{D}\frac{v|v|}{2g}=\frac{1}{g}\frac{dv}{dt} \quad (3-3)$$

由于 $\frac{dv}{dt}=\frac{\partial v}{\partial t}+\frac{\partial v}{\partial x}\frac{\partial x}{\partial t}=\frac{\partial v}{\partial t}-v\frac{\partial v}{\partial x}$，并令 $f=\frac{4\lambda}{\gamma}$，代入式（3-3），则有

$$g\frac{\partial H}{\partial x}+v\frac{\partial v}{\partial x}-\frac{\partial v}{\partial t}+\frac{f}{2D}v|v|=0 \quad (3-4)$$

式中　　v——管中流速，向下游为正；

　　　　H——压力水头；

　　　　x——距离，指向上游为正；

　　　　D——管道直径；

　　　　t——时间；

　　　　g——重力加速度；

　　　　f——达西摩擦系数。

这是管道水锤的动力方程。

设管中水体密度为 ρ，在 dt 时间段内，进入微小段 dx 的水体质量为 $\rho vAdt+\frac{\partial(\rho vA)}{\partial x}dxdt$，流出微小段的水体质量为 $\rho vAdt$。在该时间段内微小段的水体质量增加了 $\frac{\partial\rho A}{\partial t}dtdx$，根据质量守恒原理，有

$$\rho vAdt+\frac{\partial(\rho vA)}{\partial x}dxdt-\rho vAdt=\frac{\partial\rho A}{\partial t}dtdx \quad (3-5)$$

即

$$\frac{\partial(\rho vA)}{\partial x}=\frac{\partial(\rho A)}{\partial t} \quad (3-6)$$

将式（3-6）展开，并考虑到

$$\frac{d\rho}{dt}=\frac{\partial\rho}{\partial t}+\frac{\partial\rho}{\partial x}\frac{\partial x}{\partial t}=\frac{\partial\rho}{\partial t}-v\frac{\partial\rho}{\partial x}$$

和

$$\frac{dA}{dt}=\frac{\partial A}{\partial t}-v\frac{\partial A}{\partial x}$$

可得

$$vA\frac{\partial\rho}{\partial x}+\rho A\frac{\partial v}{\partial x}+\rho v\frac{\partial A}{\partial x}=A\frac{\partial\rho}{\partial t}+\rho\frac{\partial A}{\partial t}$$

$$\rho A\frac{\partial v}{\partial x}=A\left(\frac{\partial\rho}{\partial t}-v\frac{\partial\rho}{\partial x}\right)+\rho\left(\frac{\partial A}{\partial t}-v\frac{\partial A}{\partial x}\right)$$

$$\frac{\partial v}{\partial x}=\frac{1}{\rho}\frac{d\rho}{dt}+\frac{1}{A}\frac{dA}{dt}=\left(\frac{1}{\rho}\frac{d\rho}{dp}+\frac{1}{A}\frac{dA}{dp}\right)\frac{dp}{dt}$$

由水力学可知，$\frac{1}{\rho}\frac{d\rho}{dp}+\frac{1}{A}\frac{dA}{dp}=\rho a^2$，代入上式，并且考虑到 $\frac{dp}{dt}=\gamma\frac{dH}{dt}$，可得

$$\frac{\partial v}{\partial x}=\frac{g}{a^2}\frac{dH}{dt}=\frac{g}{a^2}\left(\frac{\partial H}{\partial t}+\frac{\partial H}{\partial x}\frac{\partial x}{\partial t}\right)=\frac{g}{a^2}\left(\frac{\partial H}{\partial t}-v\frac{\partial H}{\partial x}\right)$$

即

$$\frac{\partial v}{\partial x}=\frac{g}{a^2}\left(\frac{\partial H}{\partial t}-v\frac{\partial H}{\partial x}\right) \tag{3-7}$$

式（3-7）为连续方程。其中 a 为水锤波速，p 为水压强。

方程式（3-4）、式（3-7）是一组拟线性双曲型偏微分方程，目前无精确的解析解。为简化计算，常作线性化处理。方程式（3-4）、式（3-7）弃掉非线性项后变为

$$g\frac{\partial H}{\partial x}=\frac{\partial v}{\partial t} \tag{3-8}$$

$$\frac{\partial H}{\partial t}=\frac{a^2}{g}\frac{\partial v}{\partial x} \tag{3-9}$$

式（3-8）、式（3-9）是一组线性双曲线型偏微分方程。其通解为

$$H-H_0=F\left(t-\frac{x}{a}\right)+f\left(t+\frac{x}{a}\right) \tag{3-10}$$

$$v-v_0=-\frac{g}{a}\left[F\left(t-\frac{x}{a}\right)-f\left(t+\frac{x}{a}\right)\right] \tag{3-11}$$

式中　H_0，v_0——初始恒定时的水头和流速；
　　　F，f——任意波函数。

由式（3-10）、式（3-11）可以推出简单压力水管关于阀门处（出口）断面 $A(x=0)$ 和进口断面 $B(x=L)$ 的水锤计算联锁方程：假设压力水管长度为 L，在 t_1 时刻，断面 A 的水头和流速为 $H_{t_1}^A$ 和 $v_{t_1}^A$，水锤波从断面 A 以波速 a 向断面 B 传播，$t_2=t_1+\frac{L}{a}$ 时刻到达 B 断面，断面 B 的水头和流速为 $H_{t_2}^B$ 和 $v_{t_2}^B$，由式（3-10）、式（3-11）可得

$$(H_{t_1}^A-H_0)-\frac{a}{g}(v_{t_1}^A-v_0)=2F(t_1)$$

$$(H_{t_2}^B-H_0)-\frac{a}{g}(v_{t_2}^B-v_0)=2F\left(t_2-\frac{L}{a}\right)=2F(t_1)$$

两式相减：

$$H_{t_1}^A-H_{t_2}^B=\frac{a}{g}(v_{t_1}^A-v_{t_2}^B) \tag{3-12}$$

当 t_3 时刻开始，水锤波从断面 B 以波速 a 向断面 A 传播，t_4 时刻到达断面 A，同样可推得

$$H_{t_4}^A-H_{t_3}^B=-\frac{a}{g}(v_{t_4}^A-v_{t_3}^B) \tag{3-13}$$

式（3-12）、式（3-13）为水锤联锁方程。它的求解必须根据初始条件和边界条件，采用递推的方式来求得。

二、调压室的基本方程

在有调压室的有压引水系统中，压力水管被分为两部分，调压室上游部分一般称为引

水道，下游部分仍为压力水管。调压室水位波动分析是以引水道—调压室系统为对象的。和水锤现象一样，调压室水位波动也属非恒定流。它的基本方程也包括动力方程和连续方程，但是调压室水位波动产生的水压力较小，因此 ρA 可以看成常量，由式（3-6）

$$\frac{\partial v}{\partial x}=0 \tag{3-14}$$

代入式（3-4）

$$g\frac{\partial H}{\partial x}-\frac{\partial v}{\partial t}+\frac{f}{2D}v|v|=0$$

对 x 积分得

$$g(H_2-H_1)-\frac{\partial v}{\partial t}L+\frac{f}{2D}v|v|L=0$$

式中 $z=(H_2-H_1)$ 为调压室与水库的水位差，以水库为基准，向上为正；$h_w=\frac{f}{2gD}v|v|L$ 为引水道水头损失。以上参数代入上式后，可得

$$\frac{L}{g}\frac{\mathrm{d}v}{\mathrm{d}t}=z+h_w \tag{3-15}$$

这是调压室水位波动的动力方程。

通过压力水管的发电引用流量 Q 等于调压室的流出流量 $-F\dfrac{\mathrm{d}z}{\mathrm{d}t}$ 与引水道的流量 fv 之和，即

$$fv=F\frac{\mathrm{d}z}{\mathrm{d}t}+Q \tag{3-16}$$

这是调压室水位波动的连续方程。

发电引用流量 Q 由发电出力不变的条件确定，即

$$N=9.81\eta Q_0 H_0=9.81\eta QH \tag{3-17}$$

式中 Q_0，H_0——初始发电流量和水头。

式（3-15）、式（3-16）、式（3-17）为调压室水位波动的三个基本方程。

第三节　水电站水锤及其调节保证计算

一、水锤计算

（一）直接水锤与间接水锤

在第二节讨论过水锤基本方程，其基本解为

$$H-H_0=F\left(t-\frac{x}{a}\right)+f\left(t+\frac{x}{a}\right)$$

$$v-v_0=-\frac{g}{a}\left[F\left(t-\frac{x}{a}\right)-f\left(t+\frac{x}{a}\right)\right]$$

式中 $F\left(t-\dfrac{x}{a}\right)$——逆行波函数，水锤波从阀门处传向进口；

$f\left(t+\dfrac{x}{a}\right)$——顺行波函数，水锤波从进口传向阀门处。

因此，水锤波是由顺行波与逆行波的叠加形成的。如果水锤在阀门处产生，形成水锤波从阀门向进口传播——逆行波，这时没有顺行波与之叠加，即 $f\left(t+\dfrac{x}{a}\right)=0$。则由水锤基本方程的基本解公式，可得

$$H-H_0=F\left(t-\dfrac{x}{a}\right)$$

$$v-v_0=-\dfrac{g}{a}F\left(t-\dfrac{x}{a}\right)$$

以上两式，消去 $F\left(t-\dfrac{x}{a}\right)$，得

$$H-H_0=-\dfrac{a}{g}(v-v_0) \tag{3-18}$$

或

$$\Delta H=-\dfrac{a}{g}(v-v_0) \tag{3-19}$$

$$\Delta H=H-H_0$$

式中 H，v——水锤作用后的水头和流速；

H_0，v_0——初始恒定时的水头和流速。

式（3-18）或式（3-19）是比较特殊的情况：不存在波与波的叠加，工程上把这种水锤称为直接水锤。在工程实际中，水锤是由于阀门一系列（或连续）的关闭或开启动作所产生的，先出发的水锤波经过进口的反射，形成降压波从进口传向阀门，并与迎面赶来的逆行波相叠加。在有叠加的情况下，不能采用式（3-18）或式（3-19）进行计算。工程上直接水锤的判断条件，是指阀门断面产生的水锤不受反射波影响的情况。假设阀门全开到全关的时间为 T_s，水管长度为 L，水锤波速为 a，则直接水锤的判断条件为

$$T_s\leqslant\dfrac{2L}{a} \tag{3-20}$$

即阀门必须在反射波到来之前，完成开启或关闭动作。如果

$$T_s>\dfrac{2L}{a} \tag{3-21}$$

即阀门完成开启或关闭动作之前，反射波到达了阀门。这是间接水锤的判断公式。

直接水锤产生的压力升值是巨大的。例如，当水管中的初始流速为 $v_0=5.0\text{m/s}$，水锤波速为 $a=1000\text{m/s}$，终了流速为 $v=0$ 时，如果发生直接水锤，那么水锤产生的压力升值由式（3-19）计算得

$$\Delta H=-\dfrac{a}{g}(v-v_0)=-\dfrac{1000}{9.8}(0-5)=510.2(\text{m})$$

由此可见，在工程设计中，避免出现直接水锤的产生是非常必要的。

实际工程中，水电站引水管道发生的水锤基本上是间接水锤。间接水锤的计算比较复

杂，因为阀门启闭动作是连续的，产生的无数水锤波在管中传播过程相互叠加，它的基本方程还不能用解析法求解，一般多采用数值方法计算。在工程设计中，主要计算阀门断面的水锤压力，因此，可以利用前面推导的联锁方程来进行解析求解。

（二）简单管的水锤计算

1. 计算水锤压力的一般公式

工程设计中，主要计算引水管道中的最大、最小水锤压力值。由于水锤在阀门处产生，而阀门处断面受反射波影响最小，所以引水管道中的最大、最小水锤压力值均出现在阀门处。阀门处水锤的计算可以采用联锁方程，用递推的方式来求解。为此，首先要引进相对水锤值的概念——水锤压力升值与静水头的比值。工程上用 $\xi = \dfrac{\Delta H}{H_0}$ 和 $\eta = -\dfrac{\Delta H}{H_0}$ 分别表示正水锤和负水锤相对值。管中流速也采用相对值表示，即表示为与最大流速的比值 $v = \dfrac{V}{V_0}$，其中 V、V_0 分别为水管中瞬间流速和最大流速。联锁方程式（3-12）、式（3-13）改写为

$$\xi_{t_1}^{A} - \xi_{t_2}^{B} = 2 \frac{aV_0}{2gH_0}(v_{t_1}^{A} - v_{t_2}^{B})$$

$$\xi_{t_4}^{A} - \xi_{t_3}^{B} = -2 \frac{aV_0}{2gH_0}(v_{t_4}^{A} - v_{t_3}^{B})$$

令 $\rho = \dfrac{aV_0}{2gH_0}$，称为水管特性系数，则以上两式变为

$$\xi_{t_1}^{A} - \xi_{t_2}^{B} = 2\rho(v_{t_1}^{A} - v_{t_2}^{B}) \tag{3-22}$$

$$\xi_{t_4}^{A} - \xi_{t_3}^{B} = -2\rho(v_{t_4}^{A} - v_{t_3}^{B}) \tag{3-23}$$

式（3-22）、式（3-23）是简单管（管壁厚度、材料、直径不随管长而变化，同时无分叉）的联锁方程，可利用边界条件和初始条件来求解。初始条件由初始状态决定

$$\xi_0^{A} = 0 \tag{3-24}$$

边界条件首先是引水管的进口（断面 B），即水库（或调压室、压力前池），具有很大的容积，在水锤发生时，其水位基本保持不变，进口断面作用水头保持不变，水锤压力升值为 0：

$$\xi_t^{B} = 0 \tag{3-25}$$

阀门处断面 A 的边界条件，它取决于阀门的水力学特性。水力学孔口出流计算公式为

$$Q = m\omega\sqrt{2gH}$$

式中 m——流量系数；

ω——孔口面积，最大孔口面积为 ω_0；

H——作用水头，$H = H_0 + \Delta H$。

在恒定状态下

$$Q_0 = m\omega_0\sqrt{2gH_0}$$

采用相对值表示孔口出流计算公式为

第三节 水电站水锤及其调节保证计算

$$\frac{Q}{Q_0} = \frac{\omega}{\omega_0}\sqrt{\frac{H_0+\Delta H}{H_0}}$$

由于 $Q=\omega V$，所以 $\frac{Q}{Q_0}=\frac{V}{V_0}=v_t^A$。并令 $\tau_t=\frac{\omega}{\omega_0}$ 为阀门相对开度，$\tau=0\sim1$。则上式改写为

$$v_t^A = \tau_t \sqrt{1+\xi_t^A} \tag{3-26}$$

式（3-26）为阀门处边界条件。式（3-22）～式（3-26）为简单管水锤计算基本公式。由于反射水锤波是在各相相末到达阀门，所以阀门处断面，在各相的相末出现极大（小）值，水锤压力最大（小）值则出现在某一相末。因此，只需要计算各相相末的水锤值。

下面利用联锁方程推求阀门断面各相相末的水锤计算公式。

2. 第一相相末的水锤计算

当 $t=0$ 相时，水锤在阀门处产生，以波速 a 向进口处传播，在 $t=0.5$ 相到达进口。把初始条件

$$\xi_0^A = 0$$

和边界条件

$$\xi_{0.5}^B = 0$$
$$v_0^A = \tau_0 \sqrt{1+\xi_{0t}^A} = \tau_0$$

代入联锁方程式（3-4）：

$$0-0 = 2\rho(\tau_0 - v_{0.5}^B)$$

得

$$v_{0.5}^B = \tau_0$$

水锤经过进口的反射，从 $t=0.5$ 相开始，反射波以波速 a 传向阀门，在 $t=1$ 相到达阀门。由边界条件

$$\xi_t^B = 0$$
$$v_{0.5}^B = \tau_0$$
$$v_t^A = \tau_1\sqrt{1+\xi_1^A}$$

代入式（3-5）：

$$\xi_1^A - 0 = -2\rho(\tau_1\sqrt{1+\xi_1^A} - \tau_0)$$

移项

$$\tau_1\sqrt{1+\xi_1^A} = \tau_0 - \frac{\xi_1^A}{2\rho} \tag{3-27}$$

这是阀门处第一相末的水锤计算公式。

3. 第二相相末的水锤计算

当 $t=1.0$ 相时，由于阀门的作用，水锤从阀门处，以波速 a 向进口处传播，在 $t=1.5$ 相到达进口。由边界条件

$$\xi_{1.5}^B = 0$$
$$v_1^A = \tau_1 \sqrt{1+\xi_1^A}$$

代入联锁方程式（3-4）：

$$\xi_1^A - 0 = 2\rho(\tau_1\sqrt{1+\xi_1^A} - v_{1.5}^B)$$

得

$$v_{1.5}^B = \tau_1\sqrt{1+\xi_1^A} - \frac{\xi_1^A}{2\rho} = \tau_0 - \frac{\xi_1^A}{\rho}$$

水锤经过进口的反射，从 $t=1.5$ 相开始，反射波以波速 a 传向阀门，在 $t=2$ 相到达阀门。由边界条件

$$\xi_{1.5}^B = 0$$
$$v_{1.5}^B = \tau_0 - \frac{\xi_1^A}{\rho}$$
$$v_2^A = \tau_2\sqrt{1+\xi_2^A}$$

代入式（3-5）：

$$\xi_2^A - 0 = -2\rho\left(\tau_2\sqrt{1+\xi_2^A} - \tau_0 + \frac{\xi_1^A}{\rho}\right)$$

移项

$$\tau_2\sqrt{1+\xi_2^A} = \tau_0 - \frac{\xi_2^A}{2\rho} - \frac{\xi_1^A}{\rho} \tag{3-28}$$

这是阀门处第二相末的水锤计算公式。

如此类推，阀门处第 n 相末的水锤计算公式为

$$\tau_n\sqrt{1+\xi_n^A} = \tau_0 - \frac{\xi_n^A}{2\rho} - \frac{1}{\rho}\sum_{i=1}^{n-1}\xi_i^A \tag{3-29}$$

前面推导出阀门断面各相相末的水锤计算递推公式，阀门的启闭动作在 T_s 内就结束。按照递推公式，水锤过程将无限地进行下去，这是因为波动方程忽略了摩阻的影响（非线性项），这对工程计算精度影响不大。

4．间接水锤的类型

水锤波按一定的周期在水管中传播，由于各水锤波之间相互叠加，水锤值也按一定的周期变化，阀门断面在各相的相末达到极大（小），水锤值的振幅在 T_s 内是变化的，之后振幅不变。水锤值的振幅在 T_s 内的变化趋势无非有两种情况，一是逐渐变小，如图 3-6 所示，称为第一相水锤；二是逐渐变大，如图 3-7 所示，称为末相水锤（或极限水锤）。在水锤的计算中，阀门开度是一个重要参数，它的变化规律对水锤有很大的影响。理想的阀门启闭为直线规律，如图 3-8 所示，通常阀门（导叶）的实际启闭规律如图 3-9 所示，从全开到全关历时为 T_s。启闭曲线开始的一段接近水平，关闭速度极慢，这是调速机构的惯性所致。在这一段过程中，发生的水锤压力很小。之后阀门匀速开启，开度呈直线变化。在接近终了时，阀门的关闭速度又放慢，这种现象对关闭接近终结时的水锤有影响。为了简化计算，将阀门启闭过程线性化，假设按直线规律变化，即阀门开度与时间的关系为

$$\tau_t = \tau_0 \pm \frac{t}{T_s} \tag{3-30}$$

式中，开启阀门取正号；关闭阀门取负号。

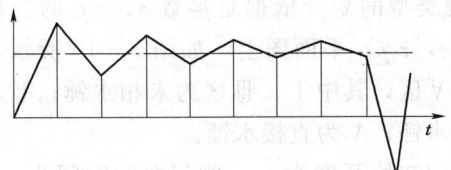

图 3-6 第一相水锤

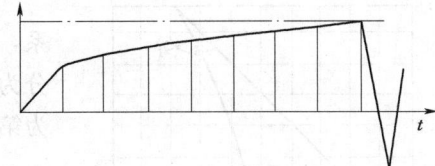

图 3-7 第二相水锤

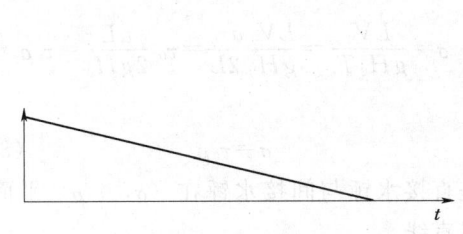

图 3-8 理想的阀门启闭规律

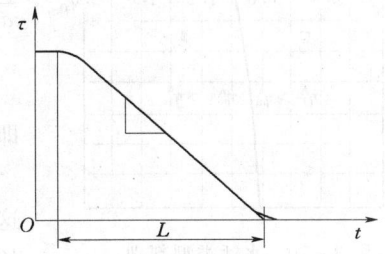

图 3-9 实际的阀门启闭规律

第一相水锤，最大水锤压力出现在一相的相末，T_s 时间内水锤波幅将逐渐减小，到末相之后，水锤波将维持末相的波幅不变，周期性波动。式（3-27）为第一相正水锤的计算公式，同样可推得第一相负水锤的计算公式为

$$\tau_1 \sqrt{1-\eta_1^A} = \tau_0 + \frac{\eta_1^A}{2\rho} \tag{3-31}$$

末相水锤，最大水锤压力出现在末相（T_s 时间末），T_s 时间内水锤波幅将逐渐增大，并且数值越来越接近，所以也称为极限水锤。根据末相水锤的这一特性，即最末相邻相水锤值接近，来推导末相水锤的计算公式，根据式（3-29），第 $n+1$ 相水锤的计算公式为

$$\tau_{n+1} \sqrt{1+\xi_{n+1}^A} = \tau_0 - \frac{\xi_{n+1}^A}{2\rho} - \frac{1}{\rho} \sum_{i=1}^{n} \xi_i^A$$

第 n 相水锤的计算公式为

$$\tau_n \sqrt{1+\xi_n^A} = \tau_0 - \frac{\xi_n^A}{2\rho} - \frac{1}{\rho} \sum_{i=1}^{n-1} \xi_i^A$$

两式相减并考虑到 $\xi_n^A = \xi_{n+1}^A = \xi_m$，有

$$(\tau_{n+1} - \tau_n) \sqrt{1+\xi_m} = -\frac{1}{\rho} \xi_m$$

其中 $\tau_{n+1} - \tau_n = -\frac{2L}{aT_s}$，并令 $\sigma = \frac{LV_0}{gH_0 T_s}$，$\sigma$ 称为水管特性系数，则上式变为

$$\sigma \sqrt{1+\xi_m} = \xi_m \tag{3-32}$$

从式（3-31）可解得

$$\xi_m = \frac{\sigma}{2}(\sigma + \sqrt{\sigma^2 + 4}) \tag{3-33}$$

式（3-33）为末相正水锤的计算公式。同样方法求得末相负水锤的计算公式为

$$\eta_m = \frac{\sigma}{2}(\sqrt{\sigma^2 + 4} - \sigma) \tag{3-34}$$

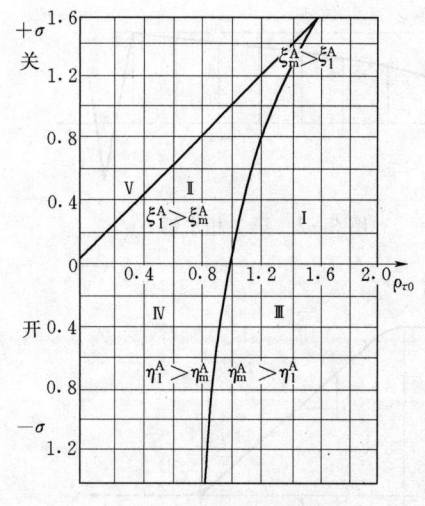

图 3-10 水锤类型判别

水锤类型的划分依据是参数 σ、$\tau_0\rho$ 的变化关系，在 $(\sigma, \tau_0\rho)$ 平面图上，如图 3-10 所示，划分为 I～V 区，其中 I、III 区为末相水锤；II、IV 为第一相水锤；V 为直接水锤。

当阀门初始开度为 τ_0，阀门关闭时间为 $\tau_0 T_s$，则直接水锤与间接水锤判别的临界条件：$\tau_0 T_s = \dfrac{2L}{a}$，代入水管特性系数为

$$\sigma = \frac{LV_0}{gH_0 T_s} = \frac{LV_0}{gH_0} \frac{a\tau_0}{2L} = \tau_0 \frac{aL}{2gH_0} = \tau_0 \rho$$

即

$$\sigma = \tau_0 \rho \tag{3-35}$$

这就是直接水锤与间接水锤在 $(\sigma, \tau_0\rho)$ 平面图上的分界直线。

第一相水锤与末相水锤的分界线是由 $\xi_1 = \xi_m$ 条件确定，由式（3-32）得

$$\sqrt{1+\xi_m} = \frac{\xi_m}{\sigma}$$

代入下式，并令 $\xi_1 = \xi_m$：

$$\tau_1 \sqrt{1+\xi_1^A} = \tau_0 - \frac{\xi_1^A}{2\rho}$$

得

$$\frac{\tau_1 \xi_m}{\sigma} = \tau_0 - \frac{\xi_m}{2\rho}$$

由于 $\tau_1 = \tau_0 - \dfrac{2L}{aT_s}$ 和 $\sigma = \dfrac{LV_0}{gH_0 T_s} = \dfrac{aV_0}{2gH_0}\dfrac{2L}{aT_s} = \rho\dfrac{2L}{aT_s}$，并考虑 $\dfrac{\sigma}{\rho} = \dfrac{2L}{aT_s}$，所以上式变为

$$\xi_m = \frac{2\sigma}{2 - \dfrac{\sigma}{\rho\tau_0}}$$

代入式（3-14）：

$$\sigma = \frac{4\rho\tau_0(1-\rho\tau_0)}{1-2\rho\tau_0} \tag{3-36}$$

这就是第一相水锤与末相水锤在 $(\sigma, \tau_0\rho)$ 平面图上的分界线。从图 3-10 中可以看出间接水锤的粗略判断条件：

当 $\rho\tau_0 < 1.0$ 时，一般为第一相水锤；

当 $\rho\tau_0 > 1.5$ 时，一般为末相水锤；

当 $1.0 < \rho\tau_0 < 1.5$ 时，介于两者之间。

简单水管水锤压强计算公式见表 3-1。

表 3-1 简单管（阀门断面）水锤压强计算公式汇总表

水锤类型	阀门关闭时				阀门开启时			
	开度起始	开度终了	计算公式	近似公式	开度起始	开度终了	计算公式	近似公式
直接水锤	τ_0	τ_t	$\tau_t\sqrt{1+\xi}=\tau_0-\dfrac{\xi}{2\rho}$	$\xi=\dfrac{2\rho(\tau_0-\tau_t)}{1+\rho\tau_t}$	τ_0	τ_t	$\tau_t\sqrt{1-\eta}=\tau_0+\dfrac{\eta}{2\rho}$	$\eta=\dfrac{2\rho(\tau_t-\tau_0)}{1+\rho\tau_t}$
	τ_0	0	$\xi=2\rho\tau_0$	$\xi=2\rho\tau_0$	τ_0	0	$\sqrt{1-\eta}=\tau_0+\dfrac{\eta}{2\rho}$	$\eta=\dfrac{2\rho(1-\tau_0)}{1+\rho\tau_t}$
	1	0	$\xi=2\rho$	$\xi=2\rho$	0	1	$\sqrt{1-\eta}=\dfrac{\eta}{2\rho}$	$\eta=\dfrac{2\rho}{1+\rho\tau_t}$
间接水锤	τ_0	0	$\xi_m=\dfrac{\sigma}{2}(\sigma+\sqrt{\sigma^2+4})$	$\xi_m=\dfrac{2\sigma}{2-\sigma}$	τ_0	1	$\eta_m=\dfrac{\sigma}{2}(\sqrt{\sigma^2+4}-\sigma)$	$\eta_m=\dfrac{2\sigma}{2+\sigma}$
	τ_0		$\tau_1\sqrt{1+\xi_1^\wedge}=\tau_0-\dfrac{\xi_1^\wedge}{2\rho}$	$\xi_1=\dfrac{2\sigma}{1+\tau_0\rho-\sigma}$	τ_0		$\tau_1\sqrt{1-\eta_1^\wedge}=\tau_0+\dfrac{\eta_1^\wedge}{2\rho}$	$\eta_1=\dfrac{2\sigma}{1+\tau_0\rho+\sigma}$
	1	0	$\tau_1\sqrt{1+\xi_1^\wedge}=1-\dfrac{\xi_1^\wedge}{2\rho}$	$\xi_1=\dfrac{2\sigma}{1+\rho-\sigma}$	0	1	$\tau_1\sqrt{1-\eta_1^\wedge}=\dfrac{\eta_1^\wedge}{2\rho}$	$\eta_1=\dfrac{2\sigma}{1+\sigma}$

（三）复杂管道的水锤计算解析法

前面着重讨论了简单水管的水锤计算问题，由于简单水管的直径、材料和管壁厚度不随管长度变化，同时也没有分叉管，所以其水锤计算条件比较简单，能够用解析方法进行分析计算。但是，工程实际情况就复杂得多，主要有两种。

（1）水管的管壁厚度、直径和材料等任何一项沿管长发生变化，这种复杂管称为串联管。常见的串联管是管壁厚度沿管段变化，因为不同管段水管所受的内水压力不同，一般在设计中，分段确定管壁厚度，因此，各段管壁厚度是不同的。

（2）水电站采用联合供水或分组供水时，一根总管要向数根支管供水，在总管末端需设分叉管，这种有分叉管的水管称为分叉管或并联管。

另外，引水管、蜗壳和尾水管组成特殊的串联管，它们所用的材料不同、直径不同、管壁厚度都不同，并且导水机构（阀门）设置在蜗壳和尾水管之间。

1. 串联管的水锤压力计算

复杂水锤的计算方法是将复杂管转化为等价的简单管，并利用简单管的公式进行计算。从前面讨论可知，水锤现象事实是水体动能与压能的相互转化过程，初始动能的大小影响水锤压力值。另外，水锤压力还受反射波的影响，主要参数是相长 $\dfrac{L}{a}$。在将复杂管转化为简单管时，必须保证水锤值不变。为此，其转化原则是总动能不变和相长不变。

假设原管各段管的长度、最大流速和水锤波速分别为 l_i、v_i 和 a_i（$i=1、2、3、\cdots、n$）。另外，$L=\sum\limits_{i=1}^{n}l_i$。根据相长不变要求，并令等价水锤波速为 a_c，可得

$$a_c=\dfrac{L}{\sum\limits_{i=1}^{n}\dfrac{l_i}{a_i}} \qquad (3-37)$$

设原管各段管的截面积为 ω_i（$i=1、2、3、\cdots、n$），水体密度为 ρ。则原水管中的总动能可表示为 $\dfrac{1}{2}\rho\sum\limits_{i=1}^{n}\omega_i l_i v_i^2=\dfrac{1}{2}\rho Q\sum\limits_{i=1}^{n}l_i v_i$，其中 Q 为流量。根据动能不变要求，可得

$$v_c = \frac{\sum_{i=1}^{n} l_i v_i}{L} \tag{3-38}$$

因此，串联管可转化为长度为 $L = \sum_{i=1}^{n} l_i$、水锤波速为 $a_c = \dfrac{L}{\sum_{i=1}^{n} \dfrac{l_i}{a_i}}$、管中最大流速为 $v_c = \dfrac{\sum_{i=1}^{n} l_i v_i}{L}$ 的简单管，其水管特性系数为

$$\rho_c = \frac{a_c v_c}{2 g H_0} \tag{3-39}$$

$$\sigma_c = \frac{L v_c}{g H_0 T_s} \tag{3-40}$$

2. 分叉管的水锤压力计算

分叉管的水锤计算比较复杂，水锤波传播至分叉点时，部分水锤波反射折回，部分穿透分叉点分别向主管及其支管传播。由于各支管之间相互干扰，产生错综复杂的情况，所以分叉管的水锤计算比串联管复杂得多。近似分析时，可先将分叉管简化为串联管，再转化为简单管进行计算。将分叉管简化为串联管时，保留最长的一根支管，去掉其余支管。保留的支管面积和流量分别为各支管面积和流量之和，长度取为最长支管的长度。最长的支管和主管组成串联管，按前面介绍的方法，转化为简单管。

（四）水锤压力沿管长的分布

前面主要讨论了阀门断面最大水锤压力的计算问题，但实际工程中，在压力水管管线布置时，还需要了解压力水管沿管长的压力分布情况，主要目的是防止管中出现真空（负压现象），以免压力水管受压而失稳。通常要求压力水管沿线各断面的最低压力不小于 2m（水柱）。

研究证明，如果压力水管末端出现末相水锤，无论是正、负水锤，压力水管各断面的最大水锤压力沿管线依直线规律分布。第一相水锤压力水管各断面的最大水锤压力沿管线依曲线规律分布，正水锤分布曲线向上凸，负水锤分布曲线向下凹，如图 3-11 所示。

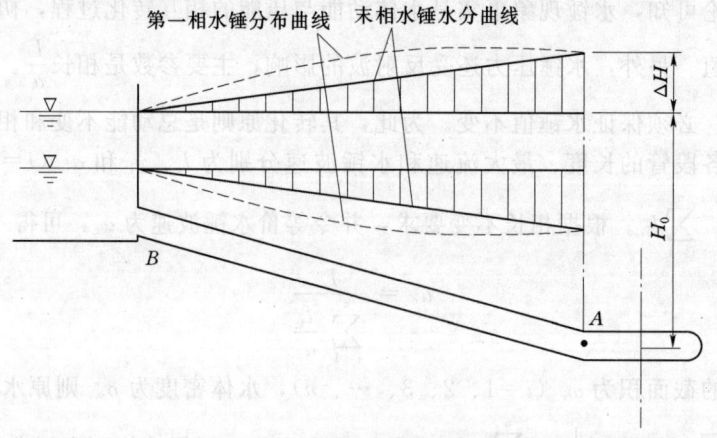

图 3-11 水锤压强沿管路的分布

1. 末相水锤压力分布规律

假设压力管中间任意断面 c，距离进口长度为 l，则断面 c 的最大、最小水锤为

$$\xi_{\max}^c = \frac{l}{L}\xi_m^A \tag{3-41}$$

$$\eta_{\max}^c = \frac{l}{L}\eta_m^A \tag{3-42}$$

2. 第一相水锤分布规律

压力管末端断面发生第一相时，任意断面 c 的最大、最小水锤发生在阀门断面第一相末产生的水锤到达断面 c 时，此时有两个水锤波叠加：分别是 $t_1 = \frac{2L}{a}$ 和 $t_2 = \frac{2(L-l)}{a}$，从阀门断面出发的水锤 $\xi_{\frac{2L}{a}}^A$ 和 $\xi_{\frac{2(L-l)}{a}}^A$（或 $\eta_{\frac{2L}{a}}^A$ 和 $\eta_{\frac{2(L-l)}{a}}^A$）。因此，断面 c 的最大、最小水锤为

$$\xi_{\max}^c = \xi_{\frac{2L}{a}}^A - \xi_{\frac{2(L-l)}{a}}^A \tag{3-43}$$

$$\eta_{\max}^c = \eta_{\frac{2L}{a}}^A - \eta_{\frac{2(L-l)}{a}}^A \tag{3-44}$$

式中，$\xi_{\frac{2L}{a}}^A$ 或 $\eta_{\frac{2L}{a}}^A$ 按前面介绍的第一相水锤公式计算；$\xi_{\frac{2(L-l)}{a}}^A$ 或 $\eta_{\frac{2(L-l)}{a}}^A$ 可采用近似方法计算：按第一相水锤公式计算，只是管长按 $L-l$ 计。

将表 3-1 公式代入式 (3-43)、式 (3-44)，可得

$$\xi_{\max}^c = \frac{2\sigma}{1+\tau_0\rho-\sigma} - \frac{2\sigma_{Ac}}{1+\tau_0\rho-\sigma_{Ac}} \tag{3-45}$$

$$\eta_{\max}^c = \frac{2\sigma}{1+\tau_0\rho+\sigma} - \frac{2\sigma_{Ac}}{1+\tau_0\rho+\sigma_{Ac}} \tag{3-46}$$

其中

$$\sigma_{Ac} = \frac{(L-l)V_0}{gH_0T_s}$$

二、机组转速变化计算

机组转速变化通常用相对值表示，其最大值成为 $\beta = \frac{n_{\max}-n_0}{n_0}$，其中 $n_{\max}$ 为机组运行时的最大转速；n_0 为额定转速。

机组转速变化的最大值一般出现在机组突然丢弃全部负荷时，这时机组负荷为 0，水轮机出力要经过 $T_{\text{关}}$ 时间，从最大出力逐渐降为 0。水轮机出力变化过程取决于阀门的关闭规律，阀门从全开到全关所需时间为 T_s，但阀门未完全关闭时，水轮机出力已降为 0，一般 $T_{\text{关}}$ 为 $(0.6 \sim 0.9)T_s$（开启与关闭有差别，需要区别时用 T_{s1} 和 T_{01} 表示）。水轮机在 $T_{\text{关}}$ 所做的功转化为机组转动动能，使机组转速增加。假设水轮机出力按直线规律变化，那么水轮机在 $T_{\text{关}}$ 所做的功为 $\frac{1}{2}NT_{\text{关}}$，机组转速从额定转速增加到最大转速时所增加的动能为 $\frac{1}{2}I\left[\left(\frac{\pi n_{\max}}{30}\right)^2 - \left(\frac{\pi n_0}{30}\right)^2\right]$。根据能量守恒定律，有

$$\frac{1}{2}NT_{\text{关}} = \frac{1}{2}I\left[\left(\frac{\pi n_{\max}}{30}\right)^2 - \left(\frac{\pi n_0}{30}\right)^2\right] \tag{3-47}$$

式中　N——水轮机的额定出力；

I——机组转动部分的惯性矩，在工程中 I 表示为 $I = \frac{GD^2}{4g}$。

将 $n_{max}=n_0(1+\beta)$ 代入式（3-47），并整理后得

$$\beta=-1+\sqrt{1+\frac{3567NT_{\text{关}}}{GD^2n_0^2}} \qquad (3-48)$$

考虑到阀门关闭规律并不是直线变化的，同时水锤对水轮机出力也有影响，所以式（3-48）要进行修正。下面介绍前苏联 Л.М.З（列宁格勒金属工厂）公式：

丢弃负荷时 $\beta=-1+\sqrt{1+\dfrac{T_{s1}f}{T_a}}$ （3-49）

增加负荷时 $\beta=1-\sqrt{1-\dfrac{T_{01}f}{T_a}}$ （3-50）

$$T_a=\frac{GD^2n_0^2}{3567NT_{\text{关}}}$$

式中 T_a——机组时间常数，s；
n_0——额定转速，r/min；
N——单机容量，kW；
GD^2——转动矩，kN·m²；
T_{s1}——阀门（导叶）关闭至空转开度的历时。对于混流式和冲击式水轮机 $T_{s1}=(0.8\sim0.9)T_s$，对于轴流式水轮机 $T_{s1}=(0.6\sim0.7)T_s$；
T_{01}——阀门（导叶）空转至全开的历时；
f——水锤影响系数，可根据管道特性系数 σ 从图 3-12 中查出。

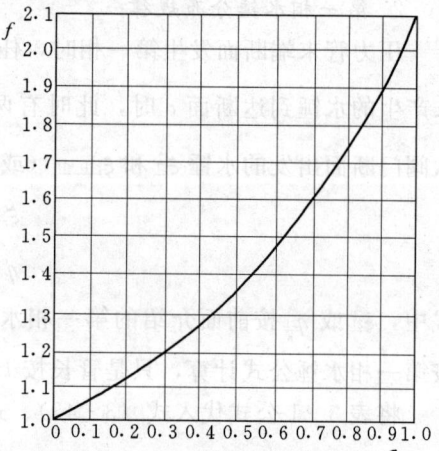

图 3-12 水锤影响系数

【应用算例 3-1】 某水电站调保计算。

（1）基本资料。某水电站设计水头为 474.87m，静水头为 503.86m，装机容量为 3×7000kW，采用 3 台 CJA237—W—143/2×11 水轮机，额定转速为 600r/min，额定流量为 1.79m³/s，折向器关闭时间为 2s，水轮机喷针有效启闭时间为 15s，机组转动惯量为 300kN·m²。采用联合供水方式，压力主钢管直径为 1.25m，主管长 1274m，管壁厚度 10~32mm。压力管厚度见表 3-2。

表 3-2　　　　　　　　　压力钢管基本数据

序号	桩号	管段长（m）	管壁厚度（mm）	波速 a（m/s）	备注
1	0+000~0+214.66	214.66	30	1205.6	
2	0+214.66~0+274.66	60	26	1179.3	
3	0+274.66~0+404.66	130	24	1163.6	
4	0+404.66~0+553.03	148.37	22	1145.9	
5	0+553.03~0+663.61	110.58	18	1102.4	
6	0+663.61~0+780.23	116.62	16	1075.2	
7	0+780.23~0+835.23	55	14	1043.0	
8	0+835.23~0+955.23	120	10	956.7	
9	0+955.23~1+274.87	319.64	8	896.4	
10	合计	1274.87			

(2) 压力钢管水锤计算。

1) 水锤类型。根据表 3-2 数据，按式 (3-1) 计算各管段水锤波波速，其中 E_w 取 $2.06 \times 10^6 \text{kPa}$、$E_s = 206 \times 10^6 \text{kPa}$，计算结果见表 3-2。

水锤波传播一个来回的时间为

$$T_{相} = \sum_i \frac{2L_i}{a_i} = 2.427(\text{s}) < T_s = 15(\text{s})$$

为间接水锤。

压力钢管为串联管，水管最大流速为 $v_0 = \frac{Q}{A} = 4.38 \text{m/s}$，水头为 474.87m，等价水锤波速为

$$a_c = \frac{L}{\sum_{i=1}^{n} \frac{l_i}{a_i}} = 1050.5 \text{m/s}$$

按式 (3-39) 和式 (3-40) 计算水管特性系数：

$$\rho_c = \frac{a_c v_c}{2gH_0} = \frac{1050.5 \times 4.38}{2 \times 9.8 \times 474.87} = 0.494$$

$$\sigma_c = \frac{Lv_c}{gH_0 T_s} = \frac{1274.87 \times 4.38}{9.8 \times 474.87 \times 15} = 0.08$$

根据 $\tau_0 \rho_c$ 和 σ_c 查图 3-10，无论 τ_0 为多少，均为第一相水锤。

2) 计算工况。

a) 水锤最大值和机组转速变化的最大值，采用丢弃全部 ($\Delta Q = 5.37 \text{m}^3/\text{s}$) 负荷的工况；

b) 水锤最小值，采用全部三台机组同时投入运行 (分别为 $\Delta Q = 5.37 \text{m}^3/\text{s}$) 的工况。

3) 水锤计算。

a) 工况的计算结果为

$$\xi_1 = \frac{2\sigma}{1+\rho-\sigma} = \frac{2 \times 0.08}{1+0.494-0.08} = 0.113 < 0.15 \sim 0.3$$

$$\Delta H = 0.113 \times 474.87 = 53.66(\text{m})$$

b) 工况的计算结果为

$$\eta_1 = \frac{2\sigma}{1+\sigma} = \frac{2 \times 0.08}{1+0.08} = 0.148$$

$$\Delta H = -0.148 \times 474.87 = -70.28(\text{m})$$

最大相对压力升高值 ξ_{max} 和相对降低值满足规范采用相对压力升高值的限制要求。

(3) 机组转速变化计算。

机组丢弃全部负荷时，$T_{s1} = T_{01} = T_{关} = 2\text{s}$，则

$$T_a = \frac{GD^2 n_0^2}{3567N} = \frac{300 \times 600^2}{3567 \times 7000} = 4.22(s)$$

$$\beta = -1 + \sqrt{1 + \frac{T_{s1}f}{T_a}} = -1 + \sqrt{1 + \frac{2 \times 1.07}{2.11}} = 0.228 < 0.3$$

机组转速升高最大值,小于规范机组相对转速变化的最大限制值。

第四节 调压室水位波动计算

一、调压室水位波动计算的目的和计算工况

(一) 调压室水位波动计算的目的和内容

调压室水位波动计算的目的是确定调压室的基本尺寸和水位波动的周期及衰减程度。其计算内容包括:①计算最高涌波水位,以确定调压室的顶部高程。为确保安全,调压室最高涌波水位以上的安全超高不宜小于1m;②计算最低涌波水位,以确定调压室底部和压力管道进口的高程,为保证在调压室最低涌波水位时引水道中水流仍为有压流,最低涌波水位与引水道顶部间的安全高度不应小于2~3m,调压室底板应留有不小于1.0m的安全水深;③求水位波动的全过程。

(二) 调压室水位波动计算方法

1. 解析法

解析法较简便省时,可直接用公式求出最高和最低涌波水位,但引入的假定较多,精度较差,且不能求出波动的全过程。通常在可行性研究阶段或初步设计阶段用以初步确定调压室的尺寸。

2. 逐步积分法

逐步积分法(差分法)通过逐时段计算求出最高和最低涌波水位及波动的全过程。适用于各种形式的调压室及丢弃部分负荷的情况,具有较大的灵活性和准确性。逐步积分法分为图解法和列表法,二者原理相同,前者简便、醒目,应用较广;后者较复杂,但精度较高。

3. 电算法

电算法可以把调压室的水位波动、压力管道的水击压力及机组速率上升联合起来计算,对调压室的水位波动进行较详细的分析。当研究某个参数对调压室水位变化过程的影响时,电算法更为优越。

二、调压室水位波动的稳定分析

(一) 小波动的稳定分析

式(3-15)、式(3-16)、式(3-17)为调压室水位波动的三个基本方程。水电站正常运行时,压力引水道中的流量为 Q_0,流速为 $v_0 = \frac{Q_0}{f}$,当电站负荷发生变化时,调压室水位发生微小波动 x,机组流量相应改变 q,即机组引用流量变为 $(Q_0 + q)$,引水道流速由 v_0 变为 $v_0 + y$,y 为流速的微增量。由连续方程式得

第四节 调压室水位波动计算

$$q = fy + A\frac{dx}{dt} \quad (3-51)$$

水电站正常运行时，其有效水头为 $H=H_0-h_{w0}-h_{wm0}$，其中 H_0 为水库静水位，h_{w0} 为引水道的水头损失，h_{wm0} 为压力管道的水头损失。设机组效率为 η，则水电站的出力为

$$N = 9.81 Q_0 H\eta = 9.81 Q_0 \eta (H_0 - h_{w0} - h_{wm0}) \quad (3-52)$$

当调压室水位发生微小波动 x 后，将式（3-52）展开并略去二阶微量，得

$$q = \frac{Q_0 x}{H_0 - h_{w0} - 3h_{wm0}} = \frac{Q_0 x}{H_1} \quad (3-53)$$

其中

$$H_1 = H_0 - h_{w0} - 3h_{wm0}$$

当流速 $v = v_0 + y$ 时，略去 y 的平方项，水头损失 $h_w \approx h_{w0} + 2\beta y$，则动力方程式变为

$$x = 2\beta v_0 y + \frac{L}{g}\frac{dy}{dt} \quad (3-54)$$

由式（3-51）、式（3-53）、式（3-54），化简后得引水道—调压室系统无限小波动时的运动微分方程式为

$$\frac{d^2 x}{dt^2} + v_0\left(\frac{2\beta g}{L} - \frac{f}{AH_1}\right)\frac{dx}{dt} + \frac{gf}{LA}\left(1 - \frac{2\beta v_0^2}{H_1}\right)x = 0$$

令 $m = \dfrac{v_0}{2}\left(\dfrac{2\beta g}{L} - \dfrac{f}{AH_1}\right)$，$\omega^2 = \dfrac{gf}{LA}\left(1 - \dfrac{2\beta v_0^2}{H_1}\right)$，则得

$$\frac{d^2 x}{dt^2} + 2m\frac{dx}{dt} + \omega^2 x = 0 \quad (3-55)$$

式（3-55）为二阶常系数齐次线性微分方程，代表一个有阻尼的自由振动，其 m 为阻尼系数，可能为正也可能为负，ω 为振动频率。

由振动理论可知，只有当阻尼项和恢复力项都是正值，即满足 $m>0$ 和 $\omega^2>0$ 的必要条件，振动才是衰减的。因此，调压室水位波动稳定的条件如下：

(1) 由 $m>0$，得

$$A_k > \frac{Lf}{2\alpha g H_1} = \frac{Lf}{2\alpha g (H_0 - h_{w0} - 3h_{wm0})} = A_{th} \quad (3-56)$$

式（3-56）表示引水道—调压室系统波动衰减的条件之一，即调压室的断面积必须大于临界断面 A_{th}，A_{th} 通常称为托马断面。

(2) 由 $\omega^2 > 0$ 得

$$h_{w0} + h_{wm0} < \frac{H_0}{3} \quad (3-57)$$

式（3-57）表示，为保证波动衰减，引水道和压力管道的水头损失之和必须小于静水头的 1/3。由于经济上的原因，引水系统的水头损失占静水头的比例通常很小，该条件一般总是满足的。

（二）调压室水位波动的计算

调压室水位波动计算主要考虑两个工况：水电站突然增加全部负荷和失去全部负荷的情况。其方程分别为

$$\begin{cases} fv = F\dfrac{\mathrm{d}z}{\mathrm{d}t} + \dfrac{Q_0 H_0}{H_0 - \beta v^2 - \alpha\left(\dfrac{Q_0}{A}\right)} \\ \dfrac{L}{g}\dfrac{\mathrm{d}v}{\mathrm{d}t} = z + \beta v^2 \end{cases} \quad (3-58)$$

$$\begin{cases} fv = F\dfrac{\mathrm{d}z}{\mathrm{d}t} + \dfrac{Q_0 H_0}{H_0 - \beta v^2} \\ \dfrac{L}{g}\dfrac{\mathrm{d}v}{\mathrm{d}t} = z + \beta v^2 \end{cases} \quad (3-59)$$

式中 Q_0——水电站设计流量；

α，A——压力水管的水头损失系数和断面积。

方程式（3-58）和式（3-59）可以采用图解法、数解法，利用数学软件 Mathematica 或 Matlab 计算十分方便。

第五节 停泵水锤计算

停泵水锤计算的目的是为出水管道设计提供动荷载计算依据，为管道防振提供计算依据。与水电站压力管道不同，压力管道出口边界条件要考虑水泵叶轮和电机转子的影响，边界条件更加复杂，不能采用水电站压力管道的水锤计算公式计算。工程上常采用简易计算曲线法计算。简易计算曲线法主要利用帕马金停泵水锤计算图，如图3-13所示。

帕马金停泵水锤计算图是按比转速为90或接近90的离心泵，水泵出水侧未装逆止阀，出水池面积比较大，不计算管路水头损失情况下，根据大量分析计算绘制的曲线图，但也适用于任何泵装置。

一、水泵出水侧未装逆止阀的水锤计算

帕马金停泵水锤计算图包括：水泵出口处降压水头（%H_0）；水泵出口处升压水头（%H_0）；管道中点处降压水头（%H_0）；管道中点处升压水头（%H_0）；水泵的飞逸转速（%n_R）和水泵转速为零的时间。

查图参数：

$$2\rho = \dfrac{av_0}{gH_0} \quad (3-60)$$

$$K = \dfrac{182500 P_R}{GD^2 n_R^2} \quad (3-61)$$

式中 K——机组惯性系数；

P_R——水泵额定功率，kW；

n_R——水泵额定转速，r/min；

GD^2——机组转动部分的转动惯量，可按电机的 GD^2 值的 1.1～1.2 倍计算，kg·m^2。电机的 GD^2 值可查表3-3；

其余符号意义同前。

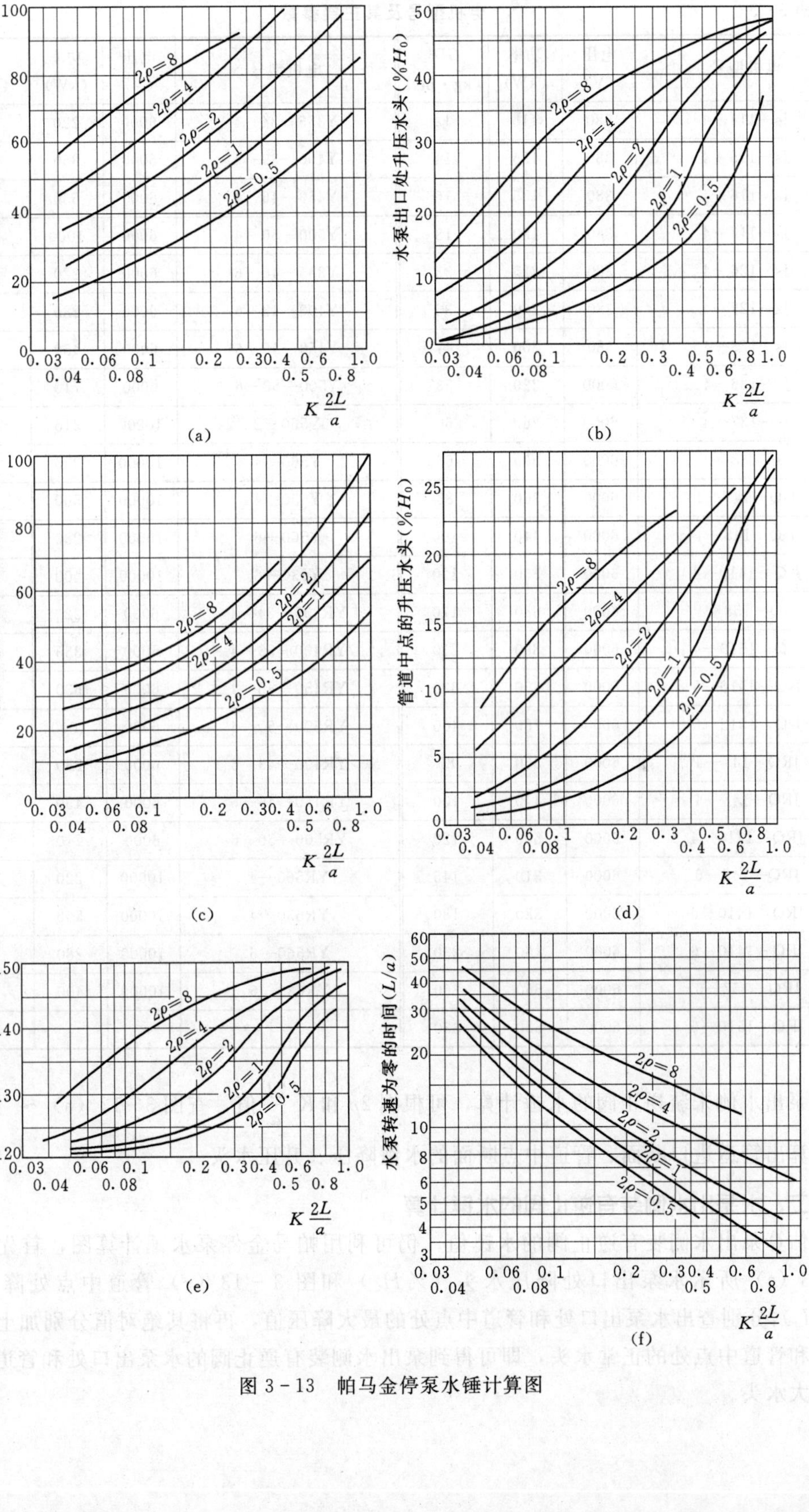

第五节 停泵水锤计算

图 3-13 帕马金停泵水锤计算图

表 3-3   电机型号及其主要参数

电机型号	电压 (V)	功率 (kW)	GD^2 (kg·m²)	电机型号	电压 (V)	功率 (kW)	GD^2 (kg·m²)
Js—114—4	380	115	12	Y355—34—4	6000	220	14
Js—115—4	380	135	14	Y400—39—4	6000	350	26
Js—116—4	380	155	16	Y450—46—4	6000	630	50
Js—117—4	380	180	18	Y500—50—4	6000	1000	110
Js—126—4	380	225	33	Y355—46—6	6000	220	31
Js—127—4	380	260	36	Y400—43—6	6000	280	46
Js—128—4	380	300	41	Y450—46—6	6000	450	71
Js—136—4	6000	220	53	Y500—50—6	6000	710	157
Js—137—4	6000	260	60	Y560—2	10000	315	31.3
Js—138—4	6000	300	66	Y560—4	10000	220	63
JsQ—147—4	6000	360	85	Y630—4	10000	560	149
JsQ—148—4	6000	440	100	Y560—6	10000	280	130
JsQ—1410—4	6000	500	120	Y630—6	10000	400	232
JsQ—158—4	6000	680	170	YR355—34—4	6000	220	16
JsQ—1510—4	6000	850	210	YR400—39—4	6000	355	30
JsQ—1510—6	6000	650	330	YR450—46—4	6000	630	57
JsQ—1512—6	6000	780	400	YR500—50—4	6000	1000	125
JRQ—147—4	6000	360	85	YR400—43—6	6000	280	52
JRQ—148—4	6000	440	100	YR450—46—6	6000	450	80
JRQ—1410—4	6000	500	120	YR500—50—6	6000	710	178
JRQ—148—6	6000	310	145	YR560—4	10000	220	63
JRQ—1410—6	6000	380	180	YR630—4	10000	560	149
JRQ—1410—6	6000	460	230	YR560—6	10000	280	130
JRQ—157—6	6000	550	260	YR630—6	10000	400	232
JRQ—1510—6	6000	650	330				

泵出水侧未装逆止阀的水锤计算，可根据 2ρ 和 $K\dfrac{2L}{a}$ 值，查图 3-13 (a) ～ (d)，直接计算出管道进口断面、管道中点断面的水锤降压、升压水头。

二、水泵出水侧装有逆止阀的水锤计算

估算泵出水侧装有逆止阀的水锤值，仍可利用帕马金停泵水锤计算图，首先利用图 3-13 (a) 所示水泵出口处降压水头 (％H_0) 和图 3-13 (c) 管道中点处降压水头 (％H_0)，分别查出水泵出口处和管道中点处的最大降压值，再将其绝对值分别加上水泵出口处和管道中点处的正常水头，即可得到泵出水侧装有逆止阀的水泵出口处和管道中点处的最大水头。

思 考 题

1. 水电站水力过渡过程基本方程建立的基本原理是什么?
2. 水锤联锁方程递推条件是什么?
3. 直接水锤与间接水锤区别的实质是什么?
4. 查阅有关资料了解第一相水锤与末相水锤的分类依据。
5. 查阅有关资料了解水锤计算的其他方法。
6. 查阅有关资料了解机组转速计算中机组转动部分惯性矩如何估算。
7. 查阅有关资料了解其他类型调压室的基本方程与计算方法。
8. 查阅有关资料了解水电站机组运行稳定性的有关知识。
9. 查阅有关资料了解水泵水锤计算的其他有关知识。
10. 查阅有关资料了解压力管道振动的有关知识。

第四章 水电站厂房的组成与厂区

【教学目的】 主要讲述水电站厂房布置的机电设备系统和厂区组成的基础知识。通过学习水流系统、电流系统、水轮发电机组附属与辅助系统的组成和布置要求，学习厂房的类型及其布置空间特点，学习厂区组成建筑物及其之间的关系等，重点掌握各类型厂房的厂区总体布置方法。

【教学要求】 了解水电站的任务、机电设备系统、厂区组成和厂房的主要类型；熟悉水电站厂区各部分的联系、布置要求和方法。具体要求见下表。

本 章 教 学 要 求

能力目标	知 识 要 点	权重	自测分数
了解相关知识	水电站厂房布置的机电设备系统和厂区组成的基础知识	30%	
熟练掌握知识点	（1）水电站机电设备系统组成和布置要求 （2）厂房的类型及其布置空间特点 （3）厂区组成建筑物及其之间的关系	40%	
运用知识分析案例	主要工作内容、程序	30%	

第一节 水电站厂房的任务与组成

一、厂房的任务

水电站是以发电为主的水利枢纽工程。水电站厂房是水电站的主要建筑物，是水能转换为电能的综合工程设施。

水电站厂房设计的主要任务是根据各种机电设备的安装、运行和维修要求，对厂房的建筑物进行空间布置设计和结构设计。水电站厂房的布置设计较复杂，要求水工、机械、电气等各专业相互配合，特别要求水工设计人员必须熟悉水电站各种机电设备安装、运行和维修的要求，以合理地进行结构设计。

二、厂房的组成

（一）按设备组成的系统分类

1. 水流系统

水电站厂房的水流系统包括压力管道、主阀、水轮机、尾水闸门和尾水渠等。水流系统的主要功能是将水引入水轮机,经水轮机的转轮把水能转变为机械能。水流系统的布置应尽量平顺,注重与引水系统及尾水河道的连接,以减少水头损失。

2. 电流系统

水电站的电流系统(即一次回路输变电设备系统)包括发电机、户内配电装置(开关柜)、主变压器、户外配电装置(开关站)等四大部分。电流系统的主要功能是由发电机将机械能转化为电能,电流由发电机定子引出,通过母线引至户内配电装置,再输送到变压器,升压后,经过开关站输送到电网。电流系统的四大部分之间是用昂贵的母线相连接,因此,电流系统的连接必须平顺,路程尽量短。

3. 水轮发电机组的附属设备、辅助设备和电气二次回路控制设备

(1) 水轮发电机组附属设备。水轮机的附属设备是水轮机的调速系统,包括调速器的操作柜及其油压装置、自动化装置和接力器(作用筒)等。发电机的附属设备是励磁系统,包括励磁机、励磁调节装置(励磁盘)等,也有些小型水轮发电机组利用励磁变压器来提供励磁电流。

(2) 辅助设备。水电站厂房的辅助设备主要是油、气、水系统,起重设备,各种试验和维修设备等。

(3) 电气二次回路控制设备。电气二次回路控制设备主要包括以中央控制室为中心的控制、保护、检测、监视、自动及远动装置、通信及调度设备、直流系统设备和机旁控制盘等。中央控制室是厂房运行人员值班的主要场所。中央控制室的主要设备有控制盘、继电保护屏、电厂自动化元件、厂用电动力屏、直流电源及其控制设备等。机旁控制盘一般布置在发电机附近,包括机组自动操作盘、继电保护盘、测量盘和动力盘等。

水电站厂房的设备组成系统如图 4-1 所示。

(二) 按建筑物类型的组成分类

1. 主厂房

主厂房是由布置主要机电设备(水轮发电机组及其附属设备)、辅助设备(油、水、气系统和起重设备等)的主机间和安装检修间组成,是厂房的主要组成部分。

2. 副厂房

副厂房主要包括中央控制室、开关室等。中央控制室主要布置控制盘、继电保护屏、电厂自动化元件、厂用电动力屏、直流电源及其控制设备等;开关室主要布置户内配电装置。副厂房还包括通信、试验、维修、管理和仓库等部分。

3. 主变压器场

主变压器场主要布置主变压器。

4. 开关站

开关站是布置户外配电装置的场所,通过高压输电线将电能输往电网。

第四章 水电站厂房的组成与厂区

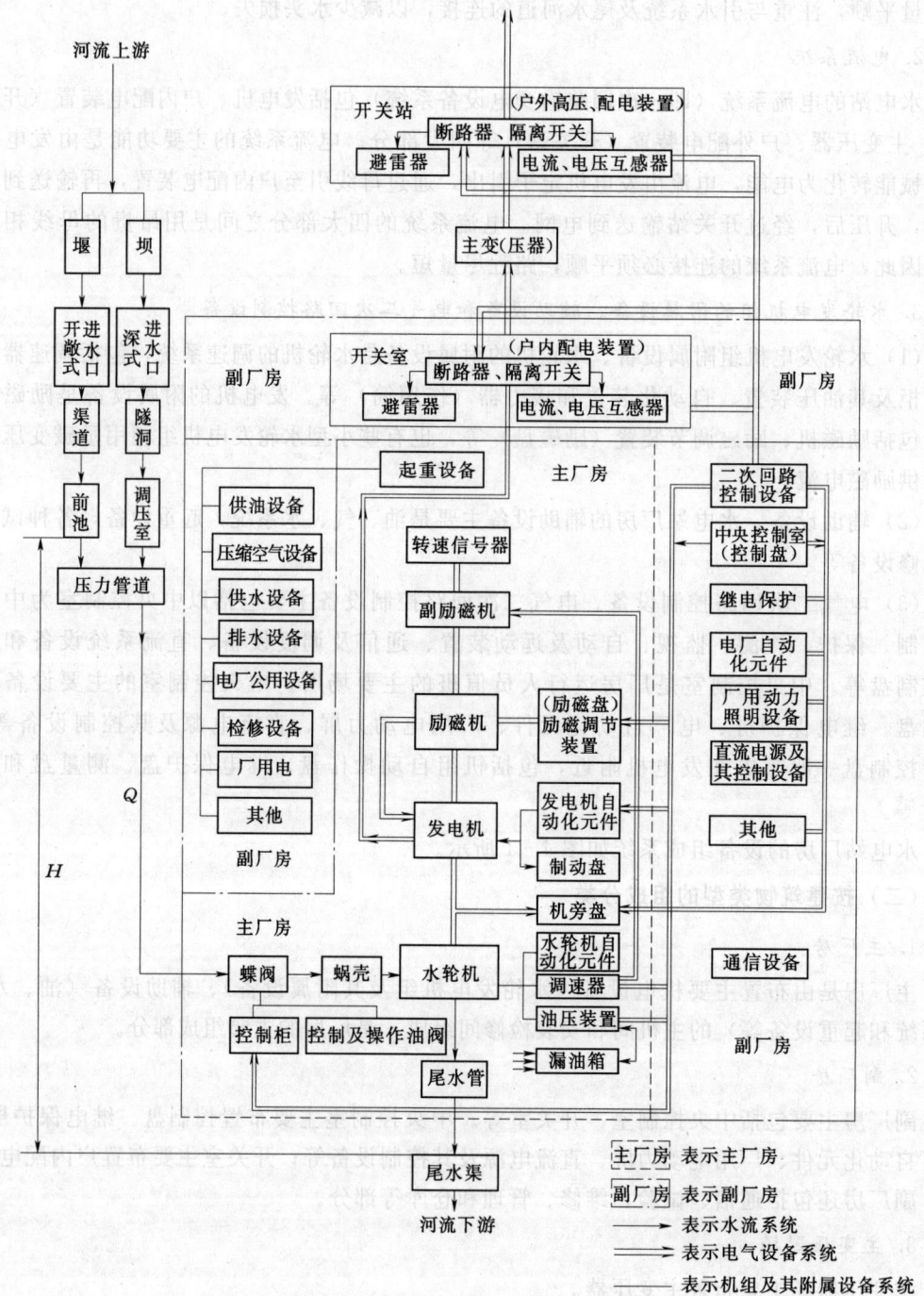

图 4-1 水电站厂房的设备组成系统

第二节 水电站厂房的类型

水电站的类型一般按其水能开发方式划分为引水式、坝式和混合式三种,也可按其工作特点分为常规水电站、抽水蓄能水电站、潮汐水电站等。水电站厂房的类型主要按其结构特点来划分,一般分为地面厂房和地下厂房,也可按机组的装置方式分为立式和卧式厂房,按水轮机类型分为混流式、轴流式、贯流式、斜流式、切击式、斜击式等机组厂房。

一、地面厂房

地面厂房按其结构可分为以下几种类型。

1. 河床式厂房

当坝式水电站的水头较低时,把厂房与大坝并排布置,利用厂房来挡水,代替部分拦河大坝,以减小工程投资,这类厂房称为河床式厂房。这类河床式厂房的主要特点是厂房本身起挡水作用,引水道短,可直接从坝前引水发电,但厂房占据了部分河床,会影响其他建筑物的布置,如图4-2所示。

图4-2 河床式厂房

2. 坝后式厂房

当坝式水电站的水头较高时,无法利用厂房来挡水。这时厂房只能布置在大坝后面,这类厂房称为坝后式厂房。坝后式厂房本身不承担上游水压力,厂坝之间设永久缝。水电站从坝前取水,引水管道短。厂房一般布置在非溢流坝坝后,靠近进厂公路一侧。厂房占据部分河床,但不影响溢流坝的布置。这种布置方式适宜于河床较宽的水电站(图4-3)。如果河床较窄,没有足够的位置布置厂房,可采用厂房布置在溢流坝挑坎内的溢流式厂房(图4-4)。泄洪时,水流从厂房顶挑出。这种形式的厂房泄洪时,要承受高速水流的冲击而发生振动,厂房的工作环境也较差,存在通风、采光和防潮问题。另外,厂区的布置也受限制,变压器、开关站一般只能布置在岸边。

图4-3 坝后式厂房

图4-4 溢流式厂房

与溢流式厂房相似的是坝内式厂房（图4-5），不同的是厂房设在溢流坝空腔内，厂房的振动较小，但坝体结构复杂。

3. 河岸式厂房

从水能开发方式来看，河床式厂房和坝后式厂房都属于坝式开发水电站，而引水式和混合式水电站的地面厂房大多是河岸式厂房（图4-6）。河岸式厂房一般布置在远离坝区的引水建筑物末端的河岸上。河岸式厂房的特点是厂房枢纽与大坝枢纽互不干扰，引水建筑物较长，厂区布置灵活。厂房的布置主要取决于河岸的地形地质情况、引水建筑物、对外交通和水电站的出线等因素。

图4-5 坝内式厂房

图4-6 河岸式厂房

二、地下式厂房

有压引水式（主要是混合式）水电站，如因地形地质条件或其他考虑不宜布置河岸式地面厂房，则可布置成地下厂房（图4-7）。地下厂房对地质条件要求较高，对地形没有要求，故厂房的位置布置比较灵活。但地下厂房厂区的布置、对外交通、通风采光等条件比较差，厂房结构也比较复杂。

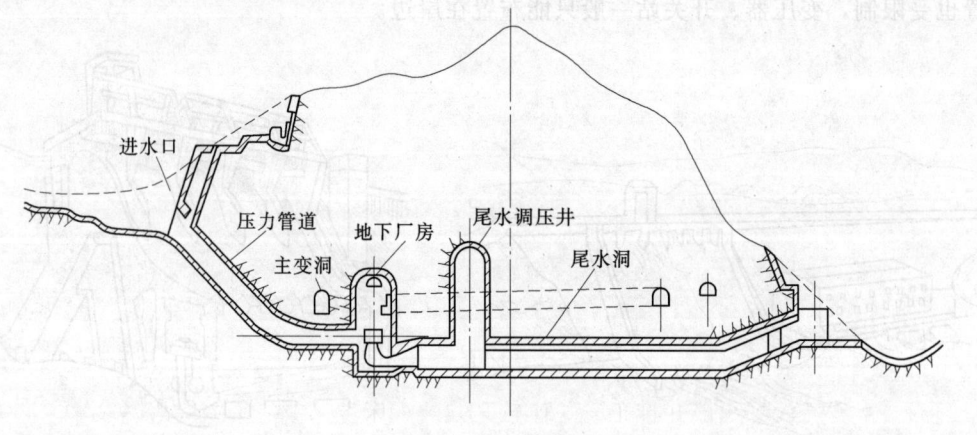
图4-7 地下厂房

引水洞和尾水洞是地下厂房水流系统的主要建筑物。根据厂房与水流系统相对位置的不同，地下厂房可分为：首部式——厂房靠近进水口，引水洞较短；中部式——厂房位于水流系统的中部，引水洞和尾水洞长度接近；尾部式——厂房靠近出水口，引水洞较长。

三、其他形式厂房

其他形式水电站的厂房与一般河川水电站的厂房相似，但由于机组形式的不同，在厂房结构上有一定的区别。例如，抽水蓄能水电站采用水轮—水泵—发电机组，厂房的下部结构与一般河川水电站的厂房不同，除安装水轮机外，还安装水泵（除可逆式水轮机外），同时设有水轮机的尾水管和水泵的进水管。

潮汐水电站厂房一般采用灯泡式机组。当采用双向发电式时，进水管和尾水管可以相互转换。

第三节　水电站厂区的布置

一、厂区布置的原则和任务

厂区主要包括四大部分：主厂房、副厂房、主变压器场和开关站。厂区布置的主要任务有两个：一是确定水电站厂房厂址；二是布置四大部分的相对位置。厂址的确定是一个综合性的问题，涉及水电站进出水方式、机组出线、厂房建筑物形式、对外交通、防洪、地质安全、施工、运行管理、与枢纽其他建筑物的相互关系等各个方面，必须综合考虑各种因素，统筹兼顾。

厂区布置的任务是根据各部分的不同功能，合理地布置其相对位置，使之能共同发挥作用。厂区布置的重点是水流系统、电流系统、对外交通及机组出线。水电站水流系统包括引水建筑物、主阀、蜗壳、水轮机、尾水管和尾水渠。布置水流系统时，必须保证水流平顺，水头损失小。水电站电流系统包括发电机、开关柜（配电装置）、主变压器、高压开关设备等。电流系统各组成部分布置在厂区四大建筑物内，连接主厂房—副厂房（开关室）—主变场—开关站的一次回路，线路要尽量短。此外，厂区布置还要考虑交通运输、施工、防洪等要求。

二、厂区四大建筑物的布置要求

（一）主厂房

主厂房是厂区四大建筑物的核心，其他建筑物都围绕主厂房进行布置，故主厂房的位置选择影响整个厂区的布置。主厂房布置时，还要考虑工程整体布置的经济合理性。主厂房的位置方向应保证水流平顺，水头损失小。

不同类型的厂房，主厂房的位置不同，布置也有所不同。

1. 河床式厂房

河床式厂房与大坝一般并排布置在比较开阔的河床上，厂房直接从水库取水。河床式水电站的主河道必须布置泄洪建筑物，故厂房一般布置在靠近两岸的河床上，以满足对外交通和电站出线的要求。电站分期施工时，厂房应尽量在一期内完工，以提前发电。厂的布置还要考虑坝顶交通、进厂公路与左右岸交通公路的连接、厂坝之间的导流设施拦污、清污的要求等。

河床比较窄的水电站，也可考虑在厂房下部结构中设置泄水孔和排沙孔，以解决泄洪和排沙问题。

2. 坝后式厂房

为便于泄洪和施工导流，坝后式电站的溢流坝段通常布置在主河道上，厂房一般布置在对外交通和出线方便、地形地质条件较好的河岸一侧。厂房与溢流坝之间应设导流墙，以防溢流坝泄洪时对厂房尾水造成干扰。因厂房引水管要穿过非溢流坝从坝前引水，为了缩短引水管长度，在不削弱坝趾的条件下，厂房应尽量靠近大坝。

3. 河岸式厂房

河岸式电站的厂房远离坝区，引水系统较长，厂房布置主要受引水建筑物布置和河岸地形地质条件的影响。选择主厂房位置时，除要考虑自身的安全稳定以及保证进水方向平顺、尾水不受下游河流的顶托和冲击外，还要考虑地形情况，保证副厂房、变压器场和开关站布置所需的场地以及对外交通、出线要求等因素。

(二) 厂区其余部分的布置

副厂房、主变压器场、开关站等厂区其余部分的布置，应结合地形地质条件，处理好一次回路的连接以及水平、垂直的交通与管理巡视等的关系。不同类型的厂房周围的空间环境不同，应根据各自的特点进行布置。

1. 副厂房

副厂房按作用可划分为三部分：

(1) 直接生产副厂房——布置与电能生产直接相关的辅助设备，如中央控制室、开关室等。中央控制室主要布置各种仪表屏和控制台，开关室内布置发电机配电设备。这部分副厂房与主厂房关系密切，应紧靠主厂房布置。

(2) 检修试验副厂房——布置各种机电维修和试验设备，如电工修理间、机械维修间、高压试验室等。这部分副厂房的布置，不要求紧靠主厂房，应结合地形情况，尽量布置在主厂房附近，以方便为主。

(3) 生产管理副厂房——管理人员的办公和生活用房，如办公室、会议室、门卫、盥洗室等。这部分副厂房的布置，主要考虑对外联系和生活方便等因素。

副厂房一般布置在主厂房的上、下游侧或一端，以直接生产副厂房为主。中央控制室必须紧靠主厂房，以便管理和巡视，并要有良好的通风、采光和交通。开关室一般设在主厂房旁，并保证发电机—开关室—主变压器连接的平顺。

2. 主变压器场和开关站

变压器场主要布置主变压器、近区变压器和厂用变压器等。开关站包括各种高压开关设备、电压互感器、电流互感器、高压线及避雷设施等。主变压器场与开关站的布置原则如下：

(1) 主变压器场应靠近副厂房的开关室和主厂房的安装间，以缩短母线的长度并便于维护和检修。

(2) 主变压器场除土建结构经济合理，并满足防洪要求外，四周要留有足够的空间，

第三节 水电站厂区的布置

以保证通风、冷却、散热以及巡视、维护、检修的需要。

（3）开关站应有一定的占地面积，满足高压线的出线要求，对外交通要方便。

3. 尾水渠、交通线的布置及厂区防洪排水

尾水渠应使水流顺畅下泄，根据地形地质、河道流向、泄洪影响、泥沙情况，并考虑下游梯级回水及枢纽各泄水建筑物的泄水对河床变化的可能影响进行布置。要避免泄洪时在尾水渠内形成壅水、漩涡和出现淤积。坝后式和河床式厂房的尾水渠宜与河道平行，与泄洪建筑物以足够长的导水墙隔开。河岸式厂房尾水渠应斜向河道下游，渠轴线与河道轴线角不宜大于45°，必要时在上游侧加设导墙，保证泄洪时能正常发电。

厂区内外铁路、公路及桥梁、涵洞，应充分考虑机电设备重件、大件的运输。有水运条件时应尽量利用。坝后式及河床式厂房常由下游进厂，河岸式厂房受地形限制可沿等高线自端部进厂，进厂专用的铁路、公路应直接进入安装间，以便利用厂内桥吊卸货。厂区内还必须有公路与枢纽各建筑物及生活区相通。

厂区内的公路线的转弯半径一般不小于35m，纵坡不宜小于9%，坡长限制在200m内。单行道路宽不小于3m，双车道宽不小于6.5m。厂门口要有回车场。在靠近厂房处，公路最好有水平段，以保证车辆可平稳缓慢地进入厂房。厂区内铁路线的最小曲率半径一般为200～300m，纵坡不大于2%～3%，路基宽度不小于4.6m，并应符合新建铁路设计技术规范的规定。铁路进厂前也要有一段较长的平直段，以保证车辆能安全、缓慢地进入厂房，并停在指定的位置。铁路一般从下游侧垂直厂房纵轴进厂。

厂区防洪排水应给予足够重视，应保证厂房在各设计水位条件下不被淹没。当下游洪水位较高时，为防止厂房受洪水倒灌，可采用尾水挡墙、防洪堤、防洪门、全封闭厂房、抬高进厂公路及安装间高程，或综合采用以上几种措施加以解决。在可能条件下尽量采用尾水挡墙或防洪堤以保证进厂交通线及厂房不受洪水威胁；对汛期洪水峰高量大、下游水位陡涨陡落的电站，进厂交通线的高程可以低于最高尾水位，但进厂大门在汛期必须采用密封闸门关闭，而同时另设一条高于最高尾水位的人行交通道作为临时出入口。全封闭厂房不设进厂大门，交通线在最高尾水位以上，通过竖井、电梯等运送设备和人员进厂，但运行不方便，中、小型电站较少采用。主、副厂房周围应采取有效的排水和保护措施，以防可能产生的山洪、暴雨的侵袭。邻近山坡的厂房，应沿山坡等高线设一道或数道有铺设的截水沟、整个厂区可利用路边沟、雨水明暗沟等构成排水系统，以迅速排除地面雨水。位于洪水位以下的厂区，为防止洪水期的倒灌和内涝，应设置机械排水装置。

三、各种类型厂房的厂区布置

1. 河床式厂房

河床式厂房的上游为水库，下游为尾水渠，厂房一端是拦河坝，另一端为河岸。

河床式厂房主要根据地形进行布置，副厂房设在靠安装间的一端，变压器场和开关站布置在进厂公路旁。河床式厂房的尾水平台一般比较宽大，如利用尾水平台来布置变压器场，开关室则应设在主厂房的下游侧，开关站可设在河岸或布置在主厂房屋顶。

2. 坝后式厂房

坝后式厂房的特点是厂坝之间有比较宽敞的空间，一般将中央控制室和开关室布置在该空间，主变压器场靠近安装间布置，开关站设在岸边。如果厂坝之间空间比较大，整个变电站也可布置在厂坝之间。

3. 河岸式厂房

河岸式厂房的布置主要取决于河岸的地形条件、对外交通和出线情况，布置比较灵活，所受限制少。

各种类型厂区的布置实例如图4-8所示。图4-8（a）、（e）、（f）所示的布置各有特点，各部分相对关系基本合理；图4-8（c）中变压器至开关站的连线不便；图4-8（b）、（d）中发电机开关柜不能布置在副厂房，只能布置在发电机与变压器之间的主厂房内。主变压器到开关站之间的连线需要跨越厂房或进厂公路且距离较长。

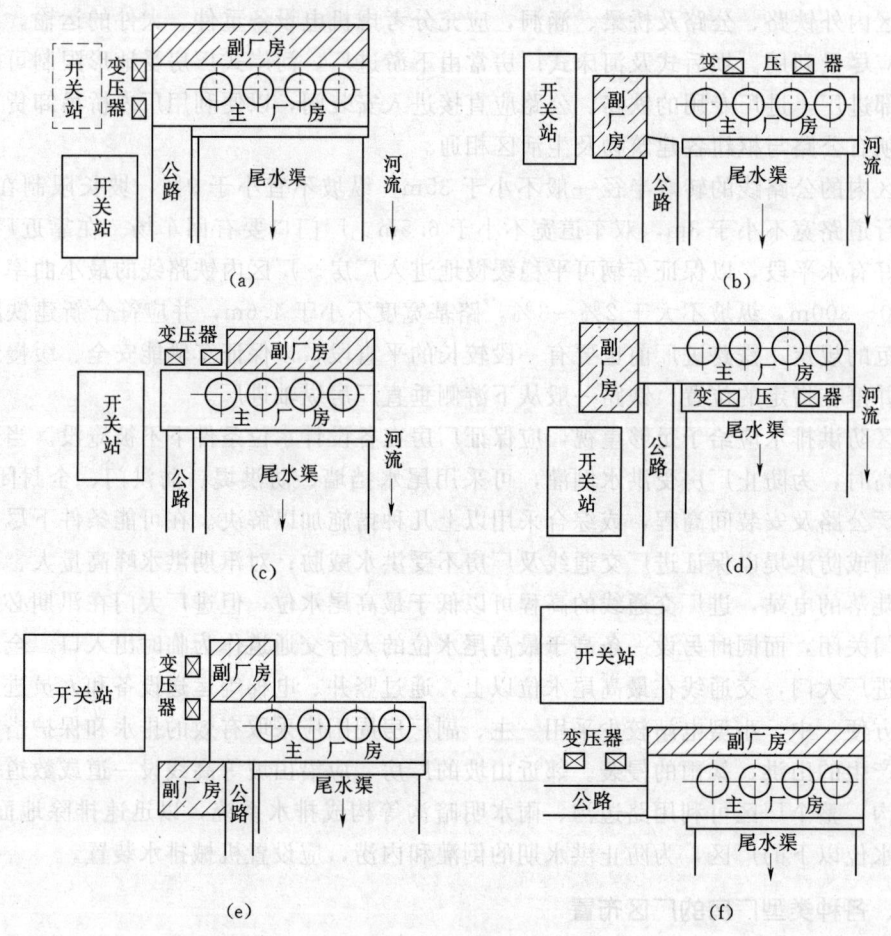

图4-8 厂区布置实例

第五章 水电站厂房

【教学目的】 主要讲述水电站厂房布置的基础知识。通过学习立式机组主厂房横剖面、水轮机层平面、发电机层平面的布置知识，学习副厂房和卧式机组厂房的布置知识，重点掌握水电站主厂房和副厂房结构布置方法。

【教学要求】 了解水电站主要机电设备系统、水电站建筑物的组成和厂房的主要类型；熟悉水电站厂房的结构轮廓、分层、分段和结构布局；掌握水轮机、发电机及其附属设备的安装布置方法；掌握水电站厂房结构布置方法。具体要求见下表。

本章教学要求

能力目标	知识要点	权重	自测分数
了解相关知识	水电站主、副厂房结构布置的基础知识	30%	
熟练掌握知识点	（1）水电站立式机组主厂房布置要求和方法 （2）副厂房布置方法 （3）卧式机组厂房的布置方法	40%	
运用知识分析案例	主要工作内容、程序	30%	

第一节　概　　述

一、水电站设计的基本资料

（一）地形地质资料

厂区布置，采用 1∶500～1∶200 的厂区地形图，如果厂区范围比较大，也可采用 1∶1000～1∶2000 的地形图。

采用 1∶200、1∶500 的厂区地质平面图与厂址纵横地质剖面图，地质报告中应包括岩土物理力学指标，如地基承载力、地基摩擦系数等。

（二）水文资料

水电站上游最高水位、最低水位、设计水位和水电站的引用流量，作为水电站进水口的布置依据。厂址尾水河道水位—流量关系、尾水洪水位和最低水位，作为厂房防洪设计标准、安装高程、变压器场、开关站和进厂公路高程确定的依据。

（三）气象资料

气象资料包括多年日平均气温、月平均气温、季平均气温、水温、相对湿度、主导风向、最大风速、降水量、最大积雪深度及冻土层厚度等。

以上资料主要用于厂区建筑物地面高程的布置、基础埋深、厂内通风以及屋面、外墙和排架的荷载计算。

（四）机电设备资料

1. 水轮机及调速设备

（1）水轮机。主厂房下部结构的布置主要依据如下数据资料：水轮机型号、转轮直径、水轮机流道尺寸、蜗壳尺寸、尾水管尺寸、进水管直径、主阀尺寸和水轮机安装高程等。

（2）调速器。调速器的型号与布置，操作柜、油压装置与作用筒等的形式均和尺寸资料相关。

2. 发电机

发电机的主要资料包括发电机型号、通风冷却方式及支承方式。

发电机的基本尺寸包括转子直径与高度、定子内（外）直径与高度、风道内（外）径与高度、上机架、下机架、轴承和主轴长度等。

上述资料可用于发电机墩、通风道外壁、水轮机井的布置设计。

3. 辅助设备资料

（1）起重设备。主厂房内的起重设备一般采用桥式吊车。桥式吊车基本资料包括标准跨度、主副钩的起重量、主副钩的起吊范围（垂直方向、水平方向）、吊车的高度尺寸和横向尺寸等。这是厂房设备布置和排架布置设计的依据。同时，厂内起重设备的选择也取决于厂房的布置。

进水口和尾水闸门及其起重设备的形式、尺寸和重量。

（2）油、气、水系统。油、气、水系统一般分散在厂房各处，部分集中设置。厂房布置时，需要了解油库、油处理设备室的大小，压汽机房的大小，排水和取水泵房的大小及其布置要求。

4. 主变压器与开关站

变压器的类型、台数、尺寸和重量等资料；开关站布置所需的平面尺寸。

二、水电站厂房的结构轮廓

这里主要介绍立式机组厂房的结构轮廓。

立式水电站厂房的结构特点是分层布置，水轮机与发电机布置在不同层，一般分为水轮机层、发电机层。习惯上把发电机层地面高程以上部分称为上部结构（图 5-1 中的 585.00m 高程），以下部分为下部结构。发电机层地面至厂房屋顶的高度为上部结构高度，尾水管底板底部至发电机层地面的高度为下部结构高度，两者之和为厂房高度。

在平面上，机组主轴连线称为纵轴线，与之垂直的机组中心线称为横轴线。厂房纵轴线将厂房分为上游部分和下游部分，厂房宽度分上游部分宽度和下游部分宽度。上游部分宽度是指机组纵轴线到上游外墙的距离，机组纵轴线到下游外墙的距离为下游部分宽度，两部分之和为厂房上部结构宽度，一般简称为厂房宽度。每台机组所占据的纵向范围为一机组段，机组段长度是横轴线的间距，厂房纵向包括中间机组段、边机组段和安装间，它

第一节 概 述

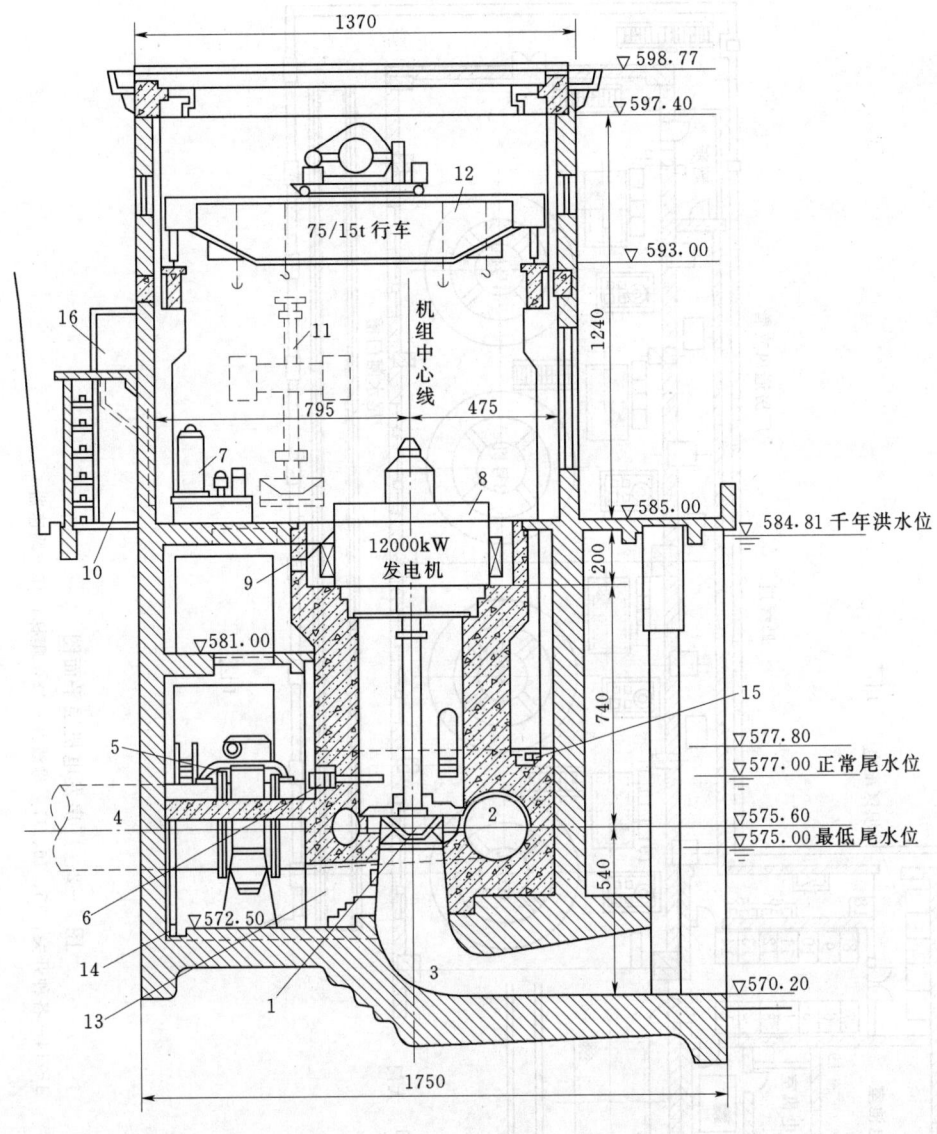

图 5-1 某水电站横剖面（单位：m）

1—水轮机；2—蜗壳；3—尾水管；4—压力钢管；5—蝴蝶阀；6—接力器；7—调速器；8—发电机；
9—发电机母线；10—母线廊道；11—吊运部件；12—桥式吊车；13—进人孔；
14—排水沟；15—管沟；16—通风道

们长度之和为厂房长度。

上部结构包括围墙、排架柱、牛腿、吊车梁和厂房屋面结构，这些构件与一般工业厂房相同，主要是钢筋混凝土结构。厂房上部结构布置桥式吊车及其轨道，地面属于发电机层。

发电机层（图 5-2）布置发电机上机架、励磁机、机旁盘、调速器操作柜、油压装置等机电设备以及通道、上下楼梯、吊物孔等场内交通设施。同层的安装间为水轮发电机检修场所，设有吊物孔、检修墩（座）等，进厂大门开设在安装间，并与进厂公路连接，变压器检修时需要铺设变压器进厂轨道。

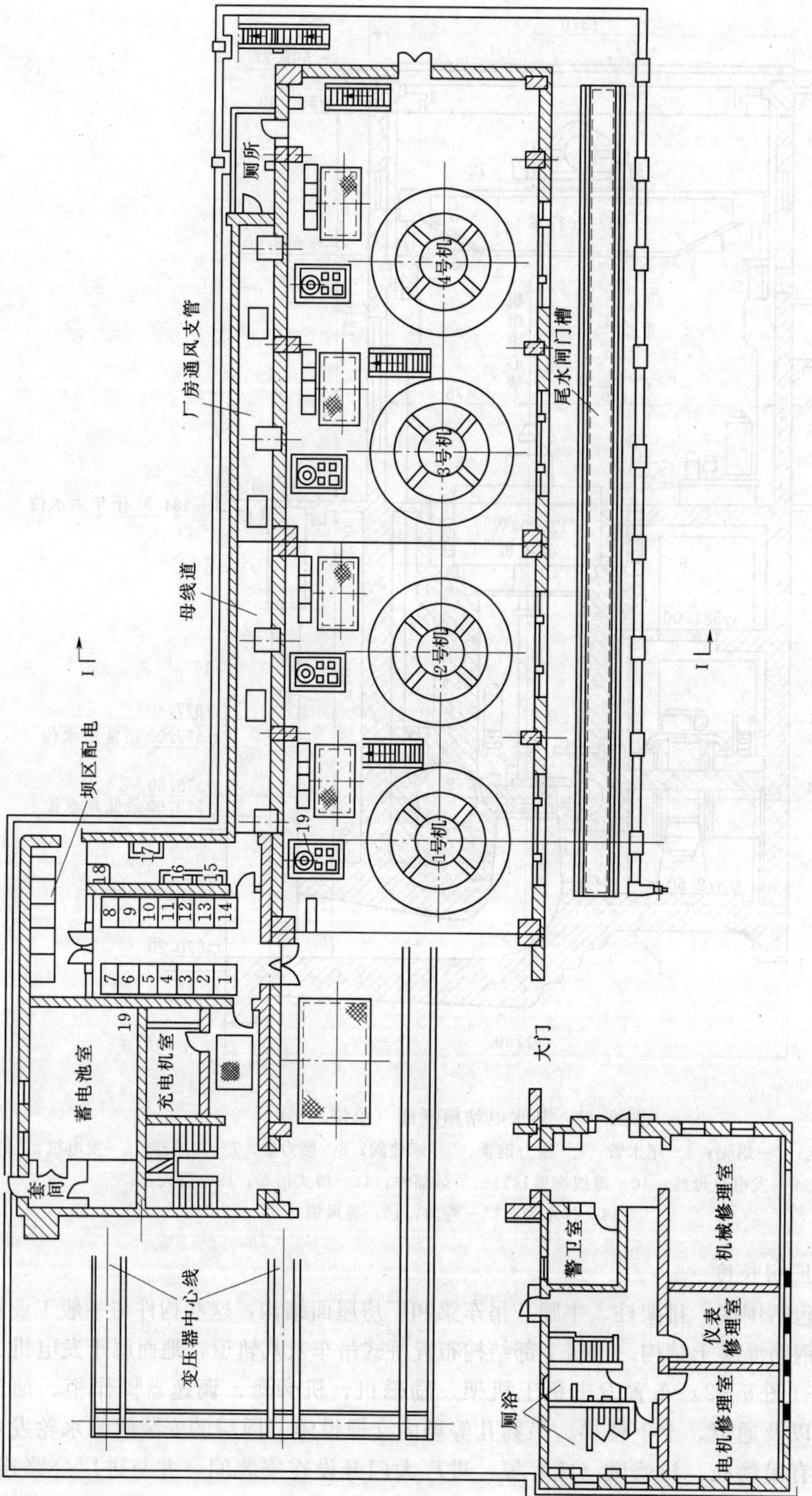

图 5-2　厂房发电机层平面图

1～14—各种开关；15、16、17—母线井；18—爬梯；19—调速器

第一节 概 述

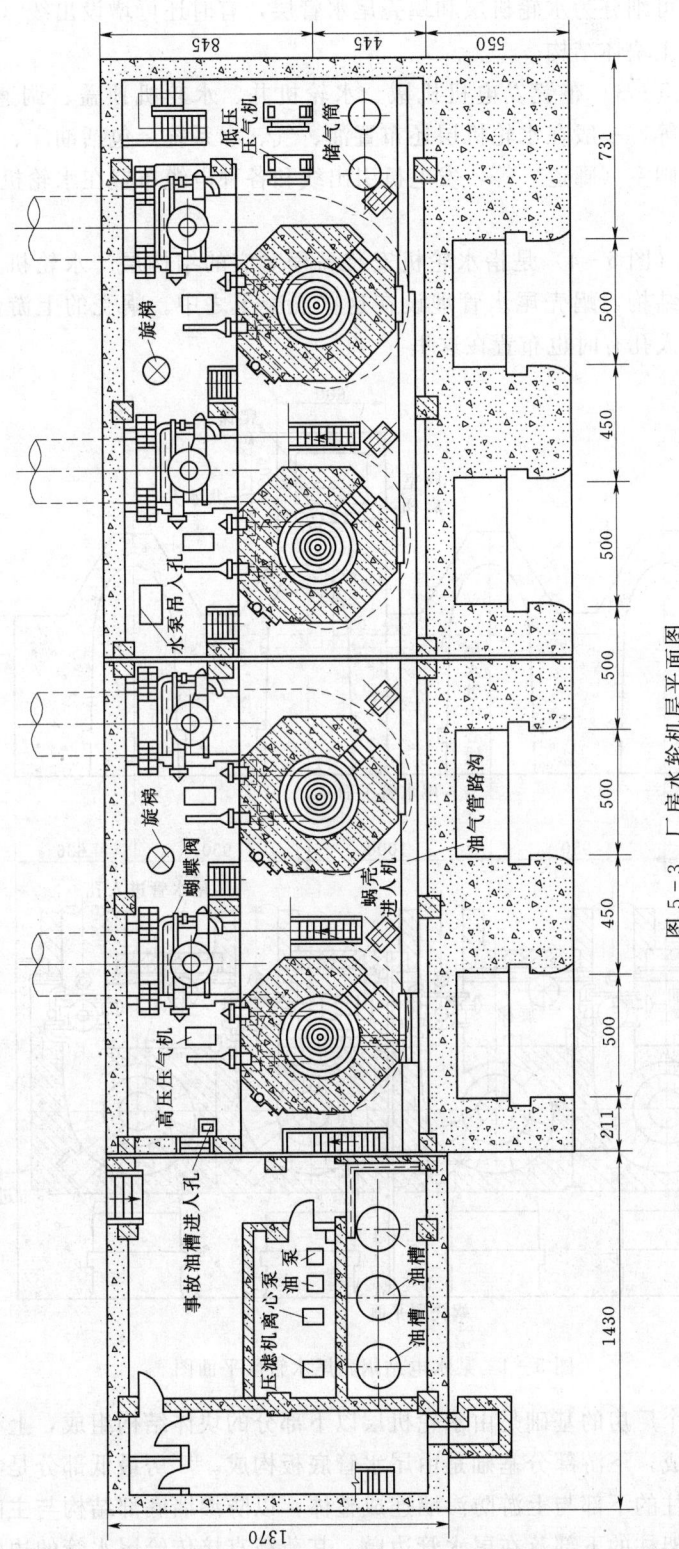

图 5-3 厂房水轮机层平面图

下部结构一般可细分为水轮机层和蜗壳尾水管层，有时还可增设出线（电缆）层。水轮机层以下为混凝土块体结构。

水轮机层（图5-3）布置发电机机墩、水轮机井、水轮机顶盖、调速器的接力器、各种进人孔和管线等，一般在水轮机层还布置油、气、水系统，包括油库、油处理室、压气机室、泵房和主阀室（廊道）等，发电机引出线和各种电缆布置在水轮机层的上部或电缆层。

蜗壳尾水管层（图5-4）是指水轮机安装高程对应的结构层。水轮机层地面以下基本上是混凝土块体结构，蜗壳尾水管埋设在这些混凝土之中。蜗壳的上游侧设有主阀室（廊道），尾水管进人孔有时也布置在这里。

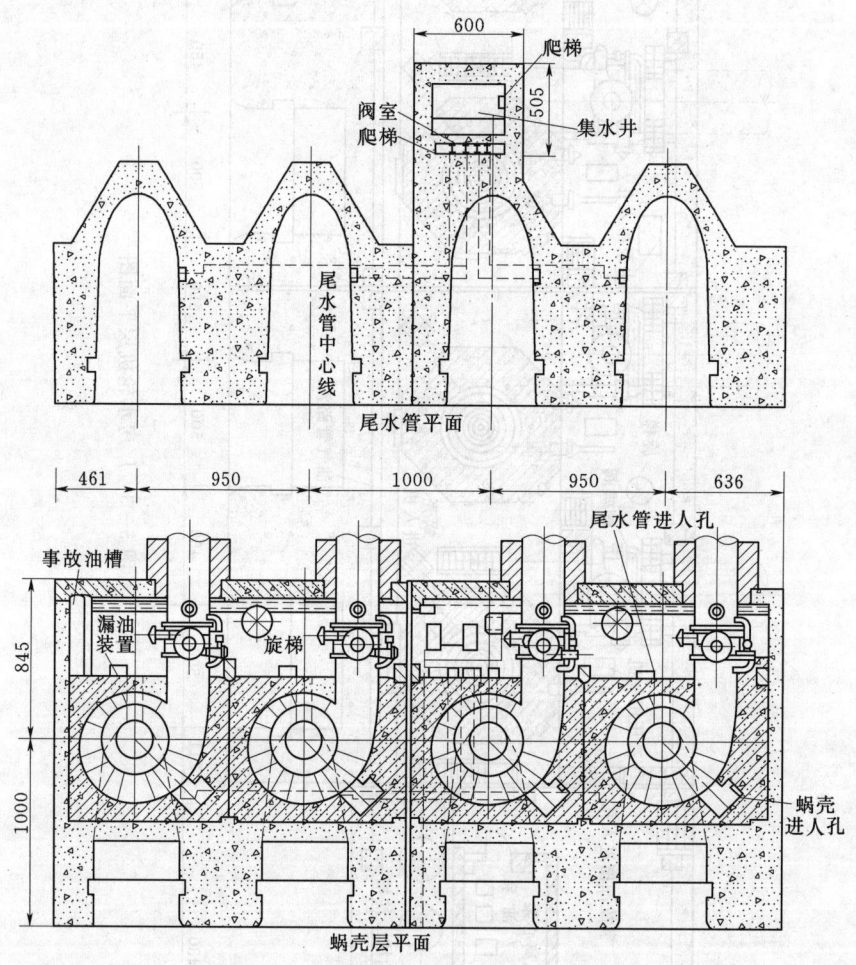

图5-4 某水电站蜗壳尾水管层平面图

基础结构。整个厂房的基础是由水轮机层以下部分的块体结构组成，上游部分基础是由主阀室的底板构成，下游部分基础是由尾水管底板构成。厂房最低部分是集水井底板。

厂房上游排架柱的下部与上游防渗墙连成整体，以防渗墙底部结构与主阀室底板作为基础；厂房下游排架柱的下部落在尾水管边墩，其荷载直接传给尾水管的边墩。

第二节 立式机组地面厂房的横剖面布置

厂房设备布置设计工作比较复杂,它是在三维空间全方位地进行布置,一般来说没有明确的步骤和顺序,习惯上是边绘图边布置。因此,按绘图的步骤进行布置设计是比较方便的。

一、水轮机的剖面布置

(一) 水轮机类型及其组成

水轮机是将水能转变为旋转机械能的动力设备。根据能量转换特征的不同可分为以下两大类:

(1) 反击式水轮机是将水流的压能、位能和动能直接转变为旋转机械能的水轮机。

(2) 冲击式水轮机是将水流的能量转换为高速水流的动能,再将水流动能转换为旋转机械能的水轮机,它不能直接转化利用水流的压能和位能。

1. 反击式水轮机

反击式水轮机的转轮由若干个具有空间扭曲面的刚性叶片和轮毂等组成。当压力水流通过转轮时,由于叶片的作用,迫使水流改变其流动的方向和流速的大小,因而水流便以其势能和动能给叶片以反作用力,并形成旋转力矩使转轮转动。

反击式水轮机按水流相对于主轴的方向不同可分为混流式、轴流式、斜流式和贯流式等不同类型的水轮机。

(1) 混流式水轮机。水流以辐向从四周进入转轮,而以轴向流出转轮的水轮机称为混流式水轮机,如图5-5 (b) 所示。这种水轮机的适用水头范围为30~700m。由于其适用水头范围广,且结构简单、运行稳定、效率高,是目前应用最广泛的一种水轮机。

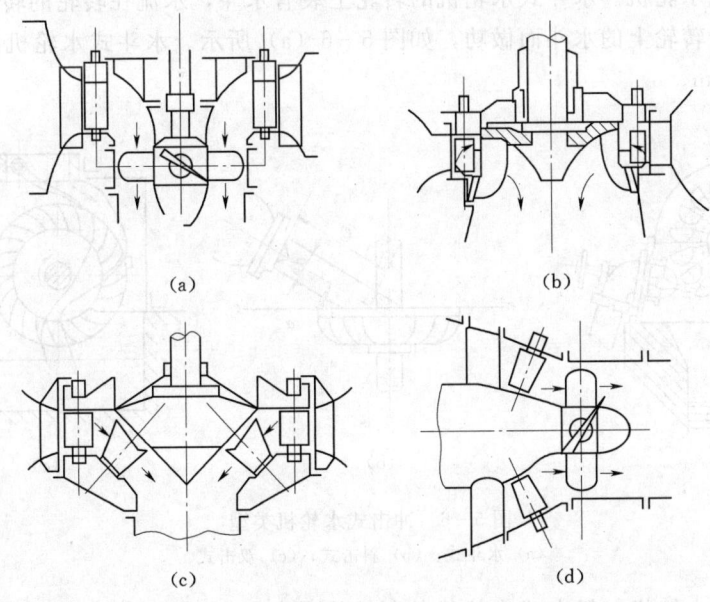

图5-5 反击式水轮机类型

(2) 轴流式水轮机。水轮机的水流在进入转轮时，流向与主轴中心线平行，水流经过转轮后又沿轴向流出，所以称为轴流式水轮机，如图 5-5 (a) 所示。

轴流式水轮机又可分为定桨式和转桨式两种。轴流定桨式水轮机结构简单，运行时其叶片是固定不动的。当水头和流量变化时，水轮机效率相差较大，所以多应用在负荷变化不大、水头和流量比较固定的小型水电站上，其适用水头范围为 3~50m。轴流转桨式水轮机在运行时转轮的叶片是可以转动的，并和导叶的转动保持一定的协联关系，以适应水头和流量的变化，使水轮机在不同工况下都能保持有较高的效率，因此，轴流转桨式水轮机多应用在大、中型水电站上，其适用水头范围为 3~80m。

轴流式水轮机适用于低水头、大流量的水电站，单机容量可由几十千瓦到几十万千瓦。

(3) 斜流式水轮机。水流流经转轮时与机组主轴斜交的水轮机称为斜流式水轮机，如图 5-5 (c) 所示。这种水轮机转轮的叶片也是可以转动的，叶片的轴线与主轴轴线斜交，其性能介于混流式与轴流式之间，适用水头范围为 40~200m，可作为水泵—水轮机（可逆式机组）使用，广泛应用于抽水蓄能电站。

(4) 贯流式水轮机。当水轮机的主轴成水平或倾斜布置，装置在流道中，使水流直贯转轮，这种水轮机称为贯流式水轮机，如图 5-5 (d) 所示。

贯流式水轮机过流能力较好，多用于河床式和潮汐式水电站，适用水头范围为 2~30m，单机容量由几千瓦到几万千瓦。

2. 冲击式水轮机

冲击式水轮机主要由喷管和转轮组成。来自钢管的高压水流通过喷管端部的喷嘴变为高速的自由射流，射流冲击转轮（斗）叶片，产生转动力矩，推动轮转动。冲击式水轮机按射流冲击转轮的方式不同，可分为水斗式（切击式）、斜击式和双击式三种。

(1) 水斗式水轮机。水斗式水轮机的转轮上装有水斗，水流在转轮的转动平面内沿圆周切线方向冲击转轮上的水斗而做功，如图 5-6 (a) 所示。水斗式水轮机的适用水头范围为 100~2000m。

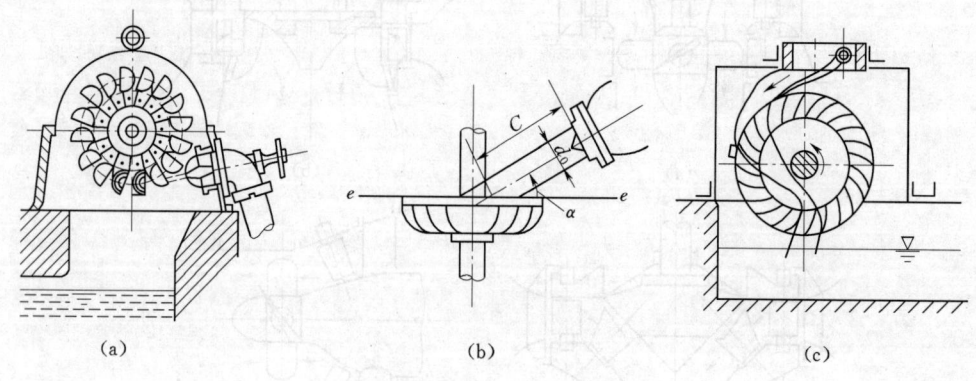

图 5-6　冲击式水轮机类型
(a) 水斗式；(b) 斜击式；(c) 双击式

(2) 斜击式水轮机。斜击式水轮机的射流沿着与转轮平面成某一角度（约为 22.5°）

的方向，冲击转轮叶片，如图 5-6（b）所示。斜击式水轮机的适用水头范围为 25～300m。

（3）双击式水轮机。双击式水轮机如图 5-6（c）所示，由喷嘴出来的射流首先从转轮上部冲击叶片，接着水流又在转轮下部内缘再一次冲击叶片。双击式水轮机的适用水头范围为 5～80m。

斜击式和双击式水轮机构造简单，但效率较低，因而多用于小型水电站。水斗式水轮机效率高，工作稳定，适用水头范围广，是最常用的一种冲击式水轮机，我国磨房沟水电站安装运行的水斗式水轮发电机组单机容量为 12500kW，设计水头为 458m。广西天湖水电站安装的水斗式水轮发电机组单机容量为 12625kW，设计水头 1022.4m，设计流量为 1.8m³/s，额定转速为 780r/min，是我国水头最高的水斗式水轮机。

（二）反击式水轮机的基本构造和尺寸

现代水轮机一般由进水设备、导水机构、转轮和出水设备所组成。对于不同类型的水轮机，上述四个组成部分在形式上各具特点，其中转轮是直接将水能转换为旋转机械能的过流部件，是水轮机的核心部分，对水轮机的性能、结构、尺寸等起着决定性的作用。进水设备和出水设备决定厂房下部结构的尺寸。

1. 进水设备

反击式水轮机进水设备有开敞式与封闭式两大类。

（1）开敞式（明槽式）进水设备。开敞式引水室的水轮机导水机构外围为矩形或蜗形的明槽，槽中水流具有自由水面。开敞式引水室只适用于水头在 10m 以下的小型水电站。

（2）封闭式进水设备。封闭式进水设备可分为压力槽式、罐式和蜗壳式三种，主要是蜗壳式，如图 5-7 和图 5-8 所示。

水流由压力管道进入蜗壳后，一方面沿圆周作环流，另一方面又经座环外圈均匀地、轴对称地流入导水机构。由于流量逐渐减小，所以蜗壳断面亦逐渐收缩，蜗壳外形很像蜗牛壳。

根据蜗壳材料不同，可分为金属蜗壳与混凝土蜗壳两种。

1）金属蜗壳，如图 5-7 所示。水轮机的工作水头在 40m 以上或者小型卧式机组，蜗壳通常由钢板焊接或由钢铸造而成，统称为金属蜗壳。图中垂直于压力管道轴线的 1—1 断面为进口断面，进口断面的形状为圆形。蜗壳的末端为 O—O 断面，通常和座环的一个固定导叶连接在一起。

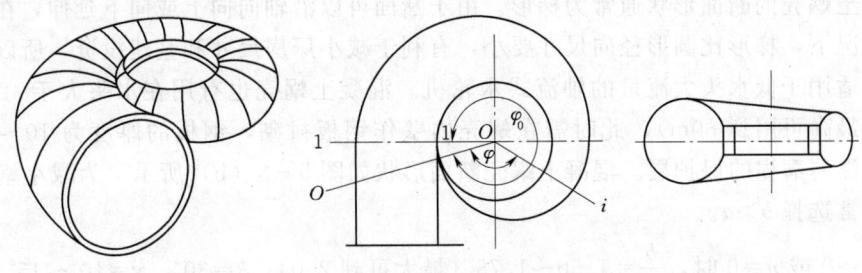

图 5-7 金属蜗壳

2) 混凝土蜗壳，如图 5-8 所示。当水轮机的最大工作水头在 40m 以下时，为了节约钢材，大多采用钢筋混凝土浇制的蜗壳，简称为混凝土蜗壳。

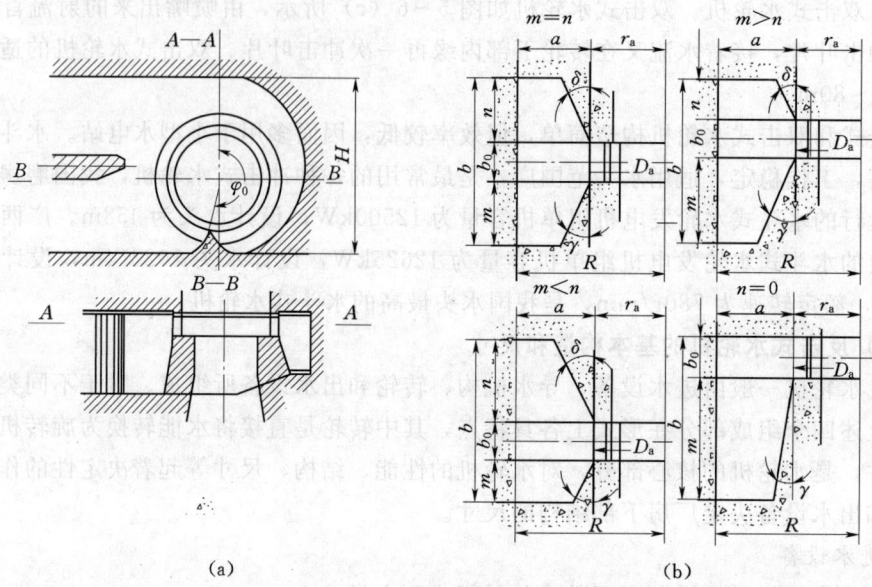

图 5-8 混凝土蜗壳

(3) 蜗壳主要参数选择。蜗壳的主要参数有蜗壳的包角、蜗壳断面形状和蜗壳进口断面平均流速。

1) 蜗壳包角。从进口断面到末端间的圆心夹角称蜗壳的包角，用 φ_0 表示。蜗壳包角大小直接影响蜗壳的平面尺寸，包角大时（接近 360°），水轮机流量全部经蜗壳进口断面进入水轮机，因此进口断面尺寸较大；包角较小时，部分流量直接进入导水机构，经进口断面进入水轮机的流量减少，进口断面尺寸相应减小。

金属蜗壳的包角为 340°~350°，多用 345°。混凝土蜗壳的包角一般采用 180°~270°，常选用包角为 180°。

2) 蜗壳的断面形状。金属蜗壳断面形状为圆形，断面的半径从进口至末端随着流量的减小而减小，蜗壳尾部断面的半径较小，为了便于与座环连接，断面形状由圆形逐步过渡到椭圆形。

混凝土蜗壳的断面形状通常为梯形。由于断面可以沿轴向向上或向下延伸，在断面积相等的情况下，梯形比圆形径向尺寸要小，有利于减小厂房尺寸和基建投资，所以混凝土蜗壳特别适用于低水头大流量的轴流式水轮机。混凝土蜗壳也有用在水头大于 40m 的情况（目前最高可用到 80m），此时需在蜗壳内壁作钢板衬砌，钢板的厚度为 10~16mm，仅作为防渗与磨损的保护层。混凝土蜗壳断面形状如图 5-8（b）所示。为减小蜗壳平面尺寸，通常选择 $b>a$。

当 $m=0$ 或 $n=0$ 时，$\dfrac{b}{a}=1.50\sim1.75$（最大可到 2.0），$\delta=30°$，$\gamma=10°\sim15°$。

当 $m>n$ 时，$\dfrac{b-n}{a}=1.2\sim1.7$（最大可到 1.85），$\delta=20°\sim30°$，$\gamma=10°\sim20°$。

第二节 立式机组地面厂房的横剖面布置

当 $m \leqslant n$ 时，$\dfrac{b-m}{a}=1.2\sim1.7$（最大可到 1.85），$\delta=20°\sim30°$，$\gamma=20°\sim35°$。

中、小型水电站多采用 $n=0$ 的平顶梯形断面，有利于接力器的布置。

3）蜗壳进口断面流速。蜗壳进口断面流速的大小不仅与蜗壳尺寸大小有关，还与蜗壳内水头损失有关。流量相同时，进口断面流速大，断面尺寸就小，机组间距也可减小，但蜗壳内水头损失就大；流速小，断面尺寸就大，将增加厂房投资。因此需要合理地选择进口平均流速。根据已运行的一些水轮机资料统计，推荐使用图 5-9 所示的曲线，由水轮机的设计水头即可查得蜗壳进口断面的平均流速 v_p。一般情况下 v_p 可采取图上的中间值；对有钢板里衬的混凝土蜗壳和金属蜗壳，可取上限；当蜗壳在厂房中的布置不受限制时，也可取下限。

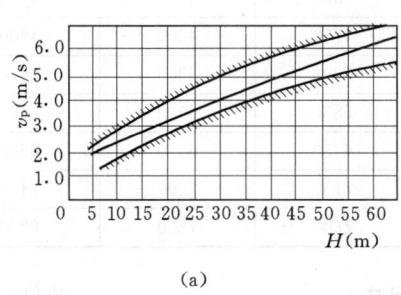
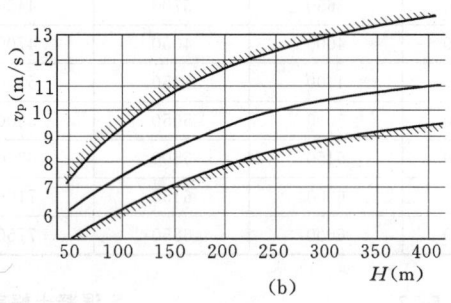

图 5-9 蜗壳进口断面流速
(a) 水头小于 60m 时；(b) 水头在 50～400m 时

(4) 蜗壳的水力计算。通过水力计算确定蜗壳各部分尺寸。由于蜗壳直接与水轮机座环相连，因此必须知道座环的尺寸，包括高度 b_0、外直径 D_a、内直径 D_b、蜗壳断面形状及设计流量 Q_T 与包角 φ_0 等。

1）断面面积。由于水流沿座环均匀、轴对称地进入导水机构及转轮，故经蜗壳任一断面的流量 Q_i 为

$$Q_i = \frac{Q_T}{360°}\varphi_i \tag{5-1}$$

式中 φ_i ——计算断面与蜗壳末端的夹角。蜗壳进口断面的流量为

$$Q_0 = \frac{Q_T}{360°}\varphi_0 \tag{5-2}$$

断面面积 F_i 为

$$F_i = \frac{Q_i}{v_p} \tag{5-3}$$

式中符号意义同前。

2）金属蜗壳外形尺寸计算。金属蜗壳采用圆形断面，只要确定 Q、v 就可确定断面面积 F，然后求出其断面半径。断面半径为

$$\rho_i = \sqrt{\frac{Q_i}{\pi v_p}} \tag{5-4}$$

从轴中心线到蜗壳外缘的半径 R_i 为

$$R_i = r_a + 2\rho_i \tag{5-5}$$

式中 $r_a = \dfrac{D_a}{2}$ 为座环外径，座环尺寸见表 5-1 和表 5-2。

表 5-1　　　　　　　　　金属蜗壳座环尺寸　　　　　　　　单位：mm

转轮直径 D_1	D_b		D_a			
	$H \leqslant 170\text{m}$	$H > 170\text{m}$	$H \leqslant 70\text{m}$	$H = 70 \sim 115\text{m}$	$H = 115 \sim 170\text{m}$	$H = 170 \sim 230\text{m}$
1800	2600	2600	3100	3100	3150	3200
2000	2850	2850	3400	3400	3450	3500
2250	3250	3250	3850	3900	3950	4000
2500	3400	3450	4050	4100	4200	4350
2750	3650	3700	4450	4550	4650	4750
3000	4000	4050	4700	4750	4800	4900
3300	4400	4450	5150	5200	5300	5400
3800	5000	5050	5800	5850	6000	6100
4100	5450	5500	6300	6350	6450	6600
4500	6000	6150	7100	7150	7200	7450
5000	6600	6850	7750	7800	7850	8200

表 5-2　　　　　　　　　混凝土蜗壳座环尺寸　　　　　　　　单位：mm

转轮直径 D_1	D_b	D_a	转轮直径 D_1	D_b	D_a
2500	3400	4000	5500	7300	8350
2750	3750	4300	6000	8000	9150
3000	4100	4700	6500	8550	9800
3300	4500	5150	7000	9250	10550
3800	5000	5750	7500	10000	11400
4100	5550	6350	8000	10400	11900
4500	6000	6900	8500	11050	12600
5000	6600	7550	9000	11800	13500

3) 混凝土蜗壳外形尺寸计算。令 $\varphi_i = \varphi_0$ 代入式 (5-1) 和式 (5-2) 计算进口断面面积 F_0，并根据前面的要求选择和确定进口断面 a、b、m、n、γ、δ 等参数。

其余断面计算：首先选择蜗壳各断面的变化规律，即蜗壳上顶角 D 和下顶角 E 的变化规律。可选择下列一种：①均匀地减小宽度和高度的直线变化规律，如图 5-10 (a)，即 AD 和 GE 为直线；②更快地减小高度或更快地减小宽度的曲线变化规律，如图 5-10 (b)、(c) 所示。常采用蜗壳顶角 D、E 按抛物线轨迹变化。AD 线方程为 $a_i = K_1 \sqrt{n_i}$，GE 线方程为 $a_i = K_2 \sqrt{m_i}$，系数 K_1、K_2 可根据进口断面尺寸来确定。

根据蜗壳各断面的变化规律写出 $R_i - F_i$ 关系式：

$$F_i = f(R_i) \tag{5-6}$$

联立求解式 (5-3) 和式 (5-6)，即可求出 R_i 与 φ_i 的关系：$R_i = h(\varphi_i)$，并可据此

第二节 立式机组地面厂房的横剖面布置

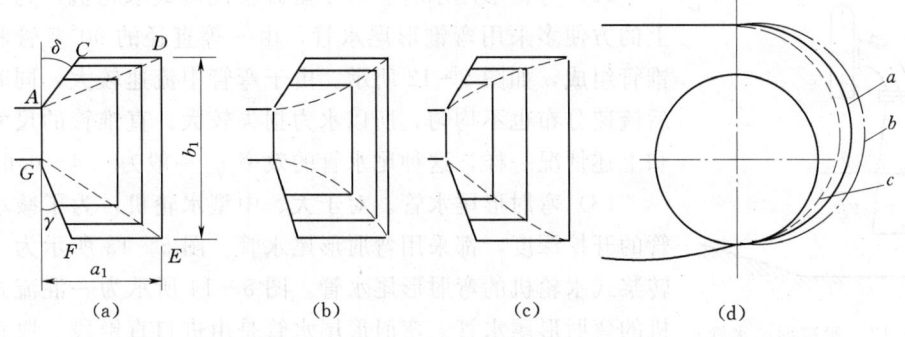

图 5-10 梯形断面变化规律
(a) 直线轨迹变化；(b)、(c) 抛物线轨迹变化；(d) 蜗壳顶点轨迹变化

绘图。式（5-3）和式（5-6）也可采用图解法求解。

2. 水轮机的出水设备

尾水管是反击式水轮机过流通道的最后部分，其形式和尺寸对转轮出口动能的回收有很大的影响，而且在很大程度上还影响着厂房基础开挖和下部块体混凝土的尺寸。增大尾水管的尺寸可以提高水轮机的效率，但水电站的工程量和投资增大，因此应合理地选择尾水管的形式和尺寸。

目前工程上常用的尾水管形式有直锥形、弯锥形和弯肘形三种，前两种适用于小型水轮机，后一种适用于大、中型水轮机。

(1) 直锥形尾水管。图 5-11 所示为

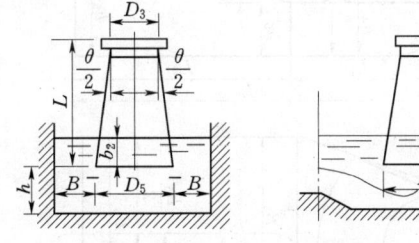

图 5-11 直锥形尾水管和尾水渠

一竖轴水轮机的直锥形尾水管，图中 D_3 为尾水管的进口直径，其值可取为 $D_3 = D_1 + (0.5 \sim 1.0)\text{cm}$；$D_5$ 为尾水管的出口直径，与出口流速 v_5 有关，减小 v_5 可提高效率 η_d，但减小到一定程度时，η_d 提高得很小，反而会使尾水管的长度 L 增加，所以一般将出口流速控制在 $v_5 = (0.235 \sim 0.70)\sqrt{H}$ 之间，L/D_3 在 $3 \sim 4$ 之间，相应的尾水管锥角 $\theta = 12° \sim 14°$ 之间，在 L 与 θ 值选定之则 $D_5 = 2L\tan\dfrac{\theta}{2} + D_3$。

为了保证尾水管排出的水流能够在尾水渠中顺畅流动，尾水渠的尺寸应不小于下列数值：

$$h = (1.1 \sim 1.5)D_3$$
$$B = (1.2 \sim 1.0)D_3$$
$$C = 0.85B$$

为了保证尾水管的工作，出口应淹没在下游水位以下，淹没深度 b_2 应不小于 0.3～0.5m。

直锥形尾水管一般用钢板制成，结构简单，性能良好，各部尺寸合宜时，效率 η_d 可达 0.8～0.85。直锥形尾水管仅适用于小型水轮机，大、中型水轮机如果采用 $L/D_3 = 3 \sim 4$，会形成很深的开挖，很不经济。

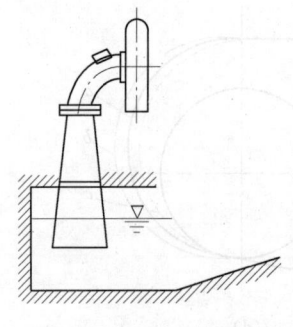

图 5-12 弯锥形尾水管

(2) 弯锥形尾水管。对小型卧轴混流式水轮机，为了布置上的方便多采用弯锥形尾水管，由一等直径的 90°弯管和一直锥管组成，如图 5-12 所示。由于弯管中流速较大，同时转弯后流速分布也不均匀，所以水力损失较大。直锥管的尺寸选择和上述情况一样，这种尾水管的效率 η_d 一般为 0.4～0.6。

(3) 弯肘形尾水管。对于大、中型水轮机，为了减小尾水管的开挖深度，都采用弯肘形尾水管。图 5-13 所示为一轴流转桨式水轮机的弯肘形尾水管。图 5-14 所示为一混流式水轮机的弯肘形尾水管。弯肘形尾水管是由进口直锥段、肘管和出口扩散段三部分组成，现分述如下：

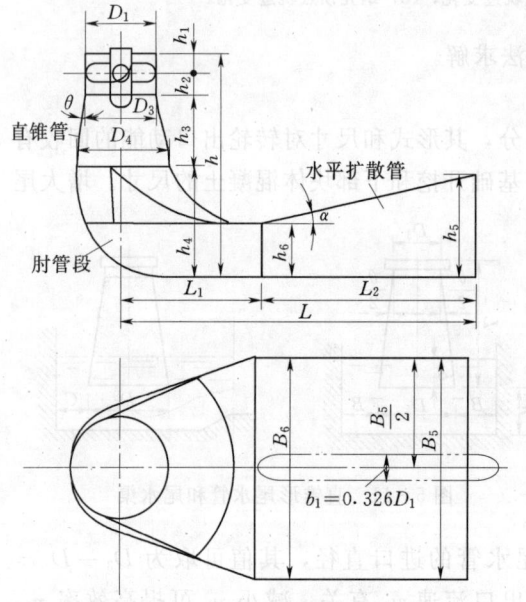

图 5-13 轴流转桨式水轮机尾水管

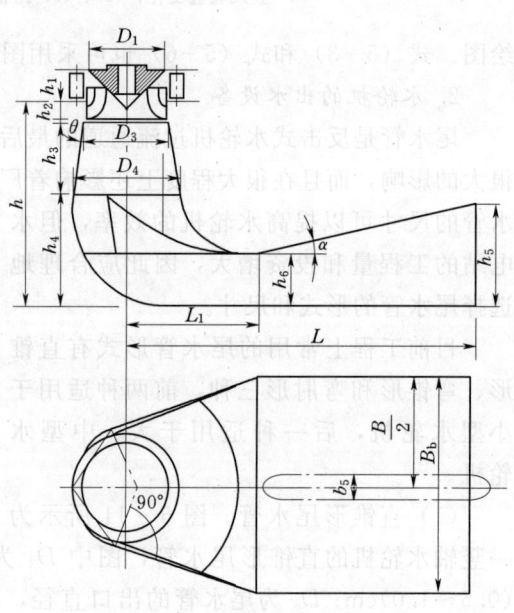

图 5-14 混流式水轮机尾水管

1) 进口直锥管。进口直锥管是一垂直的圆锥形扩散管，D_3 为在锥管的进口直径，由于混流式水轮机的直锥管与基础环相连接，D_3 等于转轮出口直径 D_2；轴流转桨式水轮机直锥管与转轮室里衬相连接，可取 $D_3=0.973D_1$。直锥管的扩散角 θ 的取值为：混流式水轮机取值为 $\theta=14°\sim18°$，轴流转桨式水轮机 $\theta=16°\sim20°$。h_3 为直圆锥管的高度，增大 h_3 可以减小肘管的入口流速，减小水头损失。为了防止旋转水流和涡带脉动压力对管壁的破坏，一般在混凝土内壁作钢板里衬，里衬亦可作为施工时的内模板。

2) 肘管。肘管是一 90°变断面的弯管，如图 5-15 所示。进口为圆断面，出口为矩形断面。水流在肘管转弯时受到离

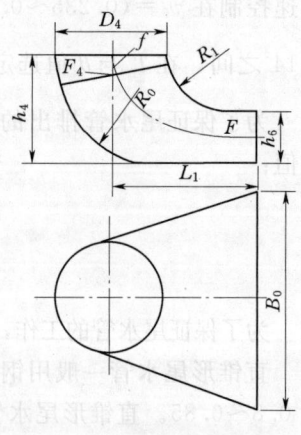

图 5-15 肘管的断面变化

第二节 立式机组地面厂房的横剖面布置

心力的作用,压力和流速的分布很不均匀,转弯后流向水平段时又形成了扩散,因而在肘管中产生了较大的水力损失。影响水头损失最主要的因素是转弯半径和肘管的断面变化规律,如图 5-15 所示,曲率半径越小则离心力越大,一般推荐使用的合理半径($0.6\sim1.0)D_4$,内壁半径用下限,外壁半径用上限。为了减小水流在转弯处的脱流及涡流损失,肘管出口做成收缩断面,并使断面的高度缩小而宽度增大,高宽比约为 0.25,肘管进、出口面积比在 1.3 左右。

由于肘管中水流运动和断面变化的复杂性,肘管各部分尺寸很难用理论计算求得,因而必须经过反复试验才能决定较好的形式和尺寸。

3)出口扩散段。出口扩散段是一水平放置、断面为矩形的扩散管,出口宽度一般与肘管出口宽度相等;顶板向上倾斜,仰角 $\alpha=10°\sim13°$,长度 $L_2=L-L_1=(2\sim3)D_1$;底板呈水平。当出口宽度过大时,可按结构要求加设中间支墩,如图 5-16 所示。

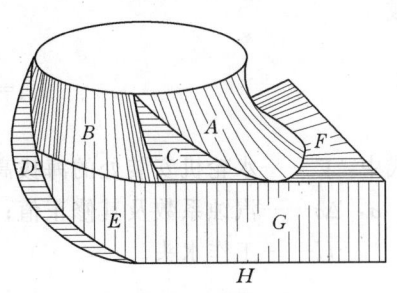

图 5-16 混凝土肘管的组成几何面

4)推荐的尾水管尺寸。混流式和轴流式水轮机尾水管的尺寸如图 5-13 及图 5-14 所示,一般情况下可按表 5-3 所示选用。表中的尺寸是对转轮直径 $D_1=1m$ 而言的,当直径不为 1m 时,可乘以直径数值即得所需尺寸。

表 5-3　　　　　　　　　推荐的尾水管尺寸表

h	L	B_5	D_4	h_4	h_6	L_1	h_5	肘管形式	适用范围
2.2	4.5	1.808	1.00	1.10	0.574	0.94	1.30	金属里衬肘管	混流式 $D_1>D_2$
2.3	4.5	2.420	1.20	1.20	0.600	1.62	1.27	标准混凝土肘管	轴流式
2.6	4.5	2.720	1.35	1.35	0.675	1.82	1.22	标准混凝土肘管	混流式 $D_1<D_2$

3. 调速器

水轮机及其调速系统按部件来划分,调速系统由三部分组成。

(1)调速器操作柜。它是调速器的核心部分,可以实现自动或手动调节导叶开度,以满足运行的要求。

(2)油压装置。提供有一定压力的透平油,通过油管与操作柜连接。通常压力油管为红色,回油管为黄色。

(3)接力器(作用筒)。是油压活塞筒,一般设有两个,一推一拉转动调速环。操作柜中的配压阀根据自动调节机构的指令,控制通向接力器压力油的流向,推动调速环,改变导叶开度,调节机组出力。

调速系统的布置,就是要分别确定三部分部件的位置。

4. 水轮机安装高程

水轮机的安装高程是根据汽蚀条件进行计算确定的,但在水轮机的布置中,还要校核尾水管出口的最小淹没水深,以保证尾水管的正常工作。根据计算的安装高程可以推算出尾水管出口顶板高程,用最低尾水位校核,一般尾水管出口最小淹没深度为 0.3~0.5m。如果安装高程的计算值不能满足要求,可以适当降低安装高程,也可以采用壅高尾水位的工程措施来解决。

(1) 水轮机的吸出高度。为防止汽蚀破坏,在设计水电站时则可选择合宜的安装高程,即选择静力真空值以达到限制汽蚀的目的。为此必须限制水轮机的吸出高度 H_s:

$$H_s = 10.0 - \frac{\nabla}{900} - (\sigma + \Delta\sigma)H \tag{5-7}$$

或

$$H_s = 10.0 - \frac{\nabla}{900} - (\sigma + \Delta\sigma)H - 1.0 \tag{5-8}$$

式中　∇——水轮机安装处的海拔高程;
　　　$\sigma, \Delta\sigma$——汽蚀系数及其修正值;
　　　H——工作水头。

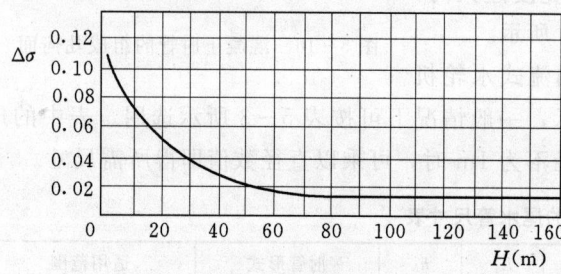

图 5-17　汽蚀系数修正值与水头关系曲线

汽蚀安全裕量 $\Delta\sigma$ 可由图 5-17 查得。σ 可根据水轮机厂家提供的技术资料、特性曲线图中查算,如图 5-18 至图 5-20 所示。根据单位流量和单位转速查对应型号的水轮机特性曲线,单位转速和单位流量计算公式如下:

1) 单位转速

$$n_1' = \frac{nD_1}{\sqrt{H}} \tag{5-9}$$

式中　D_1——转轮直径,m;
　　　n——水轮机转速,r/min;
　　　H——水轮机工作水头,m。

2) 单位流量

$$Q_1' = \frac{N}{9.81 D_1^2 H^{3/2} \eta} \tag{5-10}$$

式中　N——水轮机单机出力,kW;
　　　η——水轮机效率;
　　　其余符号意义同前。

汽蚀系数 σ 的查算方法如下:

1) 计算工况。一般计算最大水头 H_{max}、最小水头 H_{min} 和设计水头 H_p 三个工况。

2) 单位参数计算。根据工作水头和转轮直径,利用式 (5-9) 可直接计算单位转速。在最小工作水头下,不需要计算单位流量,根据特性曲线图或特性表查出允许的最大单位流量即可。

第二节 立式机组地面厂房的横剖面布置

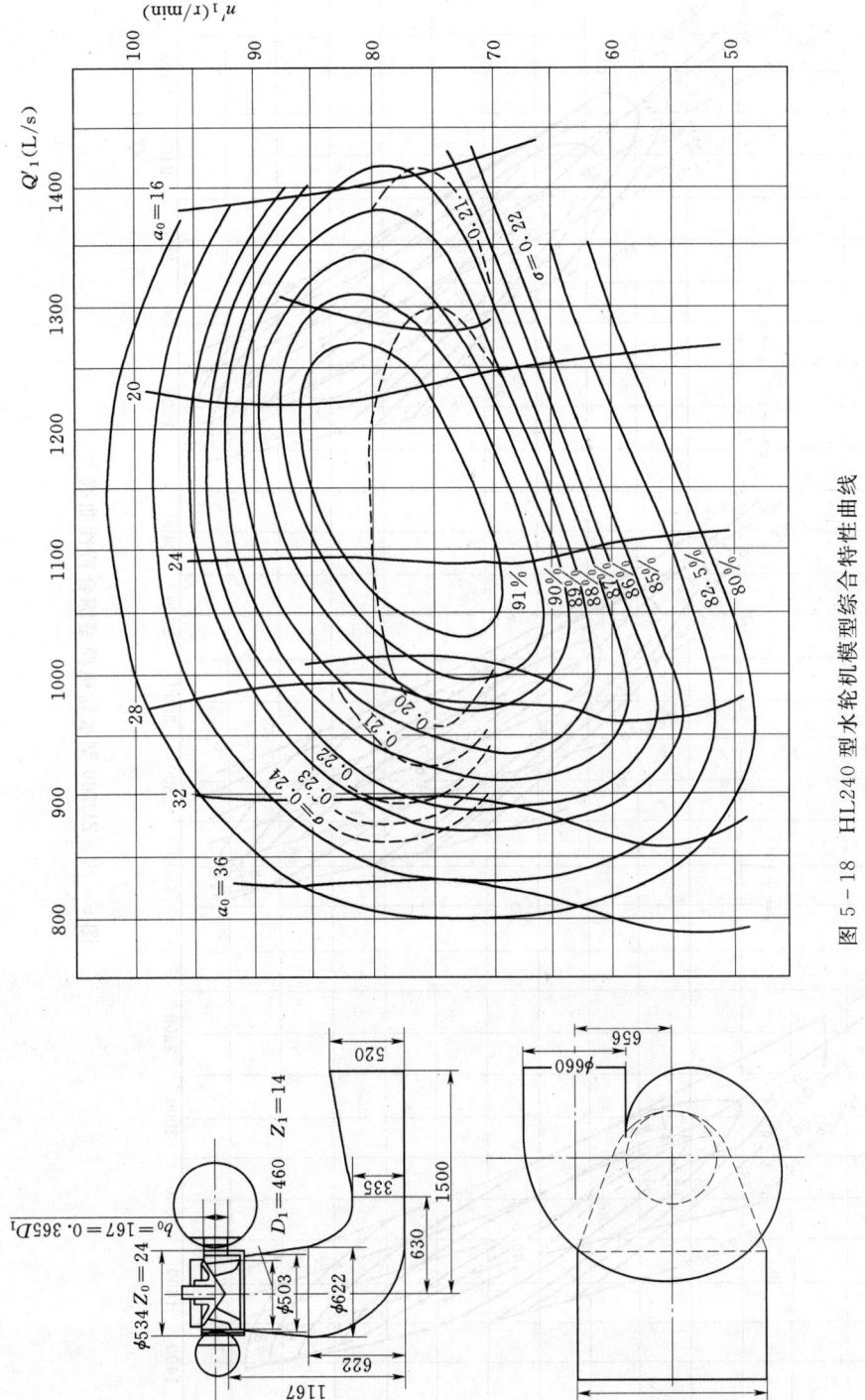

图 5-18 HL240 型水轮机模型综合特性曲线

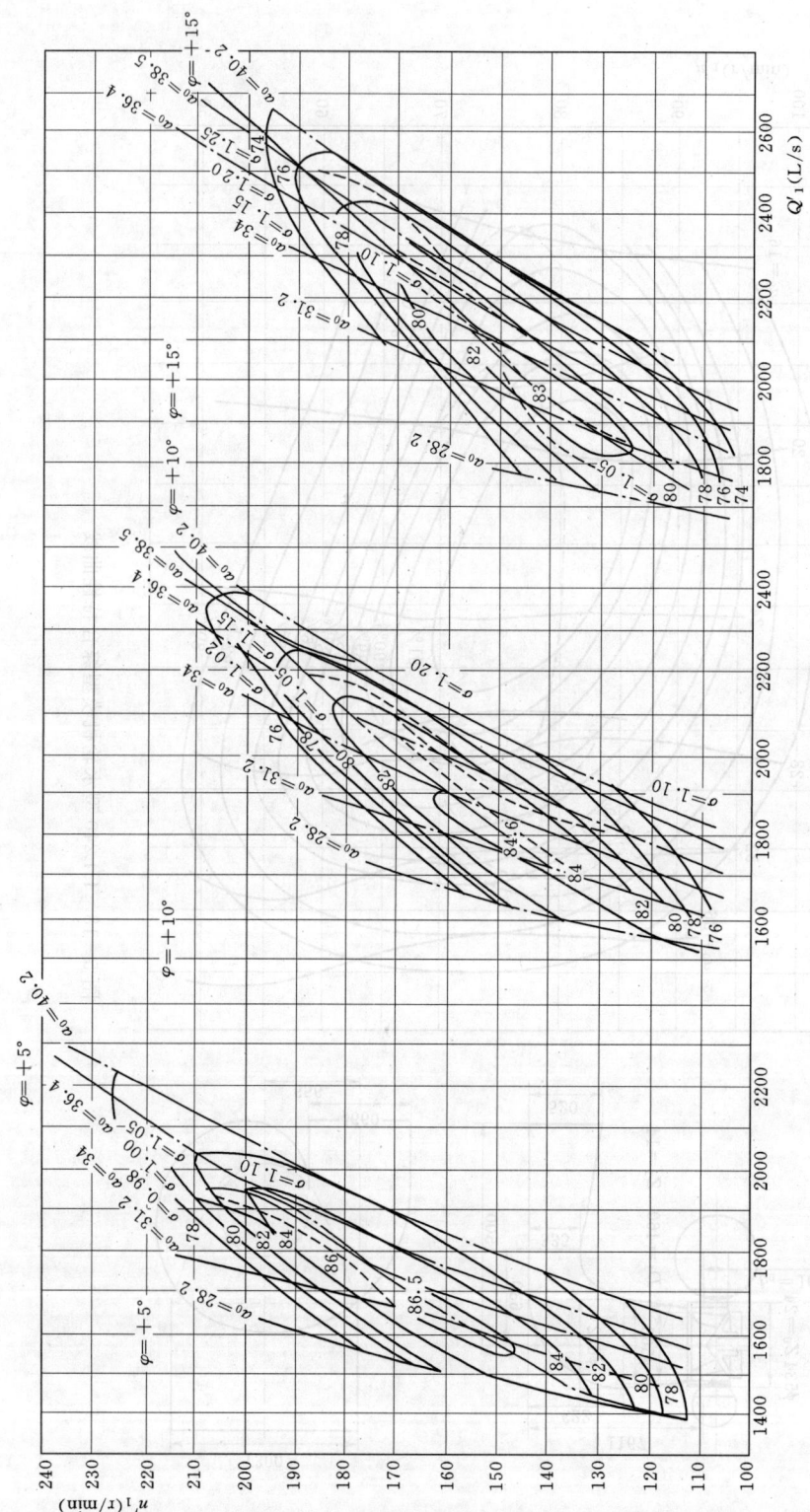

图 5-19 ZD760 型水轮机模型综合特性曲线

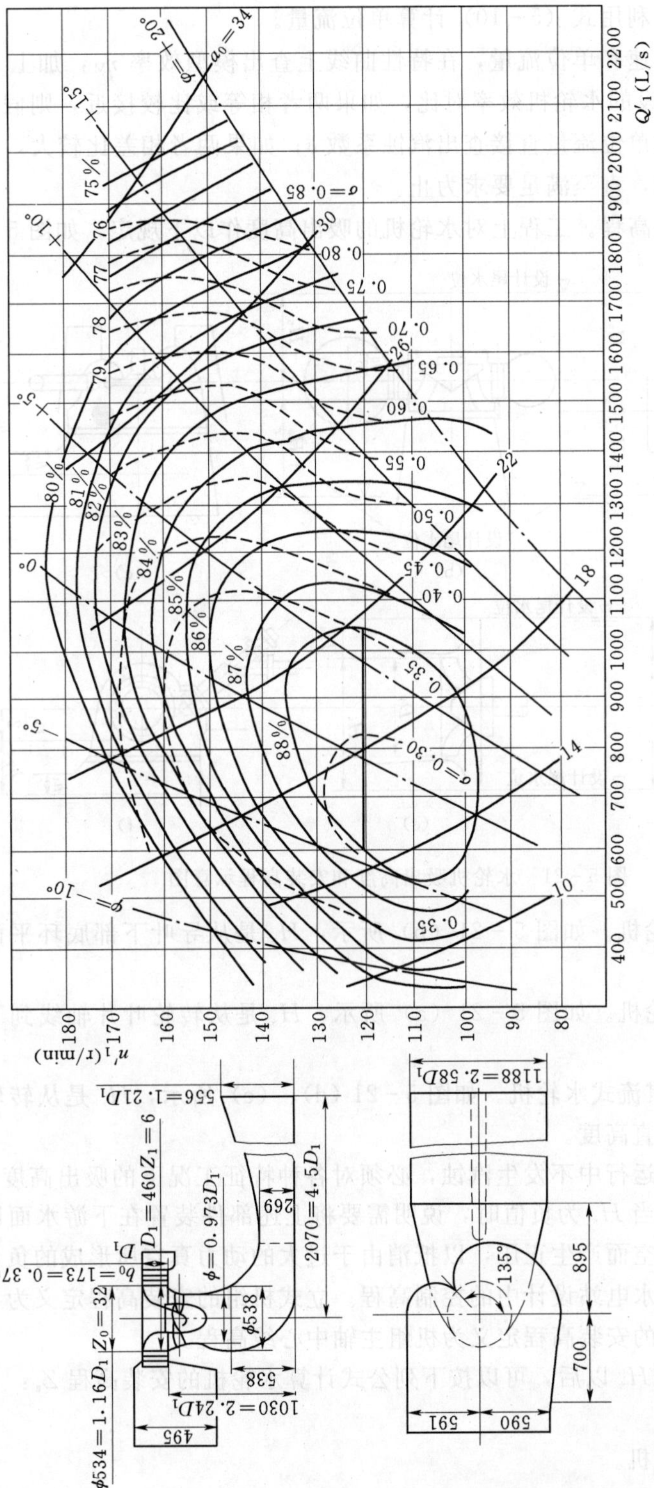

第二节 立式机组地面厂房的横剖面布置

图 5-20 ZZ440 型水轮机模型综合特性曲线

在最大工作水头和设计工作水头下，首先假设水轮机的效率 η，然后根据工作水头、单机容量和转轮直径，利用式（5-10）计算单位流量。

根据计算的单位转速和单位流量，在特性曲线上查出模型效率 η_M，加上 1%～3% 即为水轮机效率 η，与假设的水轮机效率对比，如果两者相等或比较接近，则假设正确，即可按计算的单位转速和单位流量直接查出汽蚀系数 σ；如果两者相差比较大，则要重新假设，重复以上计算过程，直至满足要求为止。

（2）水轮机的安装高程。工程上对水轮机的吸出高度作以下规定，如图 5-21 所示。

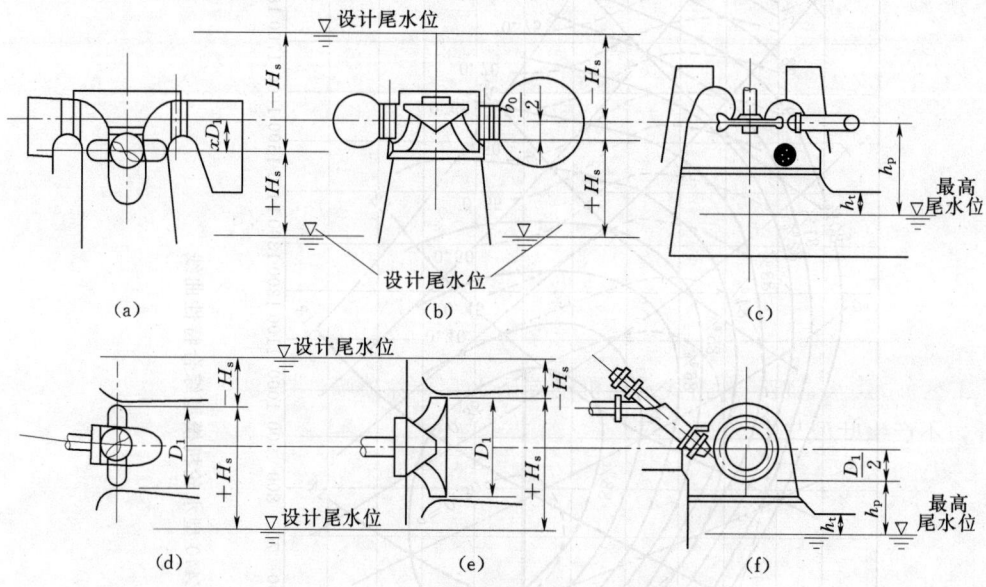

图 5-21　水轮机吸出高度和安装高程示意图

1）立轴混流式水轮机。如图 5-21（b）所示，H_s 是从导叶下部底环平面到下游水面的垂直高度。

2）立轴轴流式水轮机。如图 5-21（a）所示，H_s 是从转轮叶片轴线到下游水面的垂直高度。

3）卧轴混流式和贯流式水轮机。如图 5-21（d）、（e）所示，H_s 是从转轮叶片出口最高点到下游水面的垂直高度。

为了保证水轮机在运行中不发生汽蚀，必须对各种特征工况下的吸出高度 H_s 进行验算并选其中的最小值。当 H_s 为负值时，说明需要将上述部件装置在下游水面以下，使转轮出口不再出现静力真空而产生正压，以抵消由于过大的动力真空所形成的负压。

水轮机安装高程是水电站设计中的控制高程。立式机组的安装高程定义为导水机构中心线的高程；卧式机组的安装高程定义为机组主轴中心线高程。

在确定了吸出高度 H_s 以后，可以按下列公式计算水轮机的安装高程 Z_a：

1）反击式水轮机。

a. 立轴混流式水轮机。

$$Z_a = \nabla_w + H_s + \frac{b_0}{2} \tag{5-11}$$

第二节 立式机组地面厂房的横剖面布置

b. 立轴轴流式水轮机。

$$Z_a = \nabla_w + H_s + xD_1 \tag{5-12}$$

c. 卧轴水轮机。

$$Z_a = \nabla_w + H_s - \frac{D_1}{2} \tag{5-13}$$

式中 ∇_w——电站设计尾水位，m；
b_0——水轮机导叶高度，m；
D_1——水轮机转轮标称直径，m；
x——轴流式水轮机高度系数，为转轮中心线至导叶中心距离与转轮直径的比，由水轮机制造厂家提供。一般为 0.38～0.46，初步计算时可取 0.41。

∇_w 应选择下游设计最低尾水位，可根据水电站的运行方式和机组台数选择水轮机的过流量，从下游水位流量关系曲线中查得。一般情况下，水轮机的过流量可根据电站装机台数按以下方法选用：电站装机 1～2 台时采用一台机半负荷所对应的过流量；3 台或 4 台机组的电站采用一台机组满出力运行时对应的过流量；5 台机组及以上的电站采用 1.5～2 台机组满出力运行时对应的过流量。

2）冲击式水轮机。冲击式水轮机没有尾水管，除喷嘴、针阀和斗叶可能产生间隙汽蚀外，不产生叶型与空腔汽蚀，所以冲击式水轮机安装高程的确定应在充分利用水头，又保证通风和落水回溅不妨碍转轮运转的前提下，尽量减小水轮机的泄水高度，如图 5-21 (c)、(f) 所示。

a. 立轴水斗式水轮机。安装高程规定为喷嘴中心线的高程，即

$$Z_a = \nabla_w + h_p \tag{5-14}$$

b. 卧轴水斗式水轮机。安装高程规定为主轴中心线的高程，即

$$Z_a = \nabla_w + h_p + \frac{D_1}{2} \tag{5-15}$$

式中 ∇_w——电站设计尾水位，m；
h_p——泄水高度，m。

泄水高度 h_p 应根据实验和实际资料统计确定，$h_p = (1.0～1.5)D_1$，对于立轴机组取较大值，对于卧轴机组取较小值，通风高度 h_t 一般不宜小于 0.4m。

设计尾水位应选用最高尾水位，一般可采用 20～50 年一遇洪水相应的下游水位。

（三）蜗壳、尾水管布置

蜗壳、尾水管的尺寸一般由厂家提供，初步设计时可由前面介绍的方法计算确定。布置时，首先确定水轮机的安装高程轴线，再根据水轮机的流道、蜗壳、进水管和尾水管等的尺寸绘制水轮机剖面图，如图 5-22 所示。

1. 蜗壳

蜗壳四周混凝土的厚度至少为 0.8～1.0m，要根据具体情况来确定。蜗壳顶部混凝土厚度由进口断面尺寸确定，要保证其厚度不小于最小值，一般为 1.0～2.0m，并由此确定

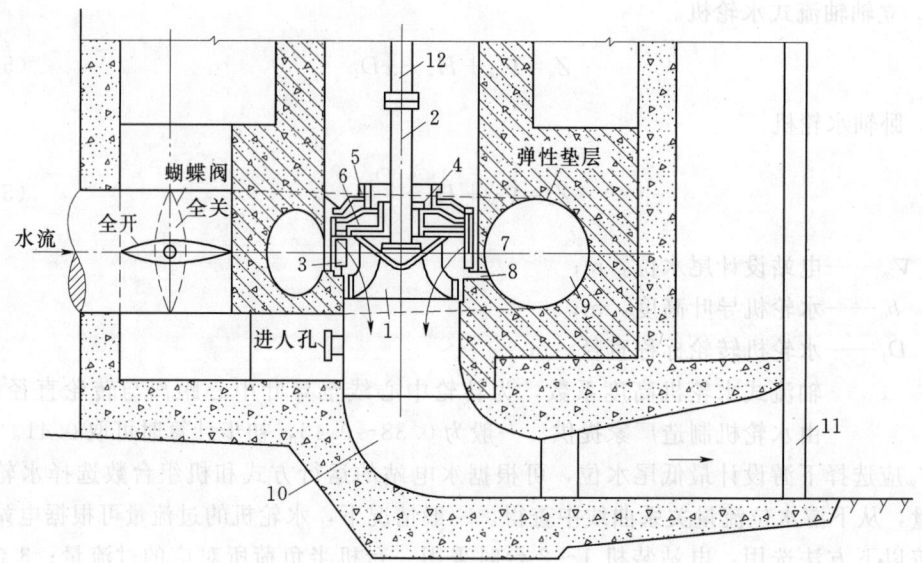

图 5-22 水轮机横剖面布置
1—转轮；2—水轮机主轴；3—导叶；4—导轴承；5—导叶转动机构；
6—顶盖；7—座环；8—基础环；9—蜗壳；10—尾水管；
11—尾水闸门槽；12—发电机主轴

水轮机层高程；蜗壳顶部混凝土还支承发电机墩，机墩内径与座环内径相近，厚度一般为 1.0m 以上。上游部分的混凝土厚度，在保证蜗壳混凝土结构需要的基础上，也要兼顾主阀室的布置要求，可适当小一些；下游部分的混凝土与尾水管顶板、下游防洪墙连成整体。

蜗壳进人孔可设在主阀后进水管处或蜗壳进口附近，也可在水轮机层地面开竖井进入蜗壳，进人孔直径不小于 0.45m。蜗壳的排水也布置在主阀后进水管底部，装设排水管，将水排至主阀室的排水沟中或埋设排水管直通尾水管。

为了减小蜗壳的应力，金属蜗壳上半部分通常用弹性材料作垫层与混凝土适当隔开。

2. 进水管和主阀室

进水管通过主阀与蜗壳进口连接的水平管段，进水管的中心轴线为水平线，与安装高程同高。在蜗壳上游混凝土层以外的空间布置主阀室，这一段水管为架空管，中间安装主阀，具体要根据主阀尺寸来确定。主阀室的上游布置防渗墙，厚度为 0.8m 左右，由此决定了厂房上游围墙位置，即厂房上游部分的宽度。

主阀布置时，要保证主阀四周有足够的工作空间和支墩布置位置，主阀安装检修所需的空间应不小于 1.0m。主阀尺寸较大时，也可以设在厂外单独的主阀室内，这样必须增设独立的起重设备。

河床式水电站引水管比较短，一般不设主阀，由进口闸门代替，这样厂房的上游防洪墙的布置不受主阀的影响，可根据上部结构的设备布置来确定。

第二节　立式机组地面厂房的横剖面布置

3. 尾水管

立式机组的尾水管多数是弯曲形尾水管，少部分为直锥形尾水管。尾水管的尺寸由厂家提供，也可按水轮机手册进行计算。直锥段一般是金属结构，其余部分为钢筋混凝土结构。尾水管底板混凝土厚度为 1.0～2.0m，顶板出口处最小厚度为 0.5m，边墩厚度为 1.0～2.0m。

尾水管进人孔可设置在主阀室，通过直锥段进入尾水管，也可由尾水管出口的闸门前进入尾水管或在水轮机层开竖井，再通过水平通道进入尾水管。进人孔口最小尺寸不小于 0.45m。

尾水管的排水是由埋设的排水管排至集水井。

4. 尾水平台

尾水管出口要设置检修闸门，闸门布置所需的闸墩长度为 1.0～2.0m，主要考虑闸门厚度和闸门前后的安装维修与安全的空间。所以，在尾水管出口外要设置 1.0～2.0m 长的闸墩，底板也相应延长。尾水闸墩的高度一般要高于下游正常水位，洪水位不高时，可高于洪水位；否则，要设置排架式工作平台。尾水平台应高于下游洪水位，为方便交通，也可与发电机层同高。

尾水闸可采用平板闸门或叠梁式闸门，闸门启闭可数台机组共用一套启闭设备。启闭设备根据闸门的大小，可选择起重门机、桥式吊车、活动绞车和电动葫芦等。

水轮机的剖面布置情况如图 5-22 所示。

二、发电机的剖面布置

(一) 发电机的形式和布置方式

1. 发电机的形式

发电机有悬挂式、伞式两种，其外形和主要尺寸如图 5-23 所示。

发电机的转子是由推力轴承和导轴承固定在上、下机架上，其中转动部分的荷载主要是传给推力轴承，导轴承起稳定作用，防止机组摆动。

悬挂式发电机的推力轴承设在上机架，荷载由推力轴承传给上机架，再由定子传给发电机墩。悬挂式发电机转动部分的重心低于悬挂点——推力轴承，因此，发电机的转动比较稳定，适应于高转速的发电机。一般转速大于 150r/min 的机组多采用悬挂式发电机。悬挂式发电机的上机架一般有 4～12 个支臂，视发电机尺寸和重量而定。下机架可由两根平行梁、十字梁或井字梁等制成，用于支承导轴承和制动闸。伞式发电机的推力轴承设在下机架，荷载由推力轴承传给下机架，再传给发电机墩。伞式发电机的总高度比较低，可以降低厂房的高度，但由于转动部分的重心在推力轴承之上，发电机的转动稳定性比较差，因此，低转速的发电机多采用伞式结构。伞式发电机根据轴承的设置可细分为：普通伞式——有上下导轴承；半伞式——有上导轴承，无下导轴承；全伞式——无上导轴承，有下导轴承。

发电机的主要尺寸与参数包括：上机架直径与高度、定子内外径与高度、通风道外径、下机架直径与高度、转子带轴的高度、水轮机井内径及转子带轴的重量等。

2. 发电机的布置方式

发电机一般布置在发电机层或发电机层地面以下，主要形式有三种：埋没式、敞开式、半岛式，如图 5-24 所示。

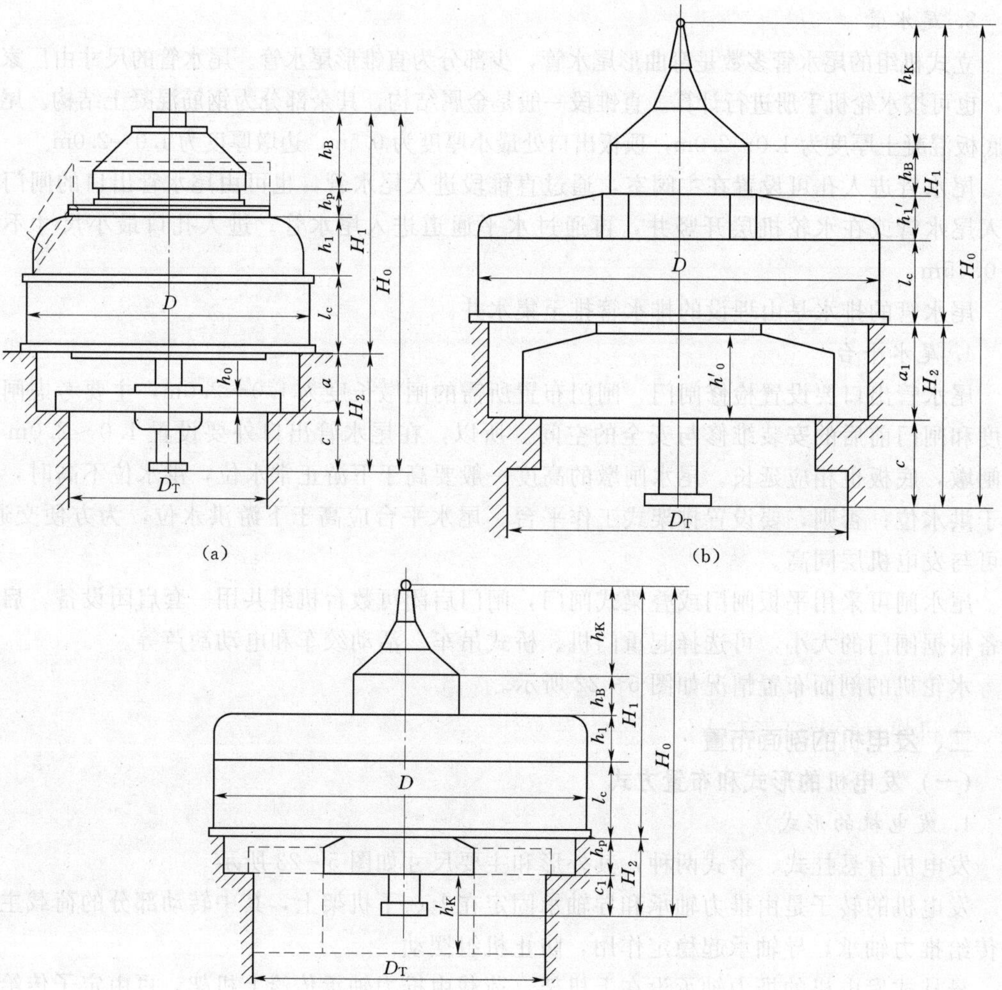

图 5-23 发电机外形及主要尺寸
(a) 伞式；(b) 半伞式；(c) 悬挂式

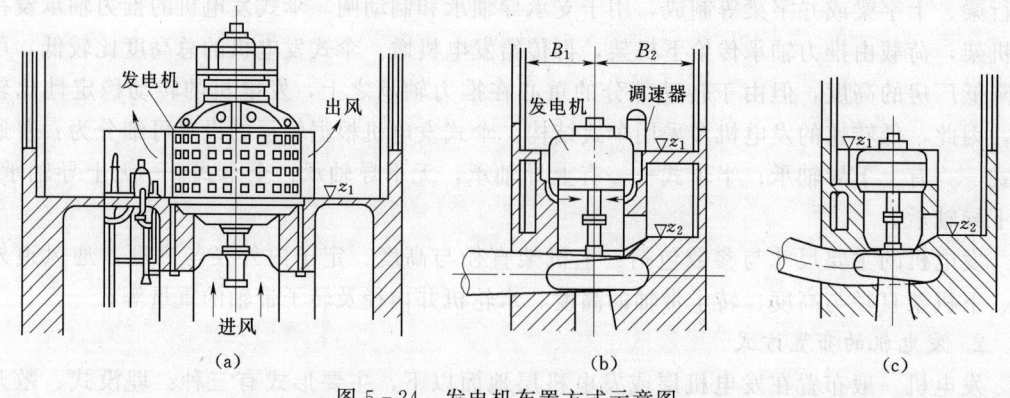

图 5-24 发电机布置方式示意图
(a) 开敞式；(b) 埋没式；(c) 半岛式

埋没式是最常用的形式，发电机布置在发电机层楼板以下，即发电机层楼板位于定子顶部，地面以上，只露出发电机上机架和励磁机。这种布置形式的发电机层比较宽敞，便于其他设备的布置，又不受发电机排出的热风影响，所以工作条件比较好。同时，也便于厂房内设备的吊运、安装、检修和发电机出线布置。适用于机组容量比较大的水电站，如图 5-25 所示。

敞开式的发电机布置在发电机层楼板以上，即发电机层楼板位于定子底部，发电机的大部分都露出在地面以上。这种布置形式的发电机层比较窄，不便于厂房内设备的吊运、安装、检修、其他辅助设备和发电机出线布置。由于受发电机排出的热风影响，所以工作条件比较差。适用于机组容量比较小的水电站。

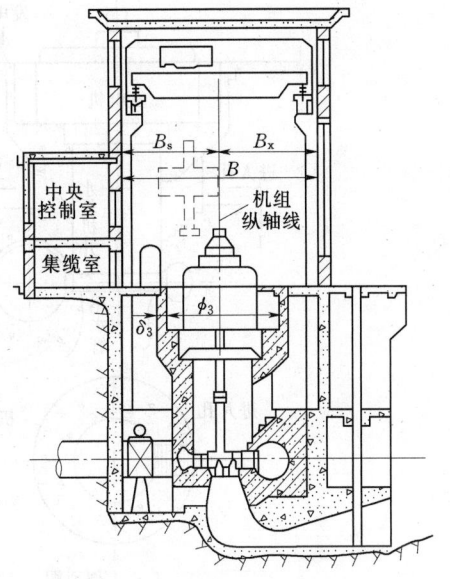

图 5-25 埋没式布置厂房剖面图

（二）发电机支承结构

发电机上部支承结构取决于发电机尺寸，主要是通风道外径及高度、定子内（外）径及高度、下机架直径及高度和水轮机井直径，它们决定了发电机墩上部的内部尺寸。水轮机井内径取决于发电机尺寸和水轮机转轮直径，除满足发电机定子和下机架安装需要的尺寸外，一般要比水轮机转轮直径大 0.5~0.7m，底部可略大于水轮机座环内径。外部尺寸要考虑通风道外壁厚度和发电机墩壁厚度，一般通风道外壁直径大于发电机墩外壁直径，可用斜面进行连接，但要保证发电机定子地脚螺栓埋设需要，即要设置定子圈梁。定子圈梁高度一般不小于 1.0m。通风道外壁顶部一般与发电机层楼板连接。

发电机墩的下部结构是指定子圈梁以下部分的支承结构，常有以下几种形式。

（1）圆筒式机墩。如图 5-26（a）所示，它是上、下直径相同等厚度的钢筋混凝土圆筒结构。圆筒式机墩的筒壁厚度一般在 1.0m 以上，机墩的上部与定子圈梁连接，下部固结在蜗壳混凝土顶部。机墩底部一侧要布置调速器的接力器，另一侧布置水轮机井进人孔。进人孔的尺寸一般为 2m×1.2m 左右。

圆筒式机墩适用于容量比较大的机组，其特点是结构简单，刚度大，抗扭、抗震性能好。缺点是工程量比较大，水轮机井空间小，水轮机安装、检修不够方便。

（2）平行墙式机墩。如图 5-26 所示，平行墙式机墩是由两道钢筋混凝土平行墙组成，顶部连接发电机圈梁（或横梁），其特点是水轮机井比较宽敞，工作方便，水轮机检修时，不需要拆除发电机，水轮机转轮和导水机构可直接从平行墙之间吊出。但其刚度和抗扭性不如圆筒式机墩。

（3）环形梁式机墩。如图 5-27（a）所示，中小型机组，由于机组产生的扭矩比较小，对机墩的抗扭性能要求比较低，为简化结构、减少投资，将圆筒式机墩的圆筒结构简化为四根（或六根）环形布置的立柱，即成为环形梁式机墩。其顶部仍与环形圈梁连接，这种机墩结构简单、经济，更加方便于水轮机的检修、安装和维护，便于接力器的布置。

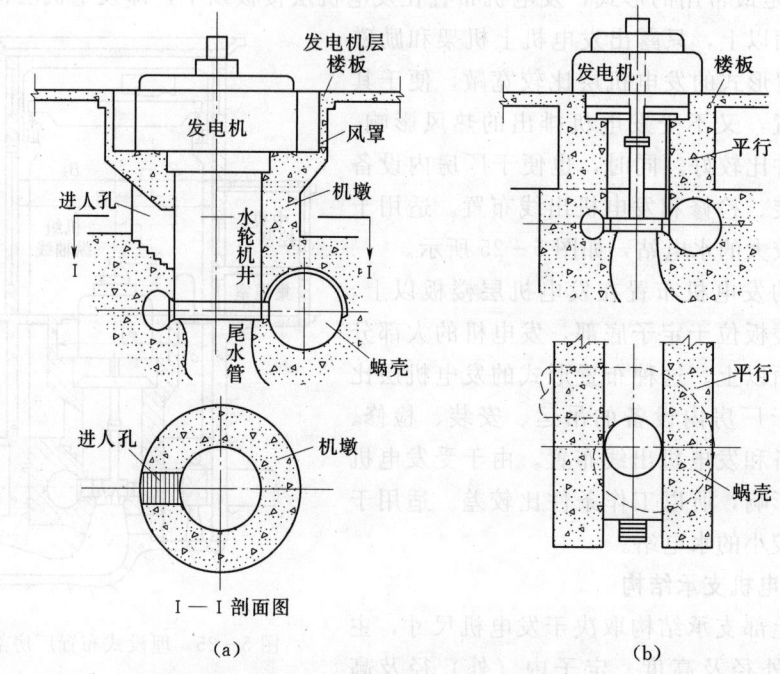

图 5-26 圆筒式机墩和平行墙式机墩
(a) 圆筒式机墩；(b) 平行墙式机墩

但其刚度和抗扭性比较差。

（4）框架式机墩。如图 5-27（b）所示，它是由两个平行的混凝土框架和两根横梁组成，发电机直接安装在横梁上，其特点与环形梁式机墩类似。适用于小型机组。

三、上部结构的剖面布置

厂房的上部结构的宽度取决于发电机通风道外径、机旁盘和吊物通道的布置要求。机旁盘和吊物通道可分别布置在上、下游两侧，布置机旁盘一侧的宽度一般为通风道外半径 +2.5~3.0m，吊物通道一侧取决于吊物的尺寸，一般为通风道外半径 +2.0~3.0m。所以，厂房总宽度一般为通风道外径 +5~6m，另外考虑桥式吊车的标准跨度取值，机旁盘一侧的宽度略大一些。结合厂房排架立柱的结构尺寸，最终确定厂房上、下游围墙的位置。

吊车轨顶高程（或吊车的安装高程），要考虑以下几个因素：主钩的上限位置（由厂家提供）、吊具和绳索长度（一般为 1.0~1.5m）、最大吊运部件的高度、跨越物的高度（高于发电机层地板的部分）。它们之和加上发电机层楼板高程，即为吊车轨顶高程。

吊车轨顶高程减去轨道高度（厂家提供）为吊车梁顶高程。吊车梁顶高程减去吊车梁高度（根据跨度决定）为牛腿顶面高程。

屋顶大梁底部高程等于吊车轨顶高程加上吊车高度，再加上 0.2~0.3m 的安全距离。

屋面高程 = 屋顶大梁底部高程 + 屋顶大梁高度

上部结构的布置包括发电机层楼面结构、厂房排架柱、屋面结构和围墙的布置，排架

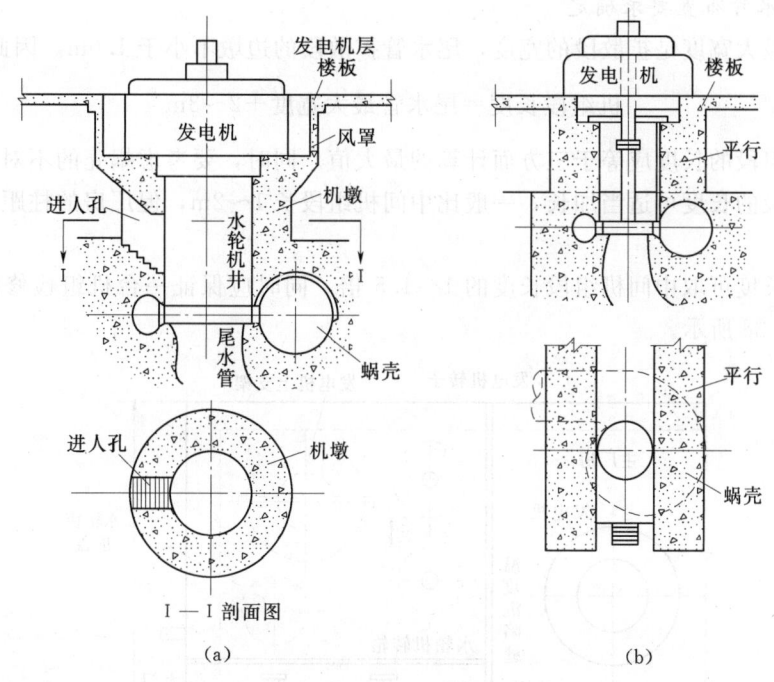

图 5-27 环形梁式机墩和框架式机墩
(a) 环形梁式机墩；(b) 框架式机墩

间距与平面布置有关，一般为 6.0～8.0m。发电机层楼板厚度一般为 0.15～0.25m，主次梁截面尺寸应根据跨度来确定。

第三节 立式机组地面厂房的平面布置

一、发电机层的平面布置

(一) 机组段长度

厂房宽度由剖面布置确定，厂房长度为中间各机组段长度、边机组段长度和安装间长度之和。

中间机组段的长度应从三个方面来确定。

1. 按发电机的布置要求确定

发电机的最大尺寸是通风道的外径，机组之间应留有必要的工作通道，一般为 2～3m。所以有

$$机组段长度 = 通风道的外径 + 2\sim3m$$

2. 按蜗壳布置要求确定

蜗壳最大宽度是蜗壳在厂房纵轴线上所占据的尺寸，蜗壳外围混凝土的厚度一般要求不小于 1.0m。因此，有

$$机组段长度 = 蜗壳最大宽度 + 2\sim3m$$

3. 按尾水管布置要求确定

尾水管最大宽度是扩散段的宽度，尾水管扩散段的边墩不小于 1.0m。因此，有

$$机组段长度 = 尾水管最大宽度 + 2 \sim 3m$$

中间机组段的长度应等于三方面计算的最大值。同时，要考虑蜗壳的不对称影响。

边机组段的长度可适当加长，一般比中间机组段长 1～2m，但厂房的柱距最好调整为等跨布置。

安装间长度可取中间机组段长度的 1～1.5 倍。同时应保证一台机组检修时所需的空间，如图 5-28 所示。

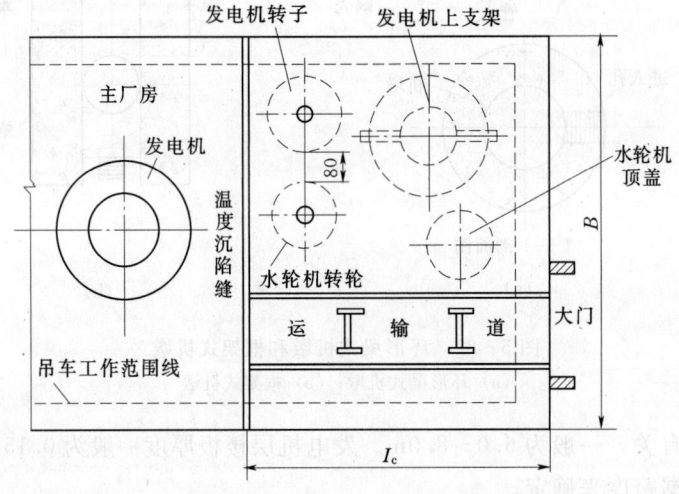

图 5-28　安装间布置示意图

（二）发电机层的设备布置

发电机层的设备布置要注意区域划分，一般以纵轴线为界分为上、下游侧，以横轴线为界分左、右侧。设备布置的原则是要保证机电分侧布置。

1. 机旁盘和励磁盘

机旁盘一般包括自动操作盘、测量盘、动力盘、继电保护等，机旁盘和励磁盘一般有 2～3 块。机旁盘和励磁盘一般沿厂房纵向并排布置在发电机旁，前面必须留有足够的工作通道，一般为 1.0m 以上，后面保证有 0.8m 以上的检修通道。

2. 调速器

调速器的操作柜、油压装置一般布置在发电机层，靠近机旁盘，但必须注意机电分侧，即分别布置在机组横轴线的左、右两侧，避免管、线交叉现象。

（三）厂内交通

1. 吊物通道

水平吊物通道最好布置在机旁盘的另一侧（上游侧或下游侧），保证最大物件吊运时所需的空间。垂直吊物通道（吊物孔）一般设在安装间，吊物孔尺寸应以最大部件来确定，保证物件四周的水平安全距离不小于 0.4m。

第三节 立式机组地面厂房的平面布置

2. 厂内交通

水平交通包括主厂房与副厂房之间开设的门和通道以及各设备四周的安全距离和工作通道；垂直交通主要指发电机层与水轮机层设置的楼梯，一般不少于两个，分别布置在厂房两端。

3. 对外交通

进厂公路直接进入主厂房的安装间，进厂大门应保证汽车或列车开进厂房所需的尺寸。在主厂房另一端一般还设置小门，以方便对外交通。

（四）安装间的检修布置

安装间要保证一台机组检修布置所需的空间。在吊物范围内，布置机组四大部件：发电机转子、上机架、水轮机转轮和水轮机顶盖。发电机转子四周安全距离为 2.0m，其余部件四周要有不小于 1.0m 的工作通道，并保证所有部件均在吊物范围内。

二、水轮机层的布置

水轮机层主要建筑物有水轮机井、主阀廊道和上下楼梯。水轮机层的设备布置也考虑机电分侧，发电机引出线和各种电缆线应布置在机旁盘的同一侧（上游侧或下游侧），另一侧布置各种管沟。引出线和各种电缆线挂设在发电机层楼板下，管沟则铺设在水轮机层地面上，如图 5-29 所示。

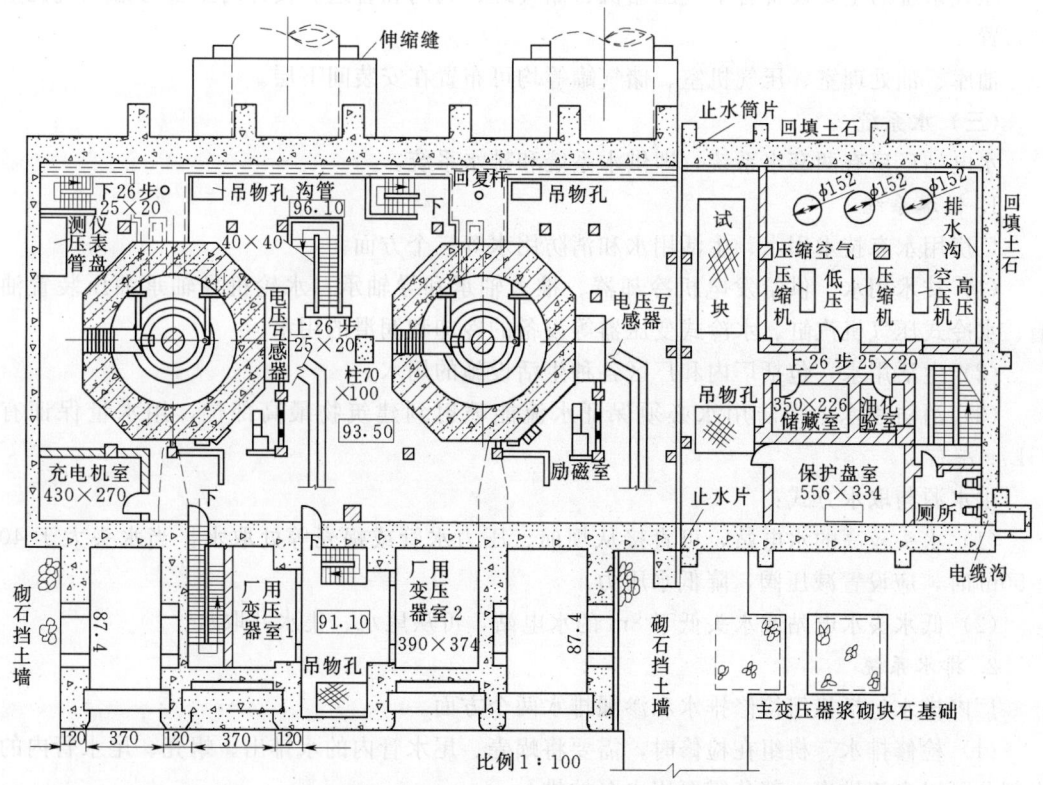

图 5-29 水轮机层布置示意图

水轮机层主要布置油、气、水系统。

(一) 油系统

水电站的系统包括透平油和绝缘油两个系统。

1. 透平油系统

供应机组所需的润滑油和操作调速器、主阀的压力油，均属于透平油。

2. 绝缘油系统

绝缘油系统是供应各种电器所需的绝缘用油，如变压器的冷却用油、断路器所需的灭弧用油等。由于这两种用油性质不同，不能混用，因此，必须分开来布置。

系统设备包括油泵、储油罐、油处理设备、油管和控制元件，设计时主要考虑设置油库、油处理室和各种油管的布置。

(二) 压气系统

水电站所需的压气系统由两部分组成，分别是高压系统和低压系统。

(1) 高压系统是指额定压力为 2.5MPa 和 4.0MPa 的压缩空气系统。主要向调速器的油压装置提供压缩空气，向断路器提供灭弧所需的压缩空气。

(2) 低压系统是指额定压力为 0.5~0.8MPa 的压缩空气系统。主要供给机组制动、调相运行压水、各种风动工具和主阀止水带充气等。

压气系统的主要设备有空气压缩机、储气罐、阀门和管道。设计时主要考虑压气机室的布置。

油库、油处理室、压气机室、储气罐等均可布置在安装间下层。

(三) 水系统

水电站厂房有两套水系统，即供水系统和排水系统。

1. 供水系统

厂房用水有技术用水、生活用水和消防用水等三个方面。

(1) 技术用水。供给发电机冷却器、推力轴承和导轴承、水轮机导轴承油压装置油槽、水冷式压气机汽缸、水冷式变压器等设备的冷却和润滑的用水。

(2) 生活用水。包括厂内和厂区各种生活设施的用水。

(3) 消防用水。消防用水必须保证水流能喷射到建筑物最高部位，用水量保证有 15L/s 左右。

供水源与取水方式：

(1) 水头较高的水电站，可直接从坝前、压力水管或蜗壳等处取水。当水头大于 40~50m 时，应设置减压阀，降低水压力。

(2) 低水头水电站或水头低于 8m 的水电站，可从尾水、集水井取水。

2. 排水系统

厂内排水包括机组检修排水和渗漏排水两个方面。

(1) 检修排水。机组在检修时，需要将蜗壳、尾水管内的水排出。蜗壳、尾水管内的水部分可以自流排出，部分需要用水泵抽排。

水泵抽排方式有两种：一是直接排水，用水泵直接从尾水管抽排；二是间接排水，用排水管将蜗壳、尾水管内的水引至集水井，再利用水泵从集水井抽排。

（2）厂内渗漏排水。厂内渗水包括技术用水、生活用水、水轮机顶盖与主轴的密封漏水、压力管伸缩节漏水、主阀漏水等的排水。

一般采用间接排水通过管、沟将渗漏水引至集水井，用水泵从集水井抽排。集水井可以设在主阀廊道的空地或尾水管之间的空间，底板应低于尾水管底板 1～2m，如图 5-30 所示。

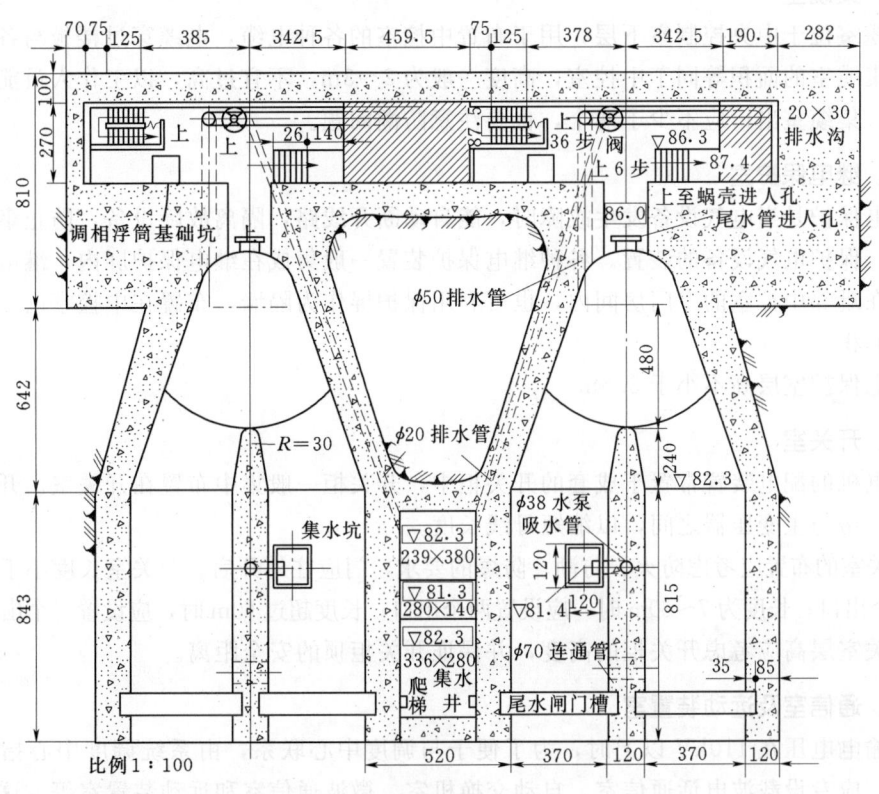

图 5-30　尾水管层布置示意图（单位：cm）

第四节　副厂房的布置

副厂房是设置机电设备运行、控制、试验、管理和运行管理人员工作和生活的厂房建筑。副厂房布置包括中央控制室、集缆室、继电保护室、通信室、开关室、母线廊道、厂用电设备室、电气试验室、值班调度室、办公室和生活用房等。

一、中央控制室

中央控制室负责水电站的运行、调度、控制、保护和监视等方面的任务，是整个水电站的中枢。布置的设备主要包括控制盘、继电保护盘、信号盘、直流盘、厂用电盘和照明盘等。

中央控制室应尽量靠近主厂房，以便巡视和及时处理事故。在主厂房与副厂房之间应设置玻璃窗,以便监视主厂房的运行情况。同时要保证中央控制室有好的工作条件,特别要保证在防止噪声、防潮、通风、采光等方面的工作条件。

中央控制室的面积取决于各种表盘的数目和布局,初步设计时可参照表5-4。室内高度为4.0~4.5m。

二、集缆室

集缆室位于中央控制室下层,用于布置中控室的各种电缆,电缆穿过楼板与各种设备连接。集缆室的面积等同于中控室,高度一般为2~3m,不宜过高,以工作人员能直立工作为宜。集缆室出口应不少于两个,也要注意防潮问题。

三、继电保护室

继电保护是当电气设备发生故障时,能自动断开线路,隔离故障设备,防止事故进一步扩大,保护电气设备的装置。各种继电保护装置一般集成在继电保护屏内,继电保护屏应布置在毗邻中控室的专门房间内,也可利用保护屏作为隔墙,布置在中控室内,以减小副厂房面积。

继电保护室层高不小于3.5m。

四、开关室

发电机的配电装置常置于成套的开关柜中,开关柜一般集中布置在开关室。开关室应位于主厂房与主变压器之间,以缩短母线长度。

开关室的布置应考虑防火、防潮、防爆的要求,门应往外开启。开关室长度小于7m时,可设一个出口;长度为7~60m时,应设置两个出口;长度超过60m时,应设置三个出口。

开关室层高应考虑开关柜的高度,并保证开关柜顶的安全距离。

五、通信室及远动装置室

当输电电压在110kV以上时,为了便于与调度中心联系,由系统调度中心指挥水电站运行,应专设载波电话通信室、自动交换机室、微波通信室和远动装置室等。这些房间应靠近中控室布置,并同一高程,室内最小高度为3.5m。

副厂房各部分房间面积参考表5-4。

表5-4　　　　　　　　　副厂房类型及其参考面积　　　　　　　　　单位:m²

序号	类别	名称	按装机容量确定面积,N的单位为万kW		
			130>N>20	20>N>0	10>N>2.5
1	直接生产副厂房	中央控制室	90~130	65~90	35~65
2		集缆室	90~130	65~90	35~65
3		继电保护室	80~120	50~80	30~50
4		通信及远动装置室	25~50	25~50	20~30
5		计算机室	100~120	100~120	100~120
6		开关室	按需要确定		
7		油、气、水系统	按需要确定		
8		厂用电变压器室	按需要确定		

续表

序号	类别	名称	按装机容量确定面积，N 的单位为万 kW		
			130>N>20	20>N>0	10>N>2.5
9	检验试验副厂房	继电保护试验室	40~45	40~45	40~45
10		测量仪表试验室	35~40	30~35	25~30
11		精密仪器试验室	30~35	25~30	20~25
12		高压试验室	40~45	35~40	25~35
13		电工修理间	25~35	25~35	25~35
14		电气工具间	20	15	15
15		机械维修间	60~100	40~60	40~60
16		油化验室	10~20	10~20	10~20
17		仓库	10~25	10~25	10~25
18	间接辅助生产副厂房	总工程师室	20~25	20~25	20~25
19		运行分场	30~40	20~30	20~30
20		检修分场	30~40	20~30	20~30
21		水工分场	25~35	25~35	25~35
22		交接班室	20~25	20~25	15~20
23		生产技术科	25~30	25~30	20~25
24		厂长室	25	20	15
25		资料室	25~35	25~35	25~35
26		会议室	35~50	35~50	20~25
27		保安工具室	10	10	10
28		警卫室	10	10	10
29		仓库	15	15	15

第五节　卧式机组厂房的布置

一、卧式机组地面厂房的特点

卧式机组地面厂房分为上部结构和下部结构，上部为单层结构，布置的设备有水轮机、发电机、调速器、机旁盘、桥式吊车等，平面上划分为主机室和安装间。下部结构主要有尾水室、尾水渠、主阀坑、管沟和基础等。与立式机组厂房相比，卧式机组厂房高度低，平面尺寸大，结构简单，造价低，设备布置、安装、检修和维护方便，适应于小型水电站。卧式机组一般分为混流式、冲击式、贯流式。

二、卧式机组地面厂房的设备布置

（一）机组排列方式

卧式机组的水轮机和发电机成一线布置在厂房内，机组的排列方式有以下三种，如图 5-31 所示。

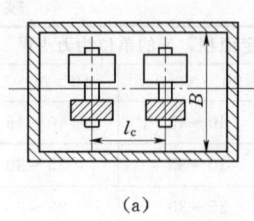 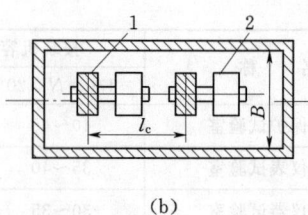 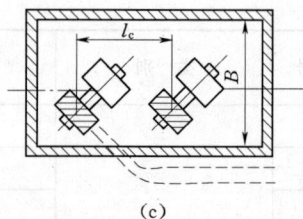

(a) (b) (c)

图 5-31 卧式机组平面布置方式
(a) 横向布置；(b) 纵向布置；(c) 斜向布置
1—水轮机；2—发电机

1. 横向排列

各机组平行布置，即机组轴线与厂房纵轴线垂直，如图 5-31（a）所示。这种布置，进水管与厂房横轴线平行，所以水流不平顺。厂房长度较小，宽度相对大，厂房的跨度大，增加厂房的结构投资。但机组台数多时，可以减小厂房长度，因此适用于机组较多的水电站。

2. 纵向排列

各机组成一线排列，即机组轴线与厂房纵轴线平行，如图 5-31（b）所示。这种布置，水轮机的进、出水方向与厂房横轴线平行，水流平顺，有利于运行管理。厂房较长，宽度小，适用于机组较少的水电站。

3. 斜向排列

各机组平行布置，但机组轴线与厂房纵轴线成斜角，如图 5-31（c）所示。这种布置，水轮机的进、出水方向与厂房横轴线成一夹角，而进水管与厂房横轴线平行，所以水头损失是介于以上两种之间。厂房长度、宽度也是介于以上两种之间。这种布置适用于机组较多，而又要减小厂房尺寸的水电站。

（二）混流式、冲击式水轮机组厂房的设备布置

混流式、冲击式水轮机组的进水管、主阀坑和各种管沟均布置在厂房的上游侧，调速器一般固定在水轮机旁，机旁盘、励磁盘等布置在下游侧。吊物通道可设在上游侧，但要跨过主阀，如布置在下游侧，应在机旁盘与机组之间留有足够的距离。

1. 混流式水轮机组厂房下部结构的布置

混流式水轮机的蜗壳布置有两种方式：进口水平和进口朝下，如图 5-32 所示。

进口水平布置可以减小蜗壳高度，水流亦比较平顺，但引水管露在厂房地面以上，影响厂房设备布置和交通。进水管管轴的方向必须与机组主轴垂直。

进口朝下布置蜗壳高度较大，进水管必须通过 90°的弯头，才能与蜗壳进口连接，水头损失较大，但这种方式，由于进水管埋在地面以下，所以不影响厂房内的交通与设备布置；进水管的布置也比较灵活，进水管管轴的方向可以与机组主轴垂直到平行的任何角度布置，如图 5-33 所示。

卧式机组常采用直锥形管，通过 90°的弯头与蜗壳出口连接，尾水管伸入尾水室，尾水管出口必须淹没在水面以下 0.3~0.5m。

第五节 卧式机组厂房的布置

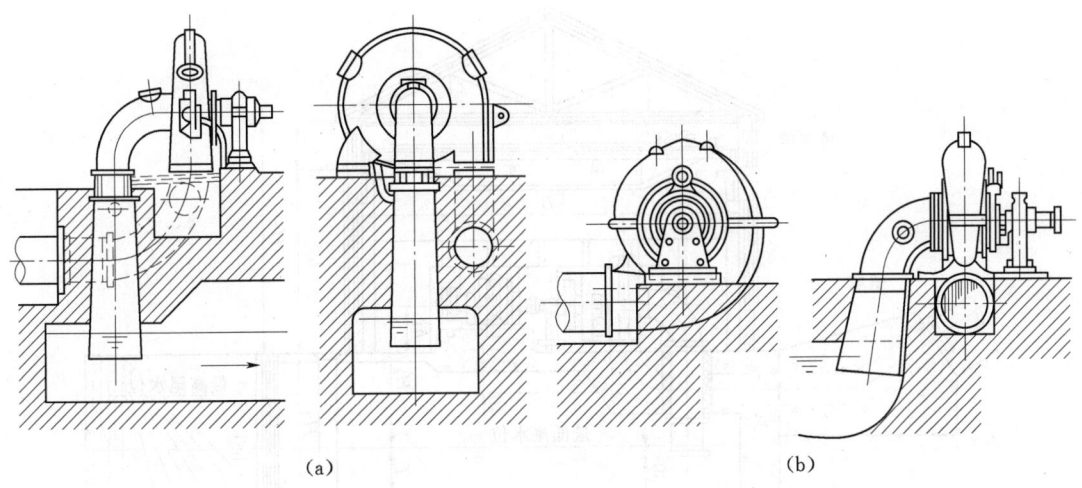

图 5-32 卧轴金属蜗壳水轮机的布置

卧轴混流式水轮发电机组的整个转动部分是由 2～3 个轴承支承，其中一个为推力轴承。轴承通过轴承座将力传给地基，并将轴承固定在基础上。水轮机蜗壳、发电机定子外壳由地脚螺栓直接固定在地基上。发电机地面以下中间位置开设电缆坑和通风道。采用横向布置时的卧式机组厂房结构如图 5-34 所示。

2. 冲击式水轮机组厂房下部结构的布置

冲击式水轮机组厂房的下部结构与混流式机组厂房相似，只是冲击式水轮机没有尾水管。由喷嘴射出的水流冲击转轮叶

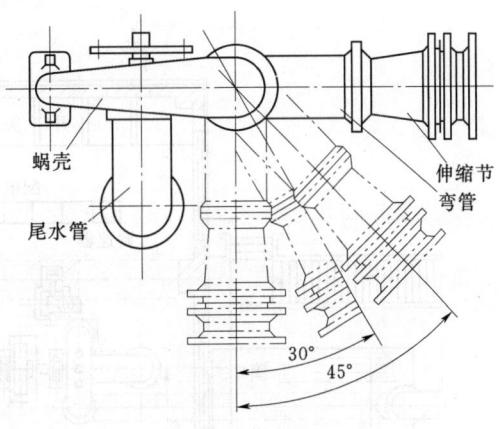

图 5-33 进水弯管的可能布置方式

片后，自由落入尾水坑，再通过尾水渠排至下游。混流式水轮机对转轮是悬臂支承的，而冲击式水轮机的转轮是由机壳两边的轴承支承。冲击式水轮机的外壳由地脚螺栓直接固定在地基上。其余部分的支承方式和地下结构与卧式混流机组相同。

冲击式水轮机可以是单喷嘴，如图 5-35 所示，也可以是双喷嘴，如图 5-36 所示。为了提高效率和单机出力，有时还采用双转轮带动一台发电机的方式，如图 5-36 所示，这时发电机位于两转轮之间。

冲击式水轮机进水管一般低于主厂房地面，如图 5-35 所示。在水轮机之前要布置球阀，置于球阀坑内。通常球阀坑上面用薄钢板覆盖，以便工作人员通行。球阀坑应设置排水管，通向集水井或尾水渠，如图 5-36 所示。

三、卧式机组主厂房尺寸的拟定

卧式机组主机房轮廓尺寸的拟定原则与立式机组厂房基本相同。

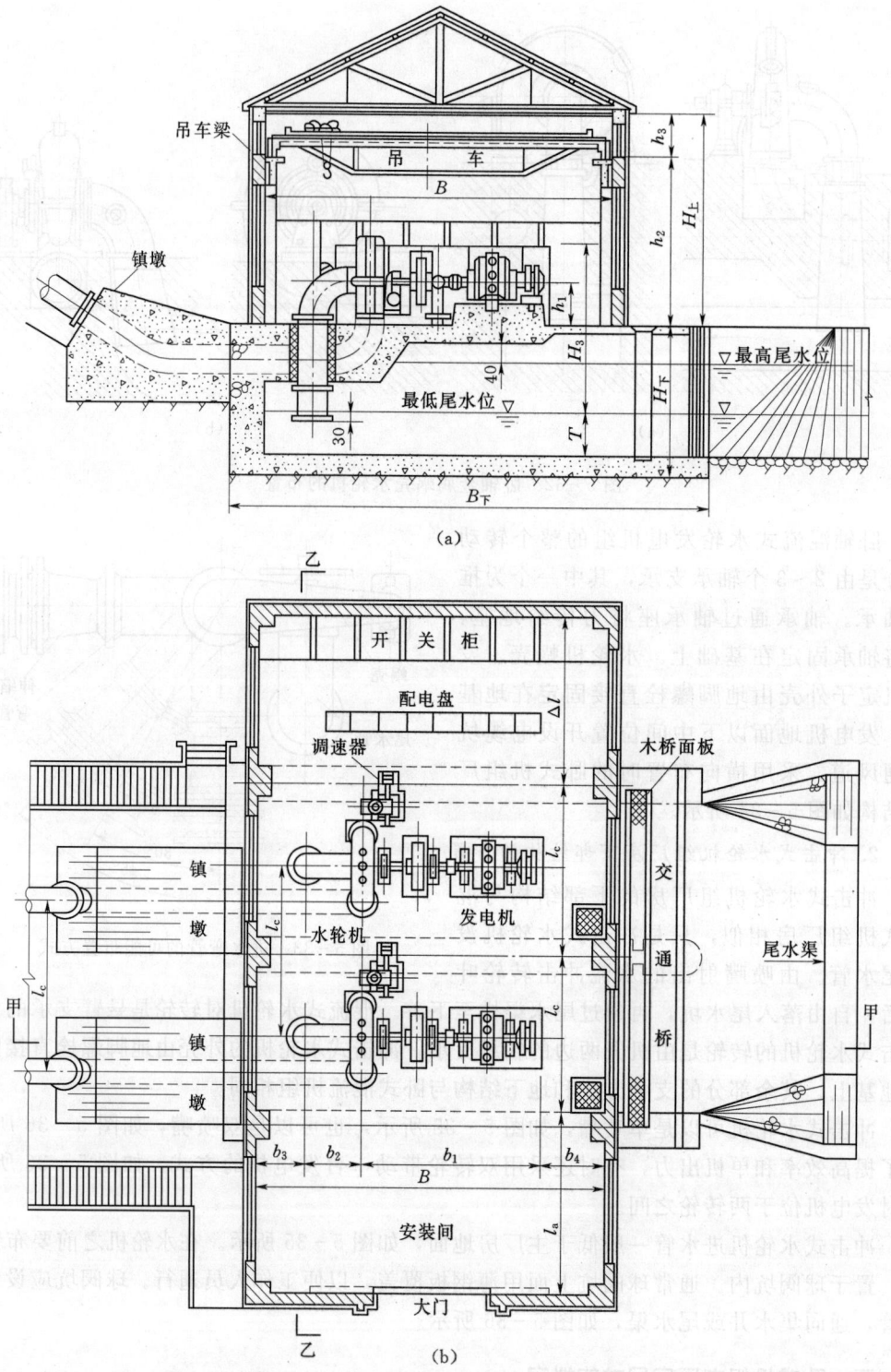

图 5-34 安装卧式反击式水轮机厂房

第五节 卧式机组厂房的布置

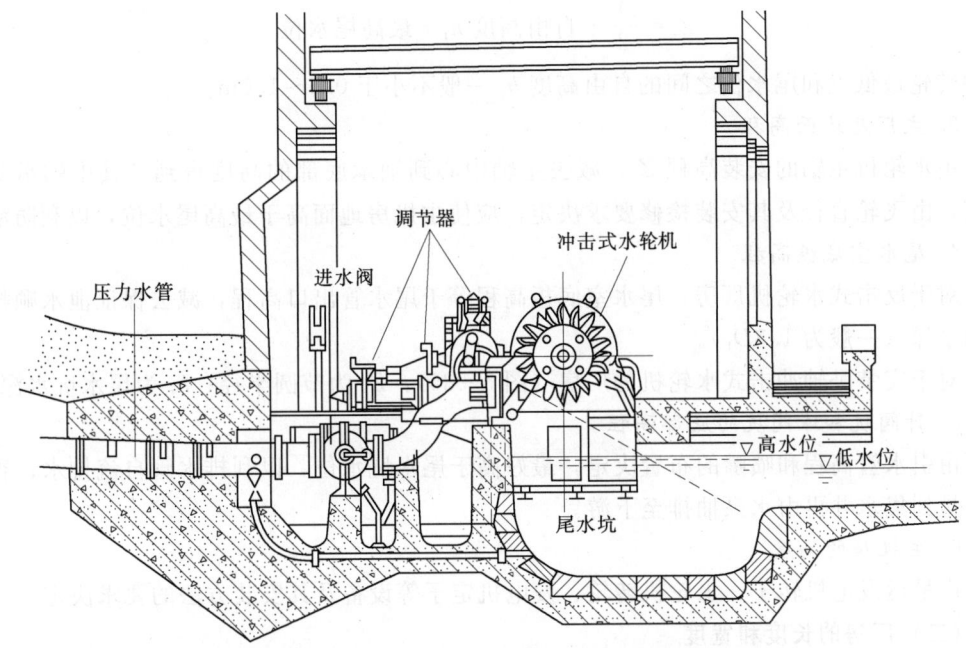

图 5-35 安装卧式单喷嘴冲击式水轮机的厂房

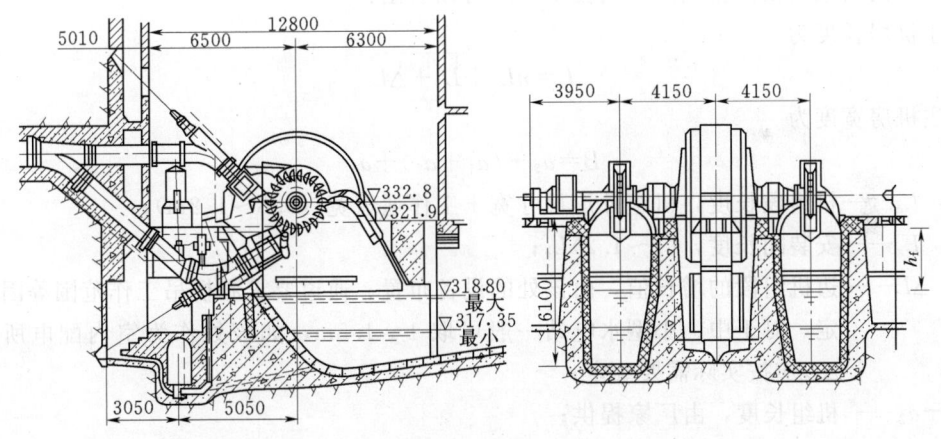

图 5-36 安装卧式双喷嘴冲击式水轮机的厂房（单位：mm）

（一）水轮机安装高程和主机房高度尺寸确定

1. 反击式水轮机

应根据允许吸出高度 H_s，来计算水轮机主轴的安装高程 Z_s。

主轴安装高程 $Z_s = H_s - \dfrac{D_1}{2} +$ 最低尾水位，并根据尾水管长度验算尾水管出口淹没深度，要保证淹没深度不小于 0.3～0.5m，否则要加长尾水管或降低安装高程。

2. 冲击式水轮机

主轴的安装高程 Z_s 为

$$Z_s = \frac{D_1}{2} + 自由高度 h_f + 最高尾水位$$

其中转轮最低点和尾水位之间的自由高度 h_f 一般不小于 $0.5 \sim 1.0$m。

3. 主厂房地面高程

由水轮机主轴的安装高程 Z_s，减去主轴中心到轴承底部的高度得到。其中轴承支架高度，由飞轮直径及其安装检修要求决定，应使主机房地面高于最高尾水位，以利防潮。

4. 尾水室底板高程

对于反击式水轮机厂房：尾水室底板高程等于尾水管出口高程，减去保证泄水顺畅所需的水深（一般为 $1.3D_1$）。

对于安装卧轴冲击式水轮机的厂房（图 5-35）：Z_s 为节圆半径；h_f 为尾水坑水深。

5. 针阀坑和球阀坑的底部高程

由引水管高程和喷嘴的布置决定，最好高于尾水坑水位，以利排水管自流排水；否则需先排到集水井再由水泵抽排至下游。

6. 主机房的高度

由吊运发电机转子、水轮机转轮、发电机定子等设备及其安装方法的要求决定。

(二) 厂房的长度和宽度

厂房的长度和宽度主要决定于机组的排列方式和设备布置的情况。

(1) 当机组为横向排列时，由图 5-34 可以看出：

主机房长度为

$$L = nL_c + L_a + \Delta L$$

主机房宽度为

$$B = a_3 + (a_1 + a_2) + a_4$$

式中 L_c——机组段长度，机组外形尺寸宽+工作通道宽（$0.8 \sim 1.2$m）；

L_a——安装间长度，$(1 \sim 1.2)L_c$；

ΔL——边机组段的增长值，由该处的设备布置、通道要求和桥吊工作范围等因素确定，对于中、小型水电站一般可取 $1 \sim 1.5$m，如该处作为室内配电所，则 ΔL 应按实际需要确定；

$a_1 + a_2$——机组长度，由厂家提供；

a_3, a_4——机组到边墙的距离，由设备布置和通道要求确定，如有主阀设在厂内，则 a_3 应按需要增大，a_4 的大小还要考虑发电机转子抽出检修的需要。

(2) 当机组为纵向排列时由图 5-37 可以看出：

主机房长度为

$$L = (n-1)L_c + (a_1 + a_2) + a_3 + L_a$$

主机房宽度为

$$B = b_1 + b_2 + b_3 + b_4$$

$$L_c = a_1 + a_2 + d$$

式中 d——两机组间的通道宽，一般为 $0.8 \sim 1.2$m。当发电机转子需要就地抽出检修时，应按转子带轴长决定。

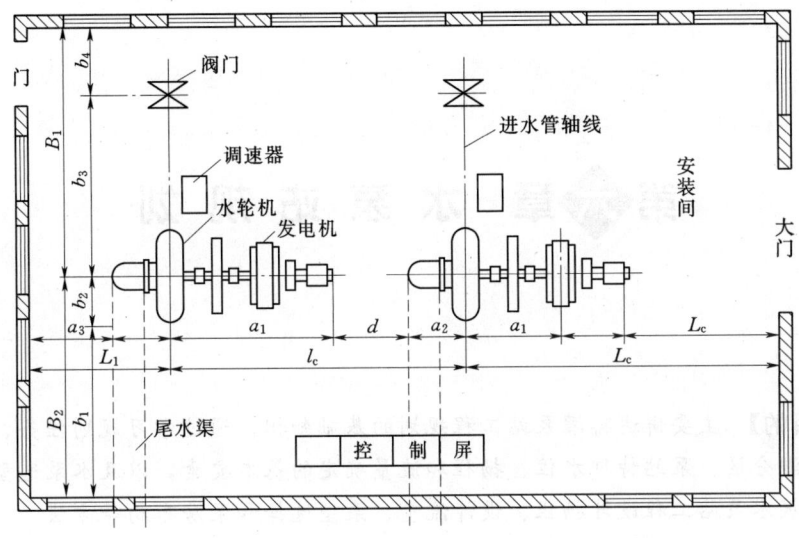

图 5-37 卧式机组纵向排列时的厂房平面尺寸示意图

1. 查阅有关资料了解水轮机的构造和特性。
2. 查阅有关资料了解水轮机汽蚀现象与汽蚀系数的确定。
3. 查阅有关资料了解水轮机调速设备特性及安装要求。
4. 查阅有关资料了解发电机的基本构造和安装要求。
5. 查阅有关资料了解水电站起重设备的特性和安装要求。
6. 查阅有关资料了解单层工业厂房的建筑构造。
7. 水轮机布置的基本要点是什么?
8. 发电机布置的基本要点是什么?
9. 如何确定水电站厂房宽度?
10. 如何确定水电站厂房长度?
11. 如何确定水电站厂房各部分高程?
12. 如何布置副厂房?
13. 如何布置厂房内的水平和上下交通?

第六章 水泵站规划

【教学目的】 主要讲述排灌泵站工程规划的基础知识。通过学习规划任务、原则、标准，学习排灌分区、泵站特征水位、扬程和流量确定的基本要素，以及水泵选型的基本内容，重点掌握水泵站工程设计扬程、设计流量、泵型选择和泵房布局等方法。

【教学要求】 了解水泵站规划的任务、原则和依据，掌握灌溉泵站的灌区划分方法、总体布置、灌溉设计流量、特征水位和扬程的计算；掌握排涝泵站的排涝分区方法、总体布置、排涝设计流量、特征水位和扬程的计算；掌握水泵站机组选择方法方法。具体要求见下表。

本章教学要求

能力目标	知识要点	权重	自测分数
了解相关知识	规划任务、原则、标准；排灌分区、泵站特征水位、扬程和流量的基本要素；水泵选型的基本内容	30%	
熟练掌握知识点	(1) 泵站工程设计扬程、设计流量的计算 (2) 泵型选择的方法 (3) 泵站的总体布置	40%	
运用知识分析案例	主要工作内容、程序	30%	

【内容导引】 江河流域（区域）综合规划包括防洪、治涝、灌溉、城乡生活和工业供水规划、水力发电规划、水土保持规划、水质保护规划、航运渔业及其他规划等，泵站规划是治涝和灌溉规划的一部分，泵站规划要服从区域综合规划，特别是要服从治涝和灌溉规划。泵站规划要根据治涝和灌溉规划中有关的分区情况和设计标准，确定站址和总体布置，确定泵站设计流量和设计扬程。

第一节 水泵站规划的任务、原则、标准和依据

治涝和灌溉规划主要确定排灌渠系、调蓄区、泵站和水闸等工程的布局和规模。排灌渠系、调蓄区、泵站和水闸等工程是相互关联、相互制约的整体，不能各自独立进行规划。因此，泵站规划需要从排灌规划的全局来考虑。

第一节 水泵站规划的任务、原则、标准和依据

一、规划的任务和原则

(一) 规划任务

治涝和灌溉规划是根据河流流域治理和开发中存在的问题,结合当前水利建设的要求,在研究流域治涝、灌溉以及与此相关的综合利用问题的基础上,以治涝达标、灌溉保障、保护环境为主要目标开展的。治涝和灌溉规划的任务如下:

(1) 治涝。明确规划对象和范围,根据现行的治涝标准,对涝区现有的排涝能力进行复核,对未达到排涝标准的涝区,经过分析、论证、方案比较,采取更新改造、扩容现有电排站以及新建电排站、截洪渠等工程措施,使区域内的内涝问题得到根本解决。

(2) 灌溉。根据水资源的时空分布规律,通过续建,并适当扩建、新建部分蓄、引、提工程,以扩大保灌面积;因地制宜进行节水改造,完善排灌系统,发展节水灌溉技术,提高水的利用率和产出率,力争在规划建设期内解决灌区缺水问题,为农业现代化提供基本保障。

泵站规划的任务是:根据排灌区划分、站址选择、排灌标准,确定泵站枢纽布置、设计流量、设计扬程和装机容量,并计算经济指标,评价工程效果,拟定工程运行管理方案等。

(二) 规划原则

1. 经济性原则

经济性原则就是在不降低排灌标准的前提下,减小排灌工程投资和运行费用,实现总费用最低的目标。

经济性原则的主要内容首先是自排灌为主,提排灌为辅。提排灌工程投资大、运行费用高,在规划时应尽量减小提排灌工程量。在地形条件许可的情况下,通过简单的自排灌工程最大限度地满足排灌要求,以减小提排灌工程量。

其次是高区高排灌、低区底排灌。这是经济性原则的第二个方面,就是扬程的经济性分区原则,避免扬程的过度提升带来的浪费。

2. 因地制宜原则

排灌工程规划会受到诸多因素的干扰,如地形条件、排灌体系的现状、调蓄区的布局现状等,许多因素的现状是难以改变的,否则会引起众多的民事纠纷问题,如征地、拆迁、移民等,对建设管理会带来极大的困难。地形地质条件、水文条件也是规划必面对的问题,要充分利用有利条件,克服不利因素,因地制宜,以达到最佳目标。不同的地区排灌规划的侧重点有所不同,因此分述如下。

(1) 丘陵山区。丘陵山区的特点是地形复杂、高程变化大、山高坡陡,雨量分布不均,径流滞留时间短,蓄水量少,一遇少雨年份,容易形成干旱,但不易形成内涝。因此,该类地区泵站的主要任务是灌溉,通过提灌工程来提高灌溉保证率。

丘陵山区的治理是通过水资源供需平衡分析,合理调配水量,采取蓄提相结合的措施,井渠相结合的灌溉方式,充分利用地表水和地下水资源,提高渠道水利用系数,做好用水高峰时段的水量平衡,尽量减少提灌流量、降低扬程,实现经济合理的目标。

(2) 水网圩区。水网圩区一般位于流域中下游的三角洲地区,其特点是河网密布,水源充沛,地势平坦,地面高程较低,一般位于江河洪枯水位之间,江河两岸沿线一般布置

堤防，常常受到洪、涝、渍灾害的威胁。在此类地区，泵站的主要任务是排涝，结合灌溉。

水网圩区的治理任务主要是防洪排涝，堤防的任务是防外江河洪水，泵站则是排除内涝。排涝规划的主要原则是高水高排，低水低排，并充分利用河网、湖泊、水塘的容积进行有效调蓄，尽量减少泵站装机容量，以降低投资和运行费用。

（3）平原地区。平原地区主要位于我国北方，其特点是降水少、时空分布不均匀，由于地形比较平坦，难于蓄水，因此该类地区易干旱、易渍涝，相对而言，平原地区地下水资源比较丰富。在此类地区，泵站的主要任务是灌溉和排渍涝。

平原地区的治理任务是合理利用降水、地表水和地下水，处理好灌、排、蓄的关系，渠、沟、井、塘等水利设施相互结合，实现综合治理的目标。地下水的利用应以浅层水为主，中深层承压水应适度开发，根据含水层的补水能力，合理利用，避免过度开发。

二、规划的标准

1. 设计水平年

规划设计水平年包括现状年、近期水平年和远期水平年。现状年是规划的起点和基础，通过对现状的分析和研究，提出合理的近、远期治理目标。设计水平年一般与国家五年计划相适应，一般以五年为间隔，通过对近、远期发展目标的预测和分析，分别制定近期水平年（未来五年）和远期水平年（未来十年）的治理规划。

2. 标准

治涝和灌溉规划以国家和水利部颁发的现行标准为主，结合地方政府水利部门颁发的有关标准、规定。例如，广东省有关的地方标准有《广东省防洪（潮）标准和治涝标准》（粤水电总字［1995］4号文）。

（1）防洪。防洪标准依据《防洪标准》（GB 50201—94）、《广东省防洪（潮）标准和治涝标准》（粤水电总字［1995］4号文），结合防洪保护地区的社会经济发展水平、防洪规划的体系和防护的对象来制定。防洪标准主要指设计洪水频率。

（2）治涝。按广东省水利厅《广东省防洪（潮）标准和治涝标准（试行）（粤水电总字［1995］4号）》，结合防洪保护地区的社会经济发展水平、防洪规划的体系和防护的对象来制定。排涝标准包含三个要素：降水频率、降水历时和排除时间。

（3）灌溉。按广东省水利厅规定抗旱的标准，确定灌溉保证率。灌溉水质标准执行《农田灌溉水质标准》（GB 5084—92）。灌溉标准包括灌溉保证率和灌溉用水水质要求。

三、规划的依据

1. 有关的总体规划和设计成果

必须执行的上一级有关总体规划，其对本规划有指导和规范作用，应作为本规划的依据，如当地社会经济发展规划、城市发展总体规划、流域综合规划等。

有关技术图表、手册也是重要的技术依据，如当地的水文图册——《广东省暴雨参数等值线图》（2003）、《广东省暴雨径流查算图表》（使用手册）等。还有部分已建或已审批工程的设计数据和参数，也可作为规划分析的基础数据。

2. 技术规范

相关现行技术规范主要有：

《城市防洪工程设计规范》(CJJ 50—1992)；
《堤防工程设计规范》(GB 50286—1998)；
《泵站设计规范》(GB 50265—1997)；
《水利水电工程设计洪水计算规范》(SL 44—1993)；
《灌溉与排水工程设计规范》(GB 50288—1999)；
《水利建设项目经济评价规范》(SL 72—1994)。

第二节 灌溉泵站工程规划

一、灌区划分

灌区划分主要考虑两个因素：扬程和灌溉面积。根据规划的经济性原则，要实现"高区高排灌、低区底排灌"，必须根据灌区高程分布情况，按高程分级划分灌区。对于灌溉面积较大的灌区，按水源的供水量、泵站规模、渠道的布局等条件，进行分区、分片灌溉。总的来说，灌溉分区是按扬程分级和按面积分片以其组合的过程。

常见的灌区划分方式如图 6-1 所示。

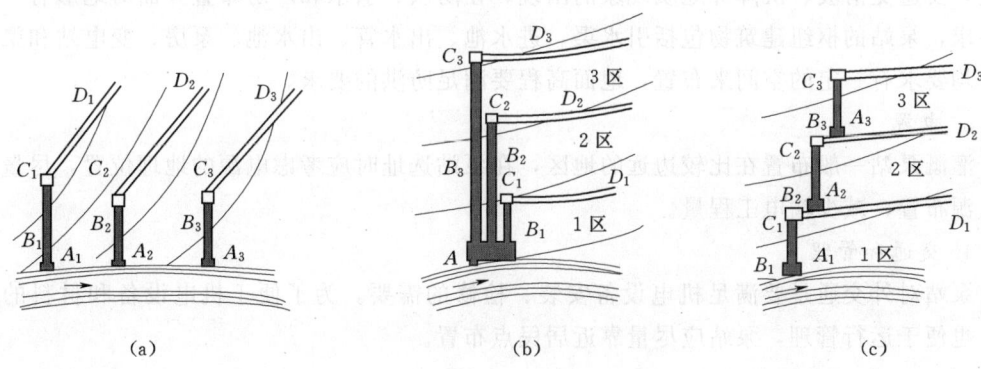

图 6-1 常见的灌区划分方式
(a) 多站分区式；(b) 一站分区式；(c) 多级分区式

二、站址选择

站址选择主要考虑以下因素。

1. 水源

站址选择首先需要考虑的是水源，要求水源的水质、水量、水温能够满足灌溉需要。通常泵站取水水源有河流、湖泊、水库、渠道、地下水等。对于水源的水质可以根据水质检测结果来评估；对于水源的水量则应根据水文的观测资料来分析，开发灌区前，首先要选择好灌溉水源。选择水源时，要对当地水资源的数量、水质、时空变化及引水条件等进行研究。在水量供需平衡计算的基础上，制定利用灌溉水源的可行方案；对于水源的水温要根据地理情况来分析，一般来说除了高寒地区和山区小沟、小溪水温比较低之外，较大的河流、水域的水温一般能够满足灌溉要求，可以作为水源。从水库取水时，应考虑水库水温的分层情况，尽量取表层水。灌溉水质具体标准如下。

（1）灌溉水源中的泥沙。一般认为，灌溉水中粒径小于 0.001～0.005mm 的泥沙颗粒，含有较丰富的养分，可以随水入田；粒径为 0.005～0.1mm 的泥沙，可少量输入田间；而粒径大于 0.1～0.15mm 的泥沙，一般不允许入渠。

（2）灌溉水温。灌溉水要有适宜的温度，而且灌溉时的灌溉水温与农田地温之差宜小于 10℃。水稻田灌溉水温宜为 15～35℃，最低不应低于 12℃，最高不超过 38℃。泉水、井水及水库底层水，温度偏低，应采取适当措施提高水温。

（3）灌溉水中的含盐量。含盐量是指灌溉水中所含的可溶性盐分的总量，单位为 g/L 或 mg/L，一般不超过 2g/L。

（4）灌溉水的酸碱度。灌溉用水要求的 pH 值应在 5.5～8.5 之间，我国天然河水的 pH 值大致在 6.5～8.5 之间，符合灌溉水质要求。

（5）灌溉水中的有害物质。某些重金属汞、镉、铬和非金属砷以及氰、氟的化合物等为有害物质，对灌溉用水中的有害物质含量，应该严格限制。

2. 地形地质

泵站厂房承受的荷载比较大，要求地基有一定的承载力，还要求泵站周边的地质比较稳定，要避免滑坡、沉降等地质现象的出现。在防洪、引水和厂房布置方面对地形有一定的要求，泵站的枢纽建筑物包括引水渠、进水池、出水管、出水池、泵房、变电站和渠道等，均要求有一定的空间来布置，地面高程要满足防洪的要求。

3. 电源

灌溉泵站一般布置在比较边远的地区，在泵站选址时应考虑电源的地理位置，尽量靠近电源布置，减少输电工程量。

4. 交通和管理

泵站对外交通是要满足机电设备安装、检修的需要。为了便于机电设备和材料的运输，也便于运行管理，泵站应尽量靠近居民点布置。

三、设计流量和特征扬程的确定

（一）灌溉设计标准

灌溉设计标准是确定灌溉泵建设规模的主要指标。它综合反映了灌溉水源对灌区用水的保证程度。灌溉设计标准越高，灌溉用水得到水源供水的保证程度越高。所以，它是一个关系到灌溉工程的规模、投资和效益的重要指标。我国表示灌溉设计标准的指标有两种：灌溉设计保证率和抗旱天数。

灌溉设计标准主要用于选择设计年。为确定灌溉用水量，必须首先确定水源的来水过程和灌区的用水过程。在灌溉工程规划设计时，中、小型灌溉工程多用一个特定水文年份的来水过程和用水过程进行平衡计算，这个特定的水文年份叫做设计典型年，简称设计年，而设计年又是根据灌溉设计标准确定的。

1. 灌溉保证率

灌溉保证率是指一个灌溉工程的灌溉用水量在多年期间能够得到保证的概率，以正常供水的年数占总年数的百分数表示，其表达式为

第二节 灌溉泵站工程规划

$$P = \frac{n}{N} \times 100\% \qquad (6-1)$$

式中 P——灌溉保证率,%;

n——设计灌溉用水量全部获得满足的年数;

N——计算的总年数,为了保证计算准确性,计算系列年数一般不小于 15 年。

灌溉设计保证率可根据水文气象、水土资源、作物组成、灌区规模、灌水方法及经济效益等因素,参照表 6-1 所列确定。

表 6-1 灌溉设计保证率

灌溉方法	地 区	作物种类	灌溉设计保证率(%)
地面灌溉	干旱或水资源紧缺地区	以旱作物为主	50～75
		以水稻为主	70～80
	半干旱、半湿润地区或水资源不稳定地区	以旱作物为主	70～80
		以水稻为主	75～85
	湿润地区或水资源丰富地区	以旱作物为主	75～85
		以水稻为主	80～95
喷灌、微灌	各类地区	各类作物	85～95

灌溉设计保证率的概念明确,可以利用当地的水文气象等资料进行分析计算确定。如果资料系列较长,可以得到比较满意的结果。因此,这种方法在我国被广泛采用。

2. 抗旱天数

抗旱天数是指在作物生长期间遇到连续干旱时,灌溉设施的供水能够保证灌区作物用水要求的天数。用抗旱天数作为灌溉设计标准,概念明确具体,易于被群众理解接受,适用于以当地水源为主的小型灌区。

抗旱天数有两种不同的统计方法:一是指连续无雨日。有些地区把日降雨量小于 2mm 或 3mm 为无雨日,有的地区以 5d 降雨小于 10mm 为无雨日,也有的地区规定日雨量小于日蒸发量的为无雨日等;二是指连续无透雨的日数,即两次透雨的间隔日数。

选定抗旱天数时也应进行经济分析,抗旱天数定得越高,作物缺水受旱的可能性越小,但工程规模大,投资多,水资源利用不充分,不一定是经济的;反之,定得过低,工程规模小,投资少,水资源利用较充分,但作物遭受旱灾的可能性也大,也不一定经济。应根据当地水资源条件、作物种类及经济状况等,全面考虑,分析论证,以期选取切合实际的抗旱天数。根据《灌溉与排水工程设计规范》(GB 50288—1999)规定:以抗旱天数为标准设计灌溉工程时,单季稻灌区可用 30～50d,双季稻灌区可用 50～70d。经济发达地区,可按上述标准提高 10～20d。

(二)灌溉设计年的选择

1. 灌溉用水设计年选择

灌溉设计标准确定后,就可根据这个标准对某一水文气象要素进行分析计算来选择灌溉用水设计年。常用的选择方法有以下几种:

（1）按年雨量选择。把历年的降雨量从大到小排列，进行频率计算，选择降雨频率和灌溉设计保证率相同或相近的年份，作为灌溉用水设计典型年。这种方法只考虑了年降雨量的大小，而没有考虑年降雨量的年内分配情况及其对作物灌溉用水的影响。按此年份计算出来的灌溉用水量和作物实际需要的灌溉用水量往往差别较大。

（2）按主要作物生长期的降雨量选择。统计历年主要作物生长期的降雨量，进行频率计算，选定设计年。主要作物是指灌区内种植面积较多、经济价值较高、灌溉用水量较大的作物。这种方法能反映主要作物的用水要求，较第一种方法有所改进，但仍未能解决作物生长期内降雨量的分配及其对作物用水的影响这个根本问题，所以计算结果和作物实际需要有一定差别。

（3）按干旱年份的雨型分配选择。对历史上曾经出现过的、旱情较严重的一些年份的降雨量年内分配情况进行分析研究，选择对作物生长最不利的雨量分配作为设计雨型。再按照第一种方法确定的设计降雨量，在选定的设计雨型进行分配，以此作为设计年份的降雨过程。

2. 水源来水设计年的确定

（1）与灌溉用水设计年同年分。采用与灌溉用水设计年同一年份的河流来水过程作为设计年的水源来水过程。

（2）与灌溉用水设计年同频率。把历年的灌溉用水期的河流平均流量（或水位）从大到小排列，进行频率计算，选择率和灌溉设计保证率相同或相近的年份，作为河流来水设计典型年，这一年份的河流来水过程作为设计年的水源来水过程。

（三）灌溉用水量计算及用水过程线

灌溉用水量与灌溉制度有关。农作物的灌溉制度是为作物高产及节约用水而制定的适时适量的灌水方案。它的内容包括旱作物播种前或水稻插秧前和生育期各次灌水的灌水日期、灌水次数、灌水定额和灌溉定额。

灌水定额是指单位灌溉面积上的一次灌水量或灌水深度，以 m^3/hm^2 或 mm 表示。

灌溉定额则是作物播种前及全生育期单位面积的总灌水量或灌水深度，以 m^3/hm^2 或 mm 表示。

灌溉用水量计算可用下面两种方法进行。

1. 用灌水定额和灌溉面积直接计算

根据已拟定的设计代表年灌溉制度，各种作物各次灌水定额都为已知，这样可用式（6-2）计算某作物某次净灌溉用水量，即

$$w_{净i} = m_i a_i \tag{6-2}$$

式中　$w_{净i}$——某作物某次净灌溉用水量，m^3；

　　　m_i——某作物某次灌水定额，m^3/hm^2；

　　　a_i——某作物的种植面积，hm^2。

同理，可以计算出各种作物各次的灌溉用水量。然后把同一时间各种作物用水量相加，就得不到同时期灌区的净灌溉用水量。但由于从水源将水送至田间，需经各级渠道输水，因渠道的渗漏和田间灌水损失，损失了部分水量，故要求水源供给田间的水量为净灌溉用水量 $w_{净i}$ 与净损失水量之和，称毛灌溉用水量，其值可用式（6-3）计算，即

第二节 灌溉泵站工程规划

$$w_{毛} = \frac{w_{净}}{\eta} \quad (6-3)$$

式中 $w_{毛}$——某作物某次毛灌溉用水量,m^3;
    η——灌溉水利用系数。

η 的大小与各级渠道长度、流量、沿渠土壤、水文地质条件、渠道工程状况和灌溉管理水平有关,可在管理运用过程中实测决定。在规划设计新建灌溉工程时可参考已建成灌区的实测资料进行估算。我国南方各省,在规划设计中对于大、中、小型灌区,一般分别取为 0.6~0.7、0.7~0.8,若考虑防渗措施,η 采用较大数值。但根据目前管理条件,实际上许多灌区 η 只能达到 0.45~0.6。

【应用算例 6-1】 某灌区灌溉面积为 $50hm^2$,计算灌区设计典型年灌溉用水过程。用灌水定额和灌溉面积直接计算的各种作物的综合灌溉制度如表 6-2 所示,$\eta=0.65$。全灌区分两片耕作一为一年二熟,另一为一年三熟,面积分别为 $20hm^2$ 和 $30hm^2$。

表 6-2   某灌区设计典型年灌溉用水过程推算表

灌区一:一年二熟设计枯水年											
计算条件		灌溉定额:797.9m^3/亩;种植面积:20hm^2;灌溉水利用系数:0.65									
项 目		4月	5月	6月	7月	8月	9月	10月	11月	12月	1月	2月
灌水量时段分配(%)	上旬	2.7	0	0	5.5	6.5	8.7	9.6				
	中旬	0	6.7	0	0	4.8	12	6.1				
	下旬	0	5.4	0	13.7	5.7	12.6	0				
	月计	2.7	12.1	0	19.2	17	33.3	15.7				
用水量	m^3	6463.0	28963.8	0	45959.0	40692.9	79710.2	37581.1	0	0	0	0
灌区二:一年三熟设计枯水年												
计算条件		灌溉定额:1036.4m^3/亩;种植面积:30hm^2;灌溉水利用系数:0.65										
项 目		4月	5月	6月	7月	8月	9月	10月	11月	12月	1月	2月
灌水量时段分配(%)	上旬	2.2	0	0	4.4	5.2	6.9	7.7	0	3.8	3	2.7
	中旬	0	5.4	0	0	3.8	9.6	4.8	0	0	2.7	2.5
	下旬	0	4.3	0	10.9	4.5	10	0	1.2	1.9	2.5	0
	月计	2.2	9.7	0	15.3	13.5	26.5	12.5	1.2	5.7	8.2	5.2
用水量	m^3	10260.4	45238.9	0	71356.1	62961.3	123590.7	58297.5	5596.6	26583.7	38243.2	24251.8
全灌区												
用净水量	m^3	16723.4	74202.6	0	117315.2	103654.2	203300.9	95878.6	5596.7	26583.7	38243.2	24251.8
用毛水量	m^3	25728.23	114157.9	0	180484.9	159468	312770.6	147505.5	8610.092	40897.94	58835.63	37310.4

2. 用综合灌水定额推算

全灌区任何时段内综合灌水定额,是该时段内各种作物灌水定额的面积加权平均值,即

$$m_{综净} = \sum_i m_i \alpha_i \quad (6-4)$$

式中 $m_{综净}$——某时段内灌区净综合灌水定额,m^3/hm^2;

α_i——第 i 种作物的种植比,其值为第 i 种作物灌溉面积与灌区总灌溉面积的比值;

m_i——各种作物在该时段的灌水定额,m^3/hm^2。

则全灌区某时段内的净灌溉用水量 $w_净$ 可用式(6-5)求得

$$w_净 = m_{综净} A \qquad (6-5)$$

式中 A——全灌区灌溉面积,hm^2。

计入损失水量,则综合毛灌水定额为

$$m_{综毛} = \frac{m_{综净}}{\eta} \qquad (6-6)$$

全灌区任何时段的毛灌溉用水量为

$$w_毛 = m_{综毛} A \qquad (6-7)$$

(四)泵站设计流量

泵站设计流量按照最大灌水定额来确定,根据灌溉用水量及用水过程线的计算确定最大综合用水定额 m,由式(6-8)可以计算泵站设计流量,即

$$Q = \frac{mA}{3600 T t \eta} \qquad (6-8)$$

式中 T——灌水天数,d;

t——日开机小时数,一般为 18~22h;

其余参数意义同前。

【应用算例 6-2】 应用算例 6-1 所示的灌区地势较高,水源地势低,须采用泵站提灌。根据应用算例 6-1 确定的综合灌溉制度,最大综合用水量为 $\frac{mA}{\eta} = 312770.6 m^3$,灌溉天数为 30d,日开机 22h,由式(6-8)计算,$Q = 0.132 m^3/s$。

(五)特征水位与特征扬程

1. 进水池特征水位

进水池特征水位取决于水源的水位变化情况,一般有设计洪水位、最高取水位、最低取水位和平均取水位。

(1)设计洪水位。设计洪水位是泵站防洪最高水位,与运行无关。用于确定泵房地面高程或防洪墙顶高程。泵房的电机层、变电站和电气设备均应布置在设计洪水位以上或设防洪墙进行保护。设计洪水位根据泵站防洪标准,通过河道洪水位计算确定。

(2)最高取水位或最高运行水位。根据水文资料分析,农田灌溉期水源水位的变化规律,确定可能出现的最高水位,即为最高取水位。

(3)最低取水位或最低运行水位。根据水文资料分析,农田灌溉期水源水位的变化规律,确定相应于设计保证率的最低日平均水位,即为最低取水位。

(4)平均取水位或设计运行水位。据水文资料分析,农田灌溉期水源水位的变化规律,确定观测系列的平均水位,即为设计取水位。

2. 出水池特征水位

(1)最高运行水位。根据水力学方法计算,当流量达到最大运行流量时,对应出水渠

的水位，即为最高运行水位。

（2）最低运行水位。根据水力学方法计算，当流量达到最小流量时，对应出水渠的水位，即为最低运行水位。

（3）设计运行水位。根据水力学方法计算，当流量达到设计流量时，对应出水渠的水位，即为设计运行水位。

3. 特征扬程

水泵扬程为出水池水位与进水池水位之差，加上管道水头损失。根据进、出水池水位的不同组合计算出各特征水位。

（1）最大扬程。进水池最低运行水位与出水池可能的最高运行水位组合计算的扬程，称为最大扬程。

（2）最小扬程。进水池最高运行水位与出水池可能的最低运行水位组合计算的扬程，称为最小扬程。

（3）设计扬程。进水池设计运行水位与出水池设计运行水位组合计算的扬程，称为设计扬程。

第三节　排涝泵站工程规划

水网圩区和平原地区由于地势低洼，发生洪水时外江（河）水位高于圩内地面高程，致使圩内雨水无法排出，形成内涝。沿海大、中城市大多位于水网圩区，是容易受到内涝威胁的地区，随着沿海地区经济社会和城市化建设的发展，对治涝工程的要求越来越高。

排涝设计工况有两种：自排和提排。当外江水位低于圩内地面高程，可以自排；当外江水位高于圩内地面高程，必须提排。排涝泵站应按最不利工况设计，由于内外雨洪遭遇情况具有随机性，所以一般可不考虑自排工况对泵站规划的影响，但应考虑圩区内河网、湖泊等水域的调蓄作用。

一、排涝分区

排涝分区主要还是遵守经济性原则和因地制宜原则，在水网圩区排涝分区特别要重视以下两个因素：

（1）尊重排蓄系统的现状。排涝区现有排蓄体系与环境经过长时间的共存，已经相对稳定，维持自然的排蓄体系，有利于水生态和水环境的保护，同时也可以避免因拆迁、移民和征地带来的民事纠纷问题。排蓄系统的改造应尽量不削弱河网、蓄水区的调蓄能力，不改变水陆过渡带的现状，以保护水生态平衡。

（2）确保排洪渠体系的排水能力。如果进行排涝区的整合和兼并，势必会延长排洪渠道，由于水网圩区地势平缓，因而也减小排洪渠道的纵坡，降低渠道排洪能力。减小排洪渠道的纵坡，除了需要增加渠道过水断面积之外，还会造成流速降低，容易淤积泥沙，会导致排洪渠体系排水不畅，影响排涝体系的正常运行。

二、站点布置与站址选择

（一）站点布置

各个排涝区要根据区内的特点，布置站点，一般需要考虑两个因素：

(1) 汇流网线最短。泵站布点应考虑排洪渠网的分布，要选择使排洪渠线最短的地点设置泵站，这样可以确保排水顺畅，排洪渠工程量最小。

(2) 布点数量尽量少。为了便于管理，应尽量少设置泵站，可以发挥集中管理的优势，但也要适度控制泵站规模，避免在供电、运行管理等方面带来不便。

排涝分区和泵站布点的方式如图 6-2 至图 6-4 所示。

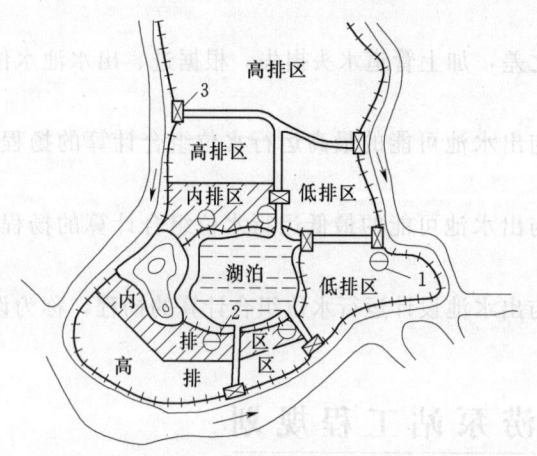

图 6-2 排涝分区
1—外排站；2—内排站；3—排水闸

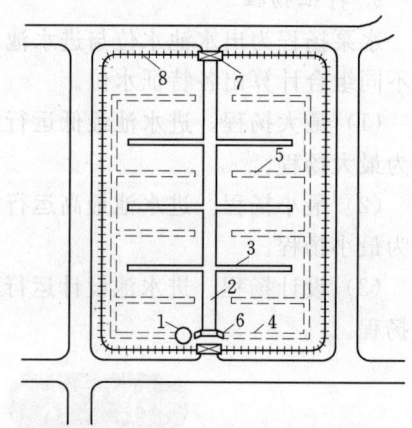

图 6-3 一圩一站布点方式
1—泵站；2—排水干沟；3—排水支沟；
4—灌溉干渠；5—灌溉支渠；6—倒虹吸；
7—节制闸；8—圩堤

（二）站址选择

排涝站站址选择与灌溉泵站类似，除了要考虑地形地质条件、电源、交通等方面之外，重点考虑的因素有两个：

(1) 协调好与排洪渠和容泄区的布局关系。排涝站与排涝区的渠系密切相关，为了保证排涝顺畅，排涝站应尽量布置在排涝区中心位置，靠近最低洼地区。同时，也要靠近容泄区布置，以便减少排水设施工程量，协调好与排洪渠和容泄区的布局关系是排涝泵站选址的重要因素。

(2) 协调好与排水闸的布局关系。当外江水位降低时，排涝区的雨水可通过水闸自排到承泄区。因此，水闸是排涝站的一个组成部分，为了便于管理，泵站与水闸应尽量靠近布置，如果受到地形制约，也应尽量协调好两者的关系。

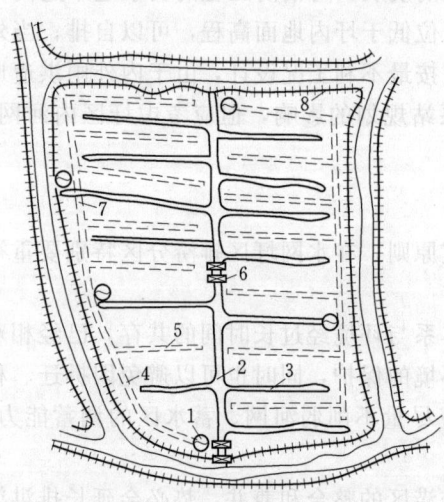

图 6-4 一圩多站布点方式
1—泵站；2—排水干沟；3—排水支沟；
4—灌溉干渠；5—灌溉支渠；6—套闸；
7—倒虹吸；8—圩堤

站址布局方式如图 6-5 至图 6-9 所示。

第三节 排涝泵站工程规划

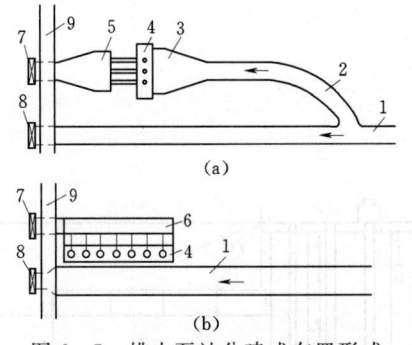

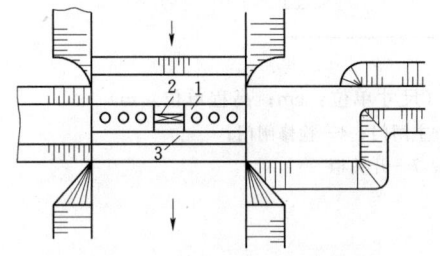

图 6-5 排水泵站分建式布置形式
(a) 正向进水、正向出水；(b) 侧向进水、侧向出水
1—排水干沟；2—引渠；3—前池；4—泵房；
5—出水池；6—压力水箱；7—防洪闸；
8—自流排水闸；9—河堤

图 6-6 排水泵站合建式布置
1—泵房；2—排水闸；3—交通桥

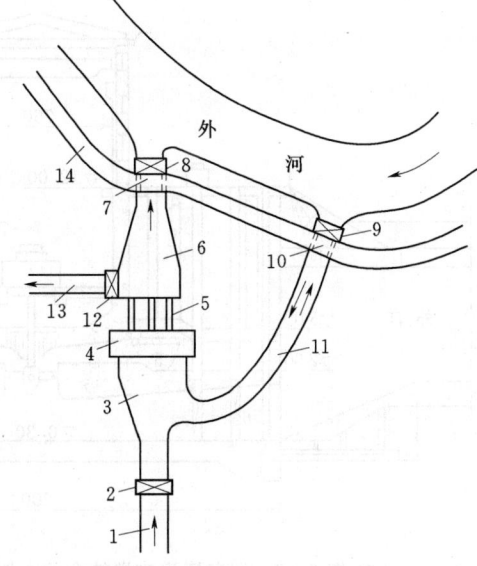

图 6-7 泵闸分建的排灌结合布置方式
1—排水干河；2—排水闸；3—前池；4—泵房；
5—压力水管；6—出水池；7—排水涵洞；
8—防洪闸；9—进水闸；10—引水涵洞；
11—引水渠；12—灌溉闸；13—灌溉
干渠；14—防洪堤

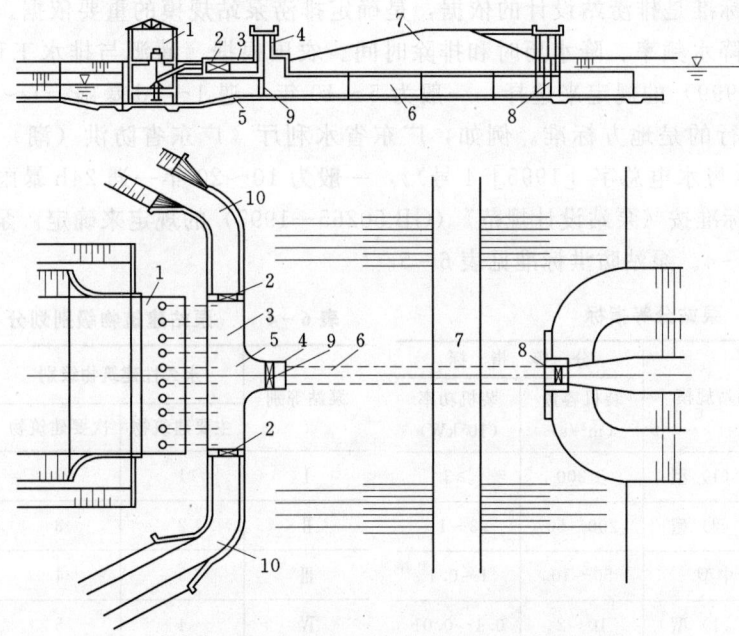

图 6-8 二洞合一的排灌结合布置方式
1—泵房；2—灌溉闸；3—压力水箱；4—竖井；5—底洞；6—穿堤涵洞；
7—大堤；8—防洪闸；9—排灌共用闸；10—灌溉渠

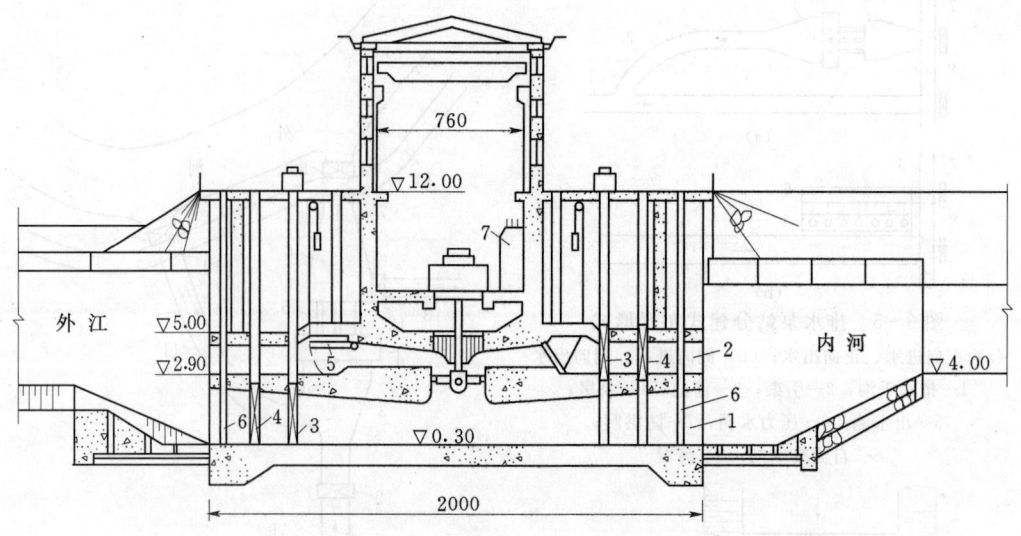

图 6-9 双向流道排灌结合的布置方式（尺寸单位：cm；高程单位：m）
1—进水流道；2—出水流道；3—主闸门；4—检修闸门；
5—拍门；6—拦污栅；7—开关柜

三、设计流量和特征扬程的确定

（一）排涝设计标准

排涝设计标准是排涝站设计的依据，是确定排涝泵站规模的重要依据。排涝标准包含三个要素：降水频率、降水历时和排除时间。农田根据《灌溉与排水工程设计规范》(GB 50288—1999)的规定来选择，一般为5～10年一遇1～3d暴雨，1～3d排干。城市排涝标准现行的是地方标准。例如，广东省水利厅《广东省防洪（潮）标准和治涝标准（试行）(粤水电总字〔1995〕4号）》，一般为10～20年一遇24h暴雨，1d排干。

泵站防洪标准按《泵站设计规范》(GB 50265—1997)的规定来确定。泵站的等级见表6-3和表6-4。泵站防洪标准见表6-5。

表6-3	泵站分等指标		
泵站等别	泵站规模	分等指标	
		装机容量 (m³/s)	装机功率 (10⁴kW)
Ⅰ	大（1）型	≥200	≥3
Ⅱ	大（2）型	200～50	3～1
Ⅲ	中型	50～10	1～0.1
Ⅳ	小（1）型	10～2	0.1～0.01
Ⅴ	小（2）型	<2	<0.01

表6-4	泵站建筑物级别划分		
泵站等别	永久性建筑物级别		临时性建筑物级别
	主要建筑物	次要建筑物	
Ⅰ	1	3	4
Ⅱ	2	3	4
Ⅲ	3	4	5
Ⅳ	4	5	5
Ⅴ	5	5	—

(二) 排涝站设计流量

排涝站设计流量确定方法主要有以下几种。

1. 平均排除法

排涝区内的排洪渠和调蓄区具有一定的容积,可用于水量调蓄,以减小泵站设计流量和工程规模。为了获得一定的调蓄库容,必须降低起泵水位,那么,从起泵水位到渠道允许最高水位之间的容积,即为调蓄库容 V。

表 6-5 泵站防洪标准

泵站建筑物级别	洪水重现期(年)	
	设计	校核
1	100	300
2	50	200
3	30	100
4	20	50
5	10	20

根据排涝标准,泵站设计流量可以采用平均排除法确定,即

$$Q=\frac{1000aH_{tP}A-V}{3600Tt} \tag{6-9}$$

式中 Q——泵站设计流量,m^3/s;

a——径流系数。径流系数一般按经验选取,根据不同的地面进行选择或进行综合分析选择。表 6-6 和表 6-7 给出经验数值,供工程计算参考;

H_{tP}——设计暴雨,mm;

A——排涝区集水面积,km^2;

V——调蓄库容,m^3;

T——排水天数,d;

t——日开机小时数,h。

表 6-6 单一地面覆盖情况的径流系数

地面覆盖情况	径流系数	地面覆盖情况	径流系数
屋面、混凝土、沥青路面	0.9	干砌砖石和碎石路面	0.4
大块石铺路面和沥青处理的碎石路面	0.6	土路面	0.3
级配碎石路面	0.45	绿地、公园	0.15

表 6-7 城市综合径流系数

区域	不透水建筑物的覆盖率(%)	径流系数	区域	不透水建筑物的覆盖率(%)	径流系数
中心城区	>70	0.6~0.8	较稀居住区	30~50	0.4~0.6
较密居住区	50~70	0.5~0.7	很稀居住区	<30	0.3~0.5

2. 调蓄演算法

平均排除法的缺陷是无法确定排涝最高水面线,因而无法判断是否造成淹浸,对排涝效果无法评价。要了解排涝效果就必须计算排涝水面线及其变化过程,重点是计算最高水面线。计算方法有两种:一是采用恒定流水面线计算方法来估算最高水面线;二是采用非恒定流数值计算法计算水泵调蓄过程,由此确定最高水位和水面线。

非恒定流数值计算法比较精确,是排涝设计的发展方向。渠道的调蓄能力取决于渠道的容积及其水力学特性,需要通过水泵—渠道非恒定流分析来确定。

(1) 水泵的水力学特性。水泵工作的水力学特性取决于水泵的扬程特性曲线和进出水流道的水力学特性。水泵的扬程特性曲线由实验测定，一般可用多项式表示，通常的形式为

$$H_B = H_x - S_x Q_B^2 \qquad (6-10)$$

式中　H_x，S_x——常数；
　　　H_B——扬程，m；
　　　Q_B——流量，m^3/s。

泵站进出水流道的水力学特性主要考虑流道的水头损失 h_f，即为泵站进出水流道的沿程水头损失和局部水头损失之和，即

$$h_f = \left(\frac{l}{C_B^2 A_B^2 R_B} + \sum \frac{\xi_i}{2g A_B^2} \right) Q_B^2 \qquad (6-11)$$

式中　C_B——进出水流道的谢才系数，$C_B = \frac{1}{n} R_B^{1/6}$；
　　　n——进出水流道的糙率；
　　　R_B——进出水流道的水力半径；
　　　A_B——进出水流道的过流面积；
　　　ξ_i——进出水流道的局部水头损失系数；
　　　l——进出水流道的长度。

设泵站进出水池水位差为 H_n，则水泵装置扬程为

$$H_B = H_n + \left(\frac{l}{C_B^2 A_B^2 R_B} + \sum \frac{\xi_i}{2g A_B^2} \right) Q_B^2 \qquad (6-12)$$

或

$$H = H_n + S_n Q^2 \qquad (6-13)$$

其中

$$S_n = \frac{l}{C_B^2 A_B^2 R_B} + \sum \frac{\xi_i}{2g A_B^2}$$

方程式（6-10）、式（6-13）决定水泵工作的水力特性。

(2) 河道非恒定流基本方程。河道非恒定流基本方程即是圣维南微分方程组：

$$\frac{\partial A}{\partial t} + \frac{\partial Q}{\partial s} = 0 \qquad (6-14)$$

$$\frac{\partial z}{\partial s} + \frac{1}{g} \frac{\partial u}{\partial t} + \frac{\alpha u}{g} \frac{\partial u}{\partial s} + \frac{u^2}{C^2 R} = 0 \qquad (6-15)$$

式中　Q，A，C，R，u——河道流量、过水面积、谢才系数、水力半径和流速，$Q=Au$；
　　　z——水位，$\frac{\partial z}{\partial s} = \frac{\partial h}{\partial s} - i$；
　　　h——水深，m。

方程式（6-10）至式（6-15）一般采用数值求解，需要编写专门计算程序。

（三）排涝站特征水位和特征扬程

1. 进水池特征水位

(1) 最高运行水位。进水池最高运行水位是确保保护区内地面不受雨水淹浸的最高水

位，由两个方面决定：一是地面排水要求；二是最高渠道水面线。保护区内地面排水需要一定的排水坡度，结合地面排水距离，再考虑一定的裕量，就可确定渠道的最高水位。通过水力学计算渠道水面线，以各断面满足低于最高水位的要求，来确定泵站进水池最高水位。

（2）最低运行水位。为利用渠道、湖泊等水域的容积进行水量调节，就必须降低起泵水位，起泵水位与最高水位之间的容积，即为调蓄库容。起泵水位应根据渠道实际尺寸和渠底高程，通过分析确定。

（3）设计水位。一般取进水池的平均水位或略低于平均水位作为进水池设计水位，用以确定水泵设计扬程。

2. 出水池特征水位

（1）最高防洪水位。按泵站布置在防洪堤内外的不同情况来考虑。泵站布置在防洪堤内时，受到防洪堤的保护，泵站只考虑内河防洪水位；泵站布置在防洪堤外时，考虑外江的防洪水位。

（2）出水池运行水位。排涝泵站出水池水位，即是外江水位，其可能的最高水位是堤防最高防洪水位，最低水位是泵站起泵水位或出水管出口高程。由于内外江（河）水位具有随机性，要通过内外江（河）水位的遭遇分析，来确定出水池的运行设计水位。

3. 排涝站特征扬程

水泵扬程为出水池水位与进水池水位之差，加上管道水头损失。根据进、出水池水位的不同组合，计算出各特征水位或通过内外江（河）水位的遭遇分析来计算。

（1）最大扬程。进水池最低运行水位与出水池可能的最高运行水位组合计算的扬程，称为最大扬程。

（2）最小扬程。进水池最高运行水位与出水池可能的最低运行水位组合计算的扬程，称为最小扬程。

（3）设计扬程。进水池设计运行水位与出水池设计运行水位组合计算的扬程，称为设计扬程。

第四节　机组选择与装机容量

一、水泵类型及其应用范围

水泵是将机械能转变为水能的水力机械，其作用是提升水体，是泵站主要的机电设备。水泵的类型繁多，主要有三大类：叶片泵、容积泵（往复泵、回转泵）和其他泵性。叶片泵又可分为离心泵、轴流泵、混流泵。水利工程采用最多的是叶片泵。

（一）离心泵

图 6-10 所示为单级单吸离心泵，其组成部件包括进水管、叶轮、泵体、泵轴和出水管。其中叶轮是主要工作部件，其结构简图如图 6-11 所示。

离心泵工作原理：起泵时，水泵的吸水管和叶轮均充满水，当电机转动时，带动叶轮并推动叶轮中的水体旋转，叶轮中的水体在离心力的作用下，由叶轮中心流向叶轮外缘，

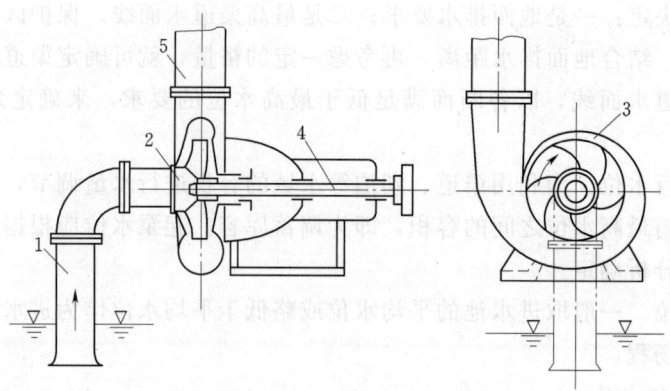

图 6-10 离心泵工作示意图
1—进水管;2—叶轮;3—泵体;4—泵轴;5—出水管

并被挤压在泵体,使泵体的水压上升,受压水体沿连接在泵体上的出水管导出来,压能转换为势能,使水体提升到出水池。与此同时,由于水体被推向叶轮圆周边缘,致使叶轮中心形成真空,因而进水池的水体通过吸水管被吸入。这样,水体从进水池被源源不断地吸入,在叶轮作用下,又不断地推向出水池,从而完成连续的抽水过程。

离心泵的类型:离心泵按其结构可分为单级单吸离心泵(图 6-11)、单级双吸离心泵(图 6-12)和节段多级离心泵(图 6-13)。

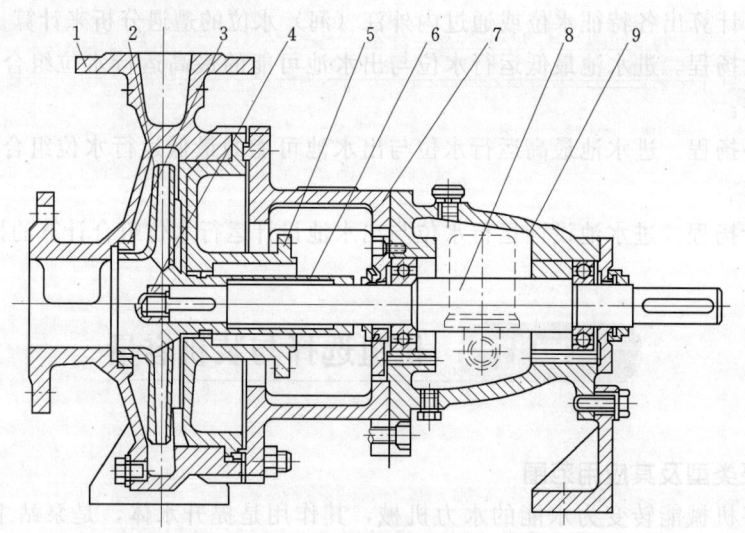

图 6-11 单级单吸离心泵
1—泵体;2—叶轮;3—密封环;4—叶轮螺母;5—泵盖;
6—密封部件;7—中间支架;8—轴;9—悬架部件

单级单吸离心泵的缺点是由于叶轮两侧所受水压力不均衡,会产生较大的轴向推力,使支承部件受力较大,为克服这一缺点,较大型的离心泵多采用双吸泵,由于双吸泵对称布置,可避免叶轮受力不均衡。

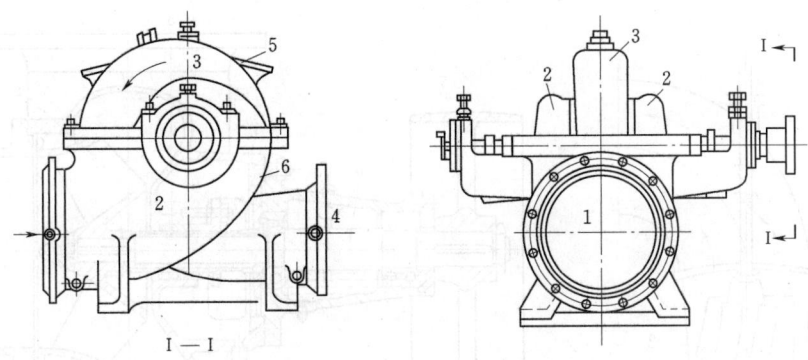

图 6-12 单级双吸离心泵
1—吸入口；2—半螺旋形吸入室；3—蜗形压出室；
4—出水口；5—泵盖；6—泵体

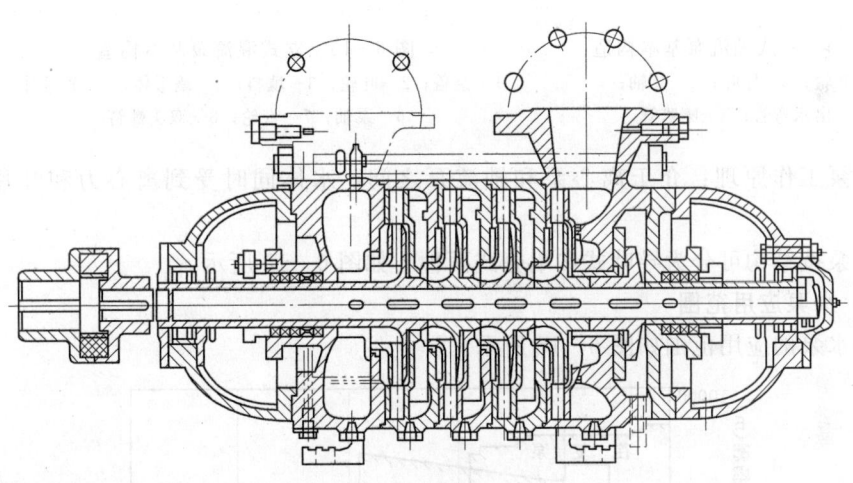

图 6-13 节段多级离心泵

节段多级离心泵是若干个叶轮串联起来工作，已获得更大的扬程。

（二）轴流泵

图 6-14 所示为立式轴流泵基本构造，它是由叶轮、泵轴、喇叭口、导叶和出水管组成。

轴流泵工作原理：轴流泵叶轮置于水下，当电机转动时，带动叶轮旋转，叶轮叶片直接对水体产生向上的推力，水体在叶片推动下获得动能，并沿着出水管流出，动能转换为势能，使水体提升到出水池。进水池水体在叶轮作用下，又不断地推向出水池，从而完成连续的抽水过程。

（三）混流泵

图 6-15 所示为立式和卧式混流泵基本构造，立式泵是由喇叭口、动叶外圈、叶轮、导叶体、底座、泵轴和出水管组成。卧式泵是由泵盖、叶轮、填料、蜗形体、轴承体和泵轴等组成。

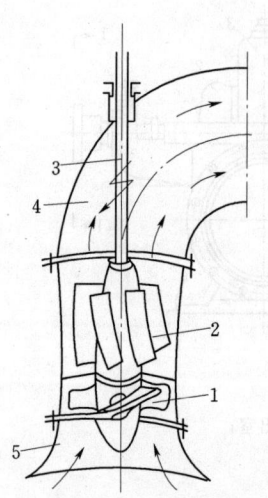

图 6-14 立式轴流泵基本构造
1—叶轮；2—导叶；3—泵轴；
4—出水弯管；5—喇叭管

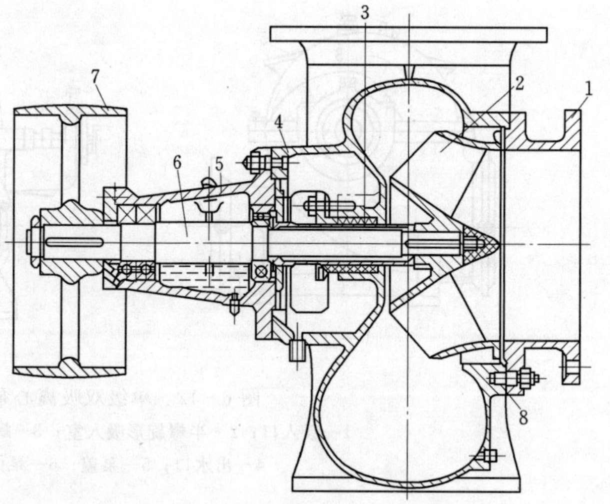

图 6-15 立式混流泵基本构造
1—泵盖；2—叶轮；3—填料；4—蜗形体；5—轴承体；
6—泵轴；7—带轮；8—双头螺钉

混流泵工作原理：介于离心泵和轴流泵之间，水体同时受到离心力和叶片推力的作用。

混流泵按结构可分为导叶式和蜗壳式两种，如图 6-15 所示。

（四）水泵应用范围

常用水泵的应用范围如图 6-16 所示。

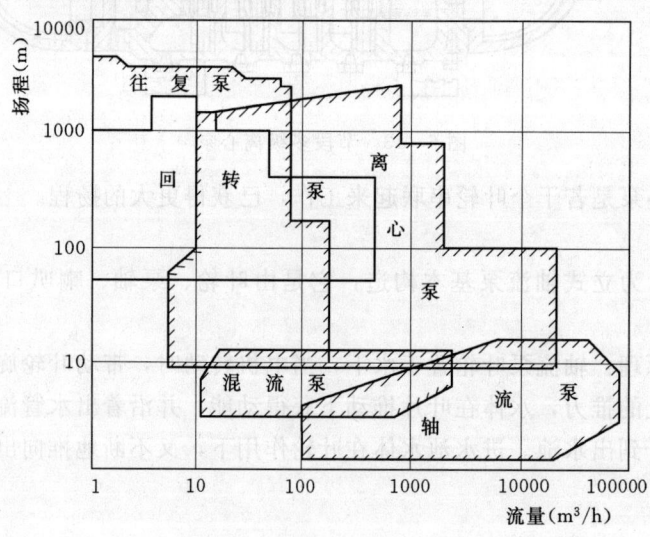

图 6-16 常用水泵的应用范围

（五）水泵型号

常用的叶片泵型号表示方法见表 6-8。

第四节 机组选择与装机容量

表 6-8 常用的叶片泵型号表示方法

泵类	产品名称	型号举例		型号说明	备 注
离心泵	IB、IS型单级单吸离心泵	原型号	$1\frac{1}{2}$ BA—6A	$1\frac{1}{2}$—泵吸入口直径为 $1\frac{1}{2}$ in；BA—单级单吸离心泵；6—比转速为60；A—叶轮外径已车小	"IB"、"IS"表示符合国际标准的单级单吸离心泵；"型号"指更新换代产品
		型号	IB50—32—125	50—泵吸入口直径为50mm；IB—表示符合国际标准的单级单吸离心泵；32—泵的出口直径为32mm；125—叶轮名义直径为125mm	
	单级双吸离心泵	原型号	10Sh—9	10—泵吸入口直径为10in；Sh—单级双吸卧式离心泵；9—比转速为90	
		型号	250S—39	250—泵吸入口直径为250mm；S—单级双吸卧式离心泵；39—额定扬程为39m	
	节段多级离心泵	原型号	D25—30×10	D—节段多级离心泵；25—流量25m³/h；30—单级扬程为30m；10—泵的级数为10级	
		型号	150D—30×10	150—泵吸入口直径为150mm；D—节段多级离心泵；30—单级扬程为30m；10—泵的级数为10级	
混流泵	蜗壳式混流泵	原型号	16HB—50	16—泵吸入口、出口直径为16in；HB—蜗壳式混流泵；50—比转速为500	
		型号	400HW—5	400—进、出口直径为400mm；HW—蜗壳式混流泵；5—额定扬程为5m	
	导叶式混流泵		250HD—16	250—进、出口直径为250mm；HD—导叶式混流泵；16—额定扬程为16m	
轴流泵	中、小型轴流泵	原型号	14ZLD—70 14ZLB—70 14ZXB—70	14—泵出口直径为14in；ZLD—立式固定导叶轴流泵；ZLB—立式半调节叶片轴流泵；ZXB—斜式半调节叶片轴流泵；70—比转速为700	
		型号	350ZLB—4 350ZWB—4	350—泵出口直径为350mm；ZLB—立式半调节叶片轴流泵；ZWB—卧式半调节叶片轴流泵；4—设计扬程为4m	
			700ZLQ—6	700—泵出口直径为700mm；ZLQ—立式全调节叶片轴流泵；6—设计扬程为6m	
	特大型轴流泵		1.6CJ—8	1.6—叶轮直径1.6m；CJ—长江牌；8—额定扬程为8m	
			ZL30—7	ZL—立式轴流泵；30—额定流量30m³/s；7—额定扬程为7m	
	贯流泵		23ZGQ—42	23—叶轮直径2.3m；ZGQ—贯流全调节叶片轴流泵；42—设计扬程为42m	

二、机组选择与装机容量

1. 选型原则

（1）泵站的排水能力应满足排灌设计要求。一般情况下，在设计扬程下，泵站的工作流量不应小于排灌设计流量。

（2）经济性原则。选择的泵型、主要参数、台数等应符合经济的原则，主要确保水泵大部分运行工况处于高效率区，管理方便，运行费用低。

（3）土建工程投资小。泵房土建工程与泵的规模、机组台数和泵房形式均有关系，要合理地处理规模、台数和泵房形式的关系，确保泵房土建投资最小。

（4）其他。要选用系列化、标准化，以及更新换代产品。

2. 依据

（1）水泵站规划成果。排灌泵站的规划成果主要有设计流量、特征水位和特征扬程等。

（2）产品系列。一般厂家会提供产品的有关技术数据和资料，也可从出版的水泵产品样本和有关手册上取得有关资料。表 6-9 至表 6-12 所列为某厂家提供的产品技术资料——轴流泵和混流泵产品特性表。

表 6-9　　　　　　　　　　　轴 流 泵 产 品 特 性 表

型号	叶片安装角 (°)	流量 m³/h	流量 m³/s	扬程 (m)	转速 (r/min)	电机功率 (kW)	效率 (%)	叶轮直径 (mm)
900DFZLB—125—90	−6	4095	1.14	4.1	490	90	75.6	850
		4565	1.27	3.6			78.9	
		5504	1.53	2.5			82.1	
		5645	1.57	2.3			80.5	
	−4	5616	1.56	4.1	490	40	80.5	850
		6170	1.71	3.5			82.9	
		6998	1.94	2.5			83.8	
		7333	2.04	2.1			82.1	
900DFZLB—125—130	−2	6974	1.94	4.6	490	130	80.5	850
		7553	2.10	4.0			82.9	
		8687	2.41	2.6			83.8	
		9022	2.51	2.1			82.1	
	0	8935	2.48	4.1	490	130	82.9	850
		10330	2.87	3.2			85.0	
		10292	2.86	2.7			83.8	
		10652	2.96	2.3			82.1	

第四节 机组选择与装机容量

续表

型号	叶片安装角(°)	流量 m³/h	流量 m³/s	扬程(m)	转速(r/min)	电机功率(kW)	效率(%)	叶轮直径(mm)
900DFZLB—125—155	+2	10264	2.85	4.2	490	155	82.9	850
		10570	2.94	3.9			83.8	
		11428	3.17	3.0			83.8	
		11786	3.27	2.6			82.1	
900DFZLB—125—180	+4	12064	3.35	4.1	490	180	82.1	850
		12672	3.52	3.5			82.9	
		13198	3.67	3.1			80.5	
		13808	3.84	2.4			75.6	
	−2	9234	2.57	1.6	485	110	83.0	850
		8492	2.36	2.2			85.7	
		7315	2.03	3.2			82.3	
900DFZLB—160—110	0	10476	2.91	1.6	485	110	83.0	850
		9849	2.74	2.2			86.5	
		8568	2.38	3.1			82.3	
	+2	11462	3.18	2.0	485	110	83.0	850
		10656	2.96	2.6			84.6	
		9968	2.77	3.0			82.3	
1200DFZLB—125—180	+4	10045	2.79	5.0	490	180	83.2	1000
		11195	3.11	3.8			84.2	
		12165	3.38	2.6			80.2	
1200DFZLB—125—250	−2	11880	3.30	5.9	490	250	82.2	1000
		13860	3.85	4.0			84.2	
		14975	4.16	2.6			80.2	
1200DFZLB—125—280	0	15010	4.17	5.3	490	280	84.2	1000
		16305	4.53	4.2			84.2	
		17675	4.91	2.9			80.2	
1200DFZLB—125—330	+2	17025	4.73	5.5	490	330	83.2	1000
		18105	5.03	4.5			84.2	
		19870	5.52	3.1			78.2	
	+4	19655	5.46	5.7	490	330	82.2	1000
		20590	5.72	5.0			83.2	
		21850	6.07	3.9			78.2	

续表

型号	叶片安装角 (°)	流量 m³/h	流量 m³/s	扬程 (m)	转速 (r/min)	电机功率 (kW)	效率 (%)	叶轮直径 (mm)
1300DFZLB—125—280	−2	15786	4.39	3.0	370	280	84.0	1150
		15012	4.17	3.5			83.5	
		14328	3.98	4.0			82.5	
	0	19008	5.28	3.0	370	280	83.5	1150
		18108	5.03	3.5			84.5	
		17244	4.79	4.0			83.0	
	+2	21564	5.99	3.0	370	280	82.5	1150
		20700	5.75	3.5			84.0	
		19836	5.51	4.0			83.2	

表 6-10　　混流泵产品特性表

型号	叶片安装角 (°)	流量 (m³/s)	扬程 (m)	转速 (r/min)	电机功率 (kW)	效率 (%)	叶轮直径 (mm)
1000DFHLB—16—440	−4	2.91	10.0	490	440	82.0	930
		2.62	13.2			86.2	
		2.44	14.6			86.0	
1000DFHLB—16—560	−2	3.17	11.6	490	560	84.0	930
		2.90	14.4			87.5	
		2.79	15.2			87.0	
1000DFHLB—16—630	0	3.47	12.5	490	630	84.0	930
		3.15	15.4			87.5	
		2.95	16.6			87.0	
1000DFHLB—16—710	+2	3.77	13.5	490	710	84.0	930
		3.39	16.8			88.0	
		3.23	17.7			87.0	
1000DFHLB—16—800	+4	4.05	14.5	490	800	84.0	930
		3.63	17.5			87.5	
		3.51	18.3			87.0	
1200DFHLB—16—560	−4	3.16	12.0	490	560	85.0	965
		2.93	14.2			86.0	
		2.42	17.6			83.0	
1200DFHLB—16—630	−2	3.54	12.5	490	630	85.0	965
		3.24	15.5			88.0	
		2.63	19.2			83.0	

第四节　机组选择与装机容量

续表

型　号	叶片安装角（°）	流量（m³/s）	扬程（m）	转速（r/min）	电机功率（kW）	效率（%）	叶轮直径（mm）
1200DFHLB—16—710	0	3.87	13.5	490	710	85.0	965
		3.30	17.9			88.0	
		2.80	20.2			83.0	
1200DFHLB—16—800	+2	4.22	14.5	490	800	85.0	965
		3.78	18.0			88.0	
		3.28	20.6			85.0	
1200DFHLB—16—1000	+4	4.53	15.7	490	1000	85.0	965
		4.06	18.8			88.0	
		3.39	21.9			83.0	

表6-11　　单级单吸离心泵产品特性表

型　号	转速（r/min）	流量（m³/h）	扬程（m）	效率（%）	电机功率（kW）	必须汽蚀裕量（m）	质量（kg）
IS125—100—200A	2900	111	50	65	37	4.5	
		186	43	79		4.5	
		223	38	78		5.0	
IS125—100—250	2900	120	87	66	75	3.8	
		200	80	78		4.2	
		240	72	75		5.0	
	1450	60	21.5	63	11	2.5	
		100	20.0	76		2.5	
		120	18.5	77		3.0	
IS125—100—315	2900	120	132.5	60	110	4.0	
		200	125	75		4.5	
		240	120	77		5.0	
	1450	60	33.5	58	15	2.5	
		100	32	73		2.5	
		120	30.5	74		3.0	
IS150—100—250	1450	120	22.5	71	18.5	3.0	
		200	20.0	81		3.0	
		240	17.5	78		3.5	
IS150—100—400	1450	120	53	62	45	2.0	60
		200	50	75		2.8	
		240	46	74		3.5	

续表

型号	转速 (r/min)	流量 (m³/h)	扬程 (m)	效率 (%)	电机功率 (kW)	必须汽蚀裕量 (m)	质量 (kg)
IS200—100—250	1450	240	23	76	37	3.0	160
		400	20	82		3.7	
		460	15.5	79		4.2	
IS200—100—400	1450	240	55	74	90	3.5	215
		400	50	81		4.0	
		460	45	76		4.5	

表 6-12 单级双吸离心泵产品特性表

型号	转速 (r/min)	流量 (m³/h)	扬程 (m)	效率 (%)	电机功率 (kW)	必须汽蚀裕量 (m)	质量 (kg)
12Sh—13	1450	0.17	38	83	100	5.5	709
		0.22	32.5	86.5			
		0.25	25.5	80			
12Sh—19	1450	0.17	23	80	55	5.5	660
		0.22	19.4	82			
		0.26	14	75			
12Sh—28	1450	0.17	14.5	80	40	5.5	660
		0.22	12	81			
		0.25	10	74			
14Sh—6	1470	0.236	140	70	680	5.0	1580
		0.347	125	78			
		0.461	100	72.5			
14Sh—9	1470	0.27	80	78	410	6.5	1200
		0.35	75	82			
		0.4	65	80			
14Sh—13	1470	0.27	50	81	230	6.5	1105
		0.35	43.8	84			
		0.41	37	79			
14Sh—28	1450	0.27	20	80	75	6.5	760
		0.35	16.2	81			
		0.4	13.4	74			
20Sh—6	970	0.403	107.5	72.5	850	6.0	2513
		0.56	98.4	79.5			
		0.64	89	76			
20Sh—9	970	0.43	66	82	520	6.0	2747
		0.56	59	83			
		0.68	50	77			

(3) 其他因素。如当地交通运输情况是否限制大型水泵的运输；当地供电线路是否限制电压，大型泵需要较高的电压。

3. 泵型选择和装机容量确定

泵型选择主要在机组台数、单机性能方面进行权衡。通常情况下，中、小型泵站机组台数在 2~8 台之间。一般要初拟 3~5 个方案，进行反复比选来确定。

(1) 首先确定机组台数，根据泵站设计流量，计算单机流量。
(2) 根据特征水位，通过合理组合估算设计扬程。
(3) 根据单机流量和设计扬程，在产品特性表中查找适合的泵型。
(4) 比较各方案对应的扬程、流量、效率、功率和汽蚀指标，综合分析选择比较合理的泵型。
(5) 确定装机容量，单机容量之和即为泵站装机容量。

思 考 题

1. 查阅有关资料了解城市防洪排涝的设计标准。
2. 查阅有关资料了解城市水文学的有关知识。
3. 查阅有关资料了解水泵的有关理论和知识。
4. 查阅有关资料了解河道调蓄的有关计算方法。
5. 查阅有关资料了解各种水利规划的要求和有关规程。

第七章 泵站设计

【教学目的】 主要讲述排灌泵站工程设计的基础知识。通过学习水泵站进出水池（管）、水泵特性、泵房以及停泵水锤等的有关基本知识，重点掌握水泵站工程进出水池（管）布置设计、泵性选择验算、泵房布置设计等方法。

【教学要求】 熟悉水泵站抽水装置及其组成；掌握水泵站水装置与管道、进出水池、泵房布置设计和尺寸计算方法；掌握水泵工况分析方法。具体要求见下表。

本章教学要求

能力目标	知识要点	权重	自测分数
了解相关知识	水泵站进出水池（管）、水泵特性、泵房以及停泵水锤等	30%	
熟练掌握知识点	（1）水泵站工程进、出水池（管）布置设计 （2）泵性选择验算 （3）泵房布置设计	40%	
运用知识分析案例	主要工作内容、程序	30%	

【内容导引】 泵站设计包括抽水装置与管道布置设计、进出水池设计、泵房设计等。

第一节　抽水装置与管道布置设计

抽水装置与管道布置设计的主要内容是水泵及其进、出水管的布置，它影响泵站实际工作状况，关系到是否满足排灌能力和高效率的要求，也关系到泵房的结构布置，因此泵站设计首先要完成水泵及其管道布置设计。

一、水泵抽水装置

（一）离心泵抽水装置

离心泵抽水装置如图 7-1 所示。离心泵抽水装置包括进水池、滤网和底阀、进水管、水泵、出水管、逆止阀、水出管闸阀和出水池等。

由离心泵的工作原理可知，离心泵可以利用吸水管或进水管从进水池吸水，单开机时必须保证进水管和泵体充满水，才能发挥吸水作用。为此，需要在进水管进口设置底阀，防止进水管水体流失,确保泵体能够充满水。滤网防止垃圾进入水泵。

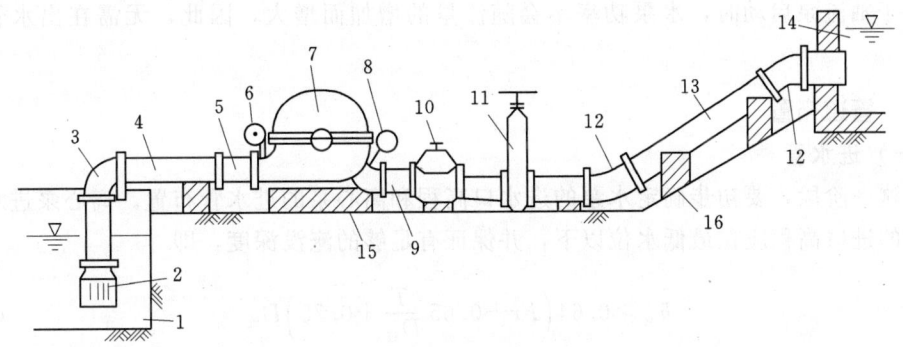

图7-1 离心泵抽水装置

1—进水池;2—滤网与底阀;3—90°弯头;4—进水管;5—偏心渐缩接管;6—真空表;7—水泵;
8—压力表;9—正心渐扩接管;10—缓闭逆止阀;11—闸阀;12—弯头;13—出水管;
14—出水池;15—水泵基础;16—支墩

为防止停泵时出水池水体倒流,需要在出水管装设逆止阀或在出口装置拍门。

由于离心泵启动时,水泵功率随流量的增加而逐渐增大,容易烧坏电机,因此,必须在出水管装设闸阀。当离心泵开机时,应关闭出水管闸阀,待机组运转稳定后才打开闸阀。

(二)轴流泵抽水装置

轴流泵抽水装置如图7-2所示。轴流泵抽水装置包括进水池、喇叭口、叶轮、出水管、拍门、出水池等。

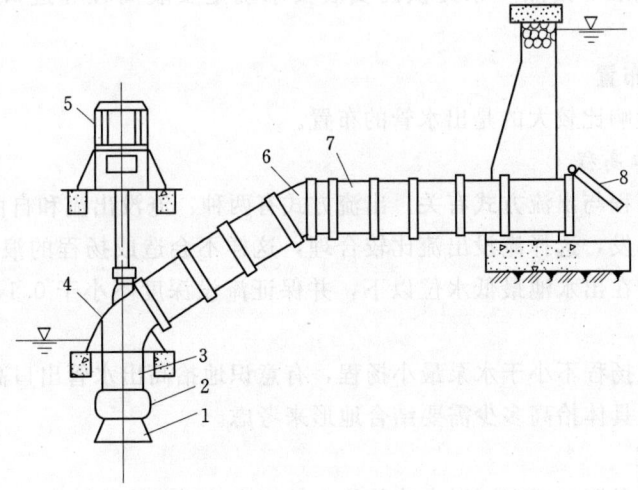

图7-2 轴流泵抽水装置

1—喇叭管;2—叶轮;3—导叶体;4—出水弯管;5—电动机;
6—45°弯头;7—出水管;8—拍门

由轴流泵的工作原理可知,轴流泵必须置于水下,因此,不需要进水管。

为防止停泵时出水池水体倒流，需要在出口装置拍门。

由于轴流泵启动时，水泵功率不会随流量的增加而增大，因此，无需在出水管装设闸阀。

二、管道布置

（一）进水管

在这一阶段，要初步确定水泵的进水口高程和离心泵的进水管布置。离心泵进水管或轴流泵的进口高程应在最低水位以下，并保证有足够的淹没深度，即

$$h_{\text{淹}} \geqslant 0.64\left(Fr + 0.65 \frac{T}{D_{\text{进}}} + 0.75\right) D_{\text{进}} \tag{7-1}$$

式中 $D_{\text{进}}$——进水管喇叭口直径，$D_{\text{进}} = (1.3 \sim 1.5) D_1$，$D_1$ 为进水管径，m；

T——进水管口到后壁的距离，$T = (0 \sim 0.25) D_{\text{进}}$，m；

Fr——弗汝德数，$Fr = \dfrac{v_{\text{进}}^2}{g D_{\text{进}}}$；

$v_{\text{进}}$——进水管流速，m/s。

同时，还要保证淹没深度不小于 0.5m（进水管立装）或 0.4（进水管平装）。对于中、小型轴流泵，可用以下方法确定淹没深度：

当 $T = (0 \sim 0.25) D_{\text{进}}$ 时，$h_{\text{淹}} > 0.8 D_{\text{进}}$；当 $T = 0.5 D_{\text{进}}$ 时，$h_{\text{淹}} > (1 \sim 1.1) D_{\text{进}}$。进水管直径一般按经济流速选定，经济流速为 1.5～2.0m/s。

离心泵安装高程应根据地形条件来拟定，一般不高于最低水位 2～3m，并要通过汽蚀条件验算（后面章节介绍）。

轴流泵和混流泵可按照厂家提供的安装要求确定安装高程和进口高程，如图 7-3 所示。

（二）出水管布置

对水泵性能影响比较大的是出水管的布置。

1. 出水管出口高程

出水管出口高程与出流方式有关。出流方式有两种：淹没出流和自由出流。

从经济角度出发，选择淹没出流比较合理，这样不会造成扬程的浪费。淹没出流时，出水管管顶高程应在出水池最低水位以下，并保证淹没深度不小于 $0.1v^2$（v 为出水管流速）。

有时为使装置扬程不小于水泵最小扬程，有意识地抬高出水管出口高程，这时会出现自由出流的情况，具体抬高多少需要结合地形来考虑。

2. 出水管布置

管线布置可参考第二章有压引水建筑物有关压力管道的内容。

出水管布置方式如图 7-4 所示。

（1）平行布置。各机组出水管独立平行布置，互不干扰，管线比较平直，水头损失小，便于施工，但占地面积较大，出水池比较宽，出水管用钢量比较大，适宜机组台数少、管线比较短的泵站。

第一节 抽水装置与管道布置设计

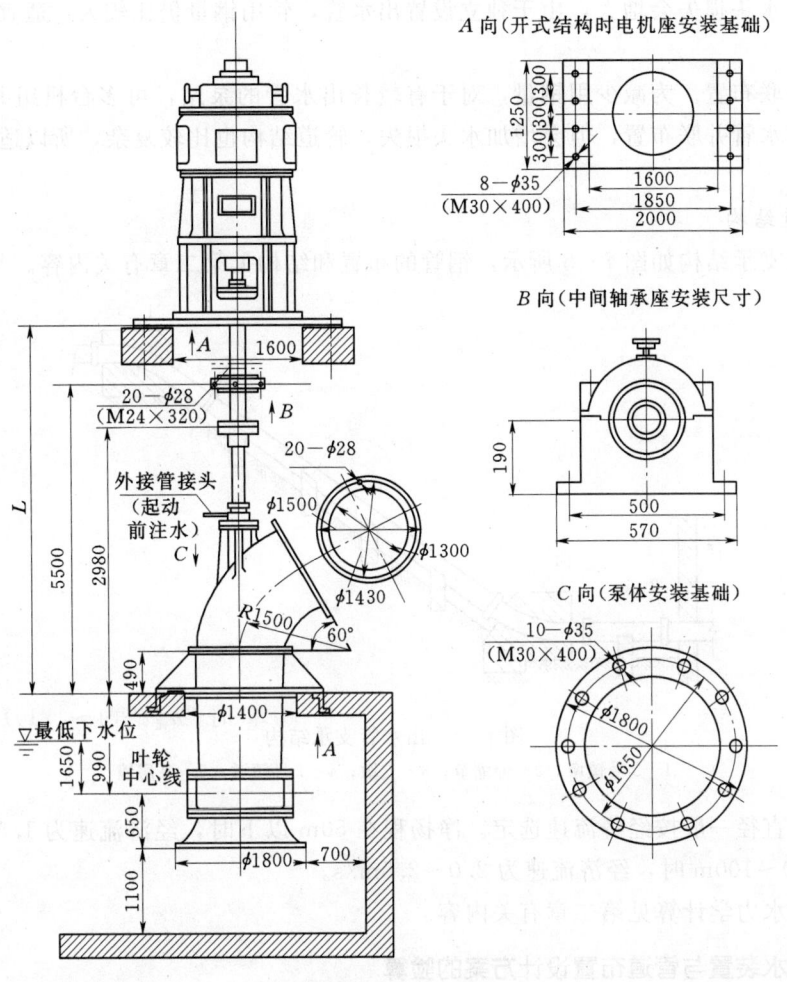

图 7-3 轴流泵安装

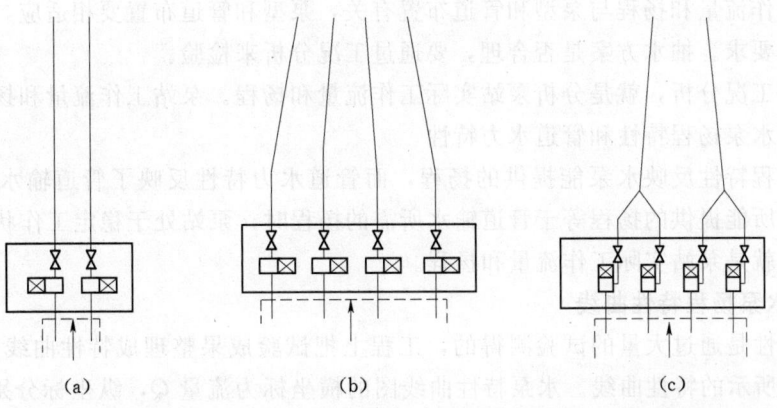

图 7-4 出水管布置方式

（2）收缩布置。为克服平行布置的缺点，减小占地面积和出水池宽度，出水管采用收缩布置，但水头损失会增大，由于独立设置出水管，管用钢量仍比较大，适宜管线比较短的泵站。

(3) 并联布置。为减少用钢量，对于有较长出水管的泵站，可多台机组共用出水管，即各机组出水管并联布置，但会增加水头损失，管道结构也比较复杂，所以适宜管线比较长的泵站。

3. 管道结构

出水管支承结构如图 7-5 所示，钢管的布置和结构见第二章有关内容。

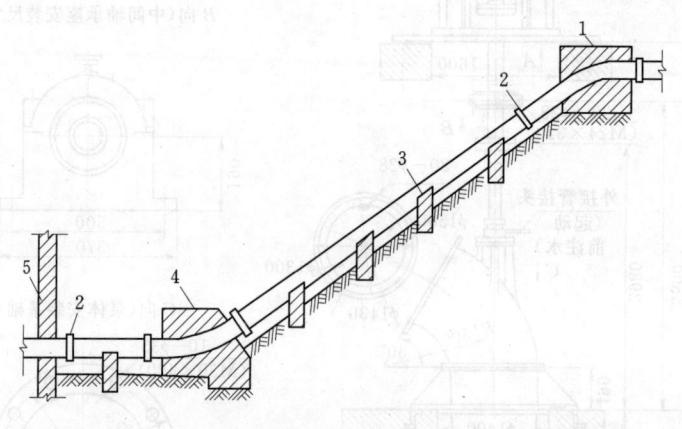

图 7-5 出水管支承结构
1—2号镇墩；2—伸缩节；3—支墩；4—1号镇墩；5—泵房墙

出水管直径一般按经济流速选定。净扬程在 50m 以下时，经济流速为 1.5~2.0m/s；净扬程在 50~100m 时，经济流速为 2.0~2.5m/s。

出水管水力学计算见第二章有关内容。

三、抽水装置与管道布置设计方案的验算

抽水方案是指抽水装置及其组成方式，主要内容是泵型选择和管道及其附件的布置。泵站实际工作流量和扬程与泵型和管道布置有关，泵型和管道布置要相适应，否则不能满足排灌设计要求。抽水方案是否合理，要通过工况分析来检验。

泵站的工况分析，就是分析泵站实际工作流量和扬程。泵站工作流量和扬程受两个方面的制约：水泵扬程特性和管道水力特性。

水泵扬程特性反映水泵能提供的扬程，而管道水力特性反映了管道输水所需要的扬程。当水泵所能提供的扬程等于管道输水所需的扬程时，泵站处于稳定工作状态，对应的流量和扬程就是泵站实际工作流量和扬程。

(一) 水泵扬程特性曲线

水泵特性是通过大量的试验测得的，工程上把试验成果整理成特性曲线，如图 7-6 至图 7-10 所示的特性曲线。水泵特性曲线图的横坐标为流量 Q，纵坐标分别为扬程 H、效率 η、功率 P 和 $[NPSH]$，主要曲线如下：

(1) 扬程特性曲线：$Q—H$ 关系曲线。

(2) 效率特性曲线：$Q—\eta$ 关系曲线。

第一节 抽水装置与管道布置设计

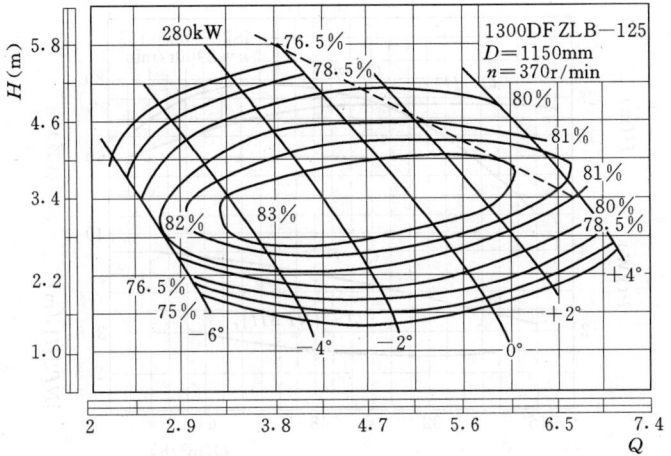

图 7-6 1300DFZLB—125—280 型泵特性曲线（Q 的单位：m^3/s）

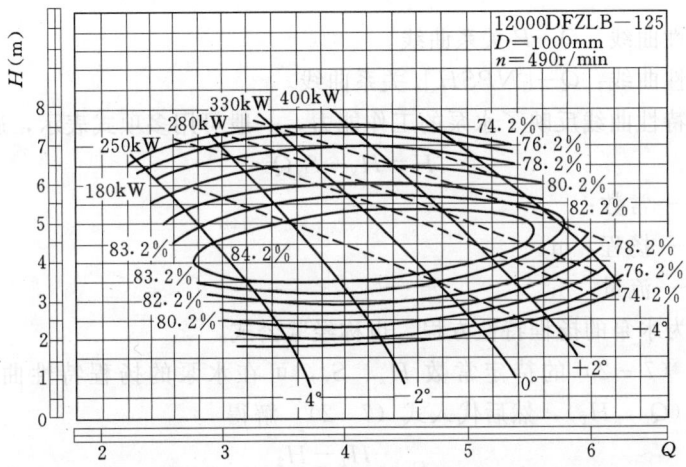

图 7-7 1200DFZLB—125—330 型泵特性曲线（Q 的单位：m^3/s）

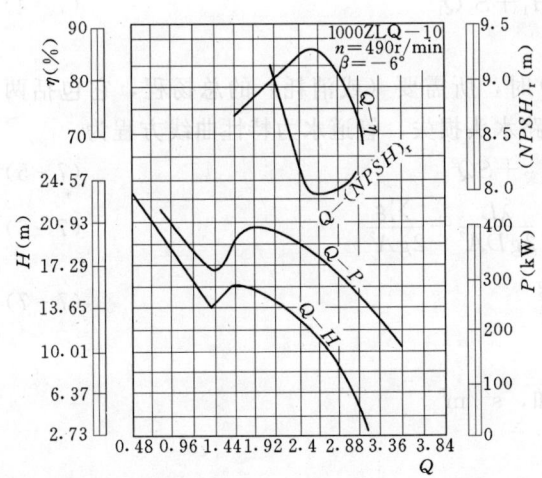

图 7-8 1000ZLQ—10 型泵特性曲线（Q 的单位：m^3/s）

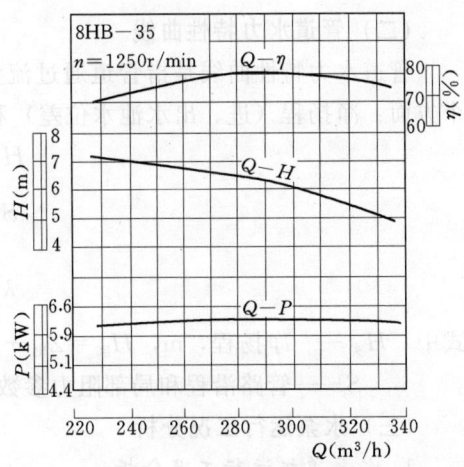

图 7-9 8HB—35 型泵特性曲线

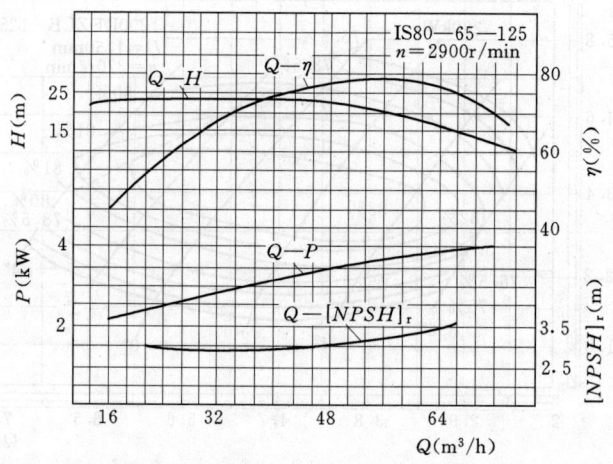

图 7-10　IS80—65—125 型泵特性曲线

(3) 功率特性曲线：$Q-P$ 关系曲线。

(4) 汽蚀特性曲线：$Q-[NPSH]_r$ 关系曲线。

水泵的扬程特性曲线反映了水泵的工作能力，一般可用多项式表示，通常的形式为

$$H = H_x - S_x Q^2 \tag{7-2}$$

式中　H_x，S_x——常数；

　　　H——扬程，m；

　　　Q——流量，m³/s。

式 (7-2) 为水泵的扬程特性方程，也称经验公式。

为了确定式 (7-2) 的待定常数 H_x、S_x，可在水泵的扬程特性曲线上读取两点 $D_1(Q_1, H_1)$、$D_2(Q_2, H_2)$，然后代入式 (7-2)，解得

$$S_x = \frac{H_1 - H_2}{Q_2^2 - Q_1^2} \tag{7-3}$$

$$H_x = H_1 + S_x Q_1^2 \tag{7-4}$$

(二) 管道水力特性曲线

管道水力特性曲线是指管道通过流量 Q 时，所需要（或消耗）的总扬程，它包括两个方面：净扬程（进、出水池水位差）和管路水头损失。管道水力特性曲线方程为

$$H = H_实 + SQ^2 \tag{7-5}$$

$$S = \sum \frac{\lambda L}{2gDA^2} + \frac{\sum \xi}{2gA^2} \tag{7-6}$$

$$\lambda = \frac{8g}{C^2} \tag{7-7}$$

式中　$H_实$——净扬程，m，$H_实 = Z_出 - Z_进$；

　　　S——管路沿程和局部阻力参数之和，s²/m⁵。

(三) 水泵运行工况分析

1. 水泵单机运行工况分析

泵站的工况就是泵站实际工作流量和扬程，当水泵所能提供的扬程等于管道输水所需

的扬程时，对应的流量和扬程就是泵站实际工作流量和扬程。因此，水泵工况分析就是联立求解方程（7-2）和式（7-5），由此解得

$$Q = \sqrt{\frac{H_x - H_{实}}{S_x + S}} \qquad (7-8)$$

将式（7-8）代入式（7-2）或式（7-5），即可求的 H。

以上求解也可采用图解法，如图7-11所示。

在 A 点水泵能提供的扬程等于管道输水所消耗的扬程，因此，A 点对应的流量 Q_A 和扬程 H_A，即为所求得工况点。图中的 B、C 的水泵能提供的扬程均不等于管道输水所消耗的扬程，两点不稳定，因此是过渡点，而不是工况点。

2. 水泵多机并联运行工况分析

以两台机组并联运行为例，说明并联运行工况分析的方法。设两台机组分别为Ⅰ、Ⅱ号机组，Ⅰ号机组对应的支管长度、管径、管断面积、流速、流量、扬程和阻力参数分别为 L_1、D_1、A_1、v_1、Q_1、H_1 和 S_1；Ⅱ号机组对应的支管长度、管径、

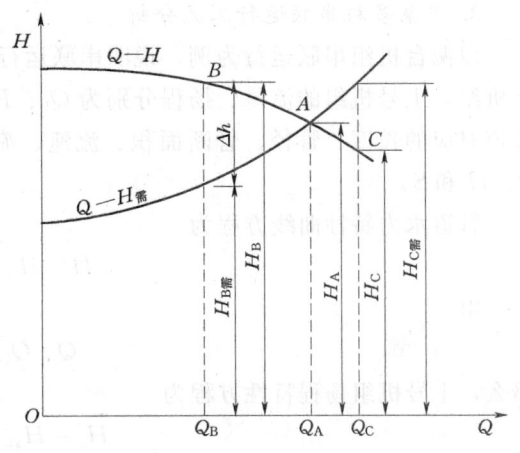

图7-11 叶片泵工作点的确定

管断面积、流速、流量、扬程和阻力参数分别为 L_2、D_2、A_2、v_2、Q_2、H_2 和 S_2；总管对应的长度、管径、管断面积、流速、流量、扬程和阻力参数分别为 L、D、A、v、Q、H 和 S。

并联运行各机组的输水路径是不同的，各自管道输水所需的扬程也是不同的。Ⅰ号机组输水路径是Ⅰ号机组对应的支管和总管；Ⅱ号机组输水路径是Ⅱ号机组对应的支管和总管。Ⅰ号机组管道水力特性曲线方程为

$$H_1 = H_{实} + S_1 Q_1^2 + S(Q_1 + Q_2)^2 \qquad (7-9)$$

Ⅱ号机组管道水力特性曲线方程为

$$H_2 = H_{实} + S_2 Q_2^2 + S(Q_1 + Q_2)^2 \qquad (7-10)$$

$$Q = Q_1 + Q_2 \qquad (7-11)$$

Ⅰ号机组扬程特性方程为

$$H_1 = H_{x1} - S_{x1} Q_1^2 \qquad (7-12)$$

Ⅱ号机组扬程特性方程为

$$H_2 = H_{x2} - S_{x2} Q_2^2 \qquad (7-13)$$

式中　H_{x1}，S_{x1}——Ⅰ号机组的对应常数；

　　　H_{x2}，S_{x2}——Ⅱ号机组的对应常数。

两台机组并联运行工况分析就是联立求解方程式（7-9）、式（7-10）、式（7-12）和式（7-13）。如果两机组型号相同，采用对称布置，则 $Q_1 = Q_2$，$H_1 = H_2$，$S_1 = S_2$，$H_{x1} = H_{x2}$，$S_{x1} = S_{x2}$，则方程式（7-9）、式（7-10）、式（7-12）和式（7-13）合并为

$$H_1 = H_{实} + (S_1 + 4S)Q_1^2 \tag{7-14}$$

$$H_1 = H_{x1} - S_{x1}Q_1^2 \tag{7-15}$$

解得

$$Q_1 = \sqrt{\frac{H_{x1} - H_{实}}{S_x + S_1 + 4S}} \tag{7-16}$$

将式（7-16）代入式（7-14）或式（7-15），即可求的 H_1。

3. 水泵多机串联运行工况分析

以两台机组串联运行为例，说明串联运行工况分析的方法。设两台机组分别为Ⅰ、Ⅱ号机组，Ⅰ号机组的流量、扬程分别为 Q_1、H_1；Ⅱ号机组的流量、扬程分别为 Q_2、H_2；管道对应的长度、管径、管断面积、流速、流量、扬程和阻力参数分别为 L、D、A、v、Q、H 和 S。

管道水力特性曲线方程为

$$H = H_{实} + SQ^2 \tag{7-17}$$

由于

$$Q = Q_1 = Q_2 \tag{7-18}$$

那么，Ⅰ号机组扬程特性方程为

$$H_1 = H_{x1} - S_{x1}Q^2 \tag{7-19}$$

Ⅱ号机组扬程特性方程为

$$H_2 = H_{x2} - S_{x2}Q^2 \tag{7-20}$$

又由于

$$H = H_1 + H_2 \tag{7-21}$$

那么，方程（7-19）和式（7-20）合并为

$$H = H_{x1} + H_{x2} - (S_{x1} + S_{x2})Q^2 \tag{7-22}$$

由方程（7-17）和式（7-22）联立解得

$$Q = \sqrt{\frac{H_{x1} + H_{x2} - H_{实}}{S_{x1} + S_{x2} + S}} \tag{7-23}$$

将式（7-23）代入式（7-17）或式（7-22），即可求得 H。

（四）抽水装置与管道布置设计方案评价

工况分析可以计算得水泵实际工作流量和扬程，根据流量可在特性曲线上查得其余参数：效率 η、功率 P 和 $[NPSH]$ 等。

按以上计算方法分析抽水装置与管道布置设计方案在不同工况下的运行的综合情况，分析各工况对应的流量 Q、扬程 H、效率 η、功率 P 和 $[NPSH]$ 等指标，进行综合评判，以确定抽水装置与管道布置设计方案是否满足设计要求。综合评判主要从以下几个方面开展。

1. 抽水功能

首先，抽水装置与管道布置设计要满足用户或规划要求的抽水流量或扬程的要求。根据计算结果，分析在泵站进、出水池的水位变化的过程中，水泵工作流量和扬程是否能满足排灌需要，特别是在设计工况下，必须满足用户或规划的要求。

第二节 进、出水池设计

2. 工作效率

抽水装置与管道布置设计方案要确保水泵在各种工况下，其运行效率都比较高，或均工作在高效率区。效率的大小与泵型有关，一般来说，水泵最高效率在 80%~85%，因此，在判断水泵是否满足高效率的要求，一是看效率是否达到 80% 以上，二是看水泵工作点是否比较对称分布在最高效率点的两侧。

3. 汽蚀参数

水泵的汽蚀参数为必须汽蚀裕量 $[NPSH]$ 或允许吸上真空度 H_s，要分析水泵在工作中最不利的情况，判断其合理性与否是要看其对泵站基础工程的影响，不会增加基础工程量或增加少量的基础工程量，都是合理的；否则，需要修改设计方案。

第二节 进、出水池设计

一、进水池设计

（一）复核水泵安装高程

在前一节已按进水口淹没要求，初步拟定水泵的安装高程，但是还需要进行复核，复核内容包括汽蚀、基础开挖情况。

水泵的安装高程是指水泵基准面的高程，如图 7-12 所示。

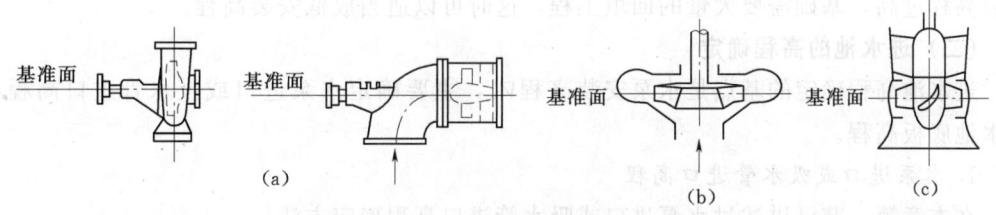

图 7-12 泵基准面的高程

(a) 卧式叶片泵（通过水泵轴线平面）；(b) 立式离心泵与混流泵（通过第一级叶轮出口中心的水平面）；
(c) 立式轴流泵（通过叶轮轴线的水平面）

1. 按汽蚀要求

为了防止水泵发生汽蚀现象，需要限制水泵安装高程，水泵基准面到进水池最低水位的最大高差称为允许吸上高度 $H_{允许}$，设进水池最低水位为 ∇_{min}，则水泵（允许最高的）安装高程为

$$\nabla_a = \nabla_{min} + H_{允许} \tag{7-24}$$

式中 ∇_a——水泵（允许最高的）安装高程，m。

计算水泵（允许最高的）安装高程主要计算允许吸上高度 $H_{允许}$，一般按两种方法计算，分别是必须汽蚀余量参数法和允许吸上真空度参数法。

必须汽蚀余量参数法的计算公式为

$$H_{允许} = 10.0 - \frac{\nabla_{min}}{900} - [NPSH]_r - h_{吸} \tag{7-25}$$

式中 $[NPSH]_r$——必须汽蚀余量,根据前面工况分析的结果,从工作流量特性曲线上查得,或由厂家提供;

$h_{吸}$——吸水管的水头损失,m;

其余参数意义同上。

允许吸上真空度参数法的计算公式为

$$H_{允许} = H_s - \frac{v_s^2}{2g} - h_{吸} \qquad (7-26)$$

式中 H_s——允许吸上真空度,根据前面工况分析的结果,从工作流量特性曲线上查得,或由厂家提供;

v_s——进口流速,m/s。

考虑海拔高程的影响,式(7-26)修改为

$$H_{允许} = H_s - \frac{\nabla_{\min}}{900} - \frac{v_s^2}{2g} - h_{吸} \qquad (7-27)$$

初定的安装高程低于按汽蚀条件计算的水泵(允许最高的)安装高程,则初定的安装高程满足防汽蚀条件,是安全的;否则,要降低初定的安装高程。

2. 按基础开挖要求

根据泵站站址的地形地质条件,分析初定的安装高程对基础工程的影响,如果安装高程很低,基础开挖量大,这时需要采取措施提高安装高程,措施主要应对汽蚀问题;如果安装高程过高,基础需要大量的回填工程,这时可以适当放低安装高程。

(二)进水池的高程确定

进水池高程确定的基点是水泵安装高程∇_a,主要确定水泵进口或吸水管进口高程和进水池底板高程。

1. 水泵进口或吸水管进口高程

在本章第一节已讲述过水泵进口或吸水管进口高程确定方法。

2. 进水池底板高程

水泵进口或吸水管进口高程与进水池底板高程之间的高差,称为悬空高度。悬空高度影响进水池的流态,如图7-13所示。

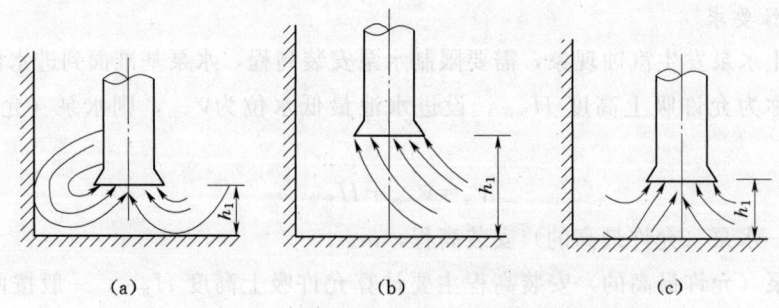

图7-13 悬空高度对进水池流态的影响

图7-13(a)中悬空高度太小,流线过于弯曲,增加水头损失;图7-13(b)悬空高度太大,形成单面进水,流态不对称、不稳定,容易产生振动和噪声;图7-13(c)

第二节 进、出水池设计

悬空高度适中,流态对称、稳定,进水条件良好。此外,悬空高度过小,会冲刷池底,还会将泥沙吸起;悬空高度过大,会增加进水池工程量。因此,合理确定悬空高度十分重要。

根据试验资料,悬空高度在 $(0.3\sim0.8)D_{进}$ 时,效率比较高。对于中、小型立式轴流泵站,一般建议悬空高度取为

$$h_{悬}=(0.3\sim0.5)D_{进} \qquad (7-28)$$

对于卧式轴流泵站,建议悬空高度取为

$$h_{悬}=(0.6\sim0.8)D_{进} \qquad (7-29)$$

同时,考虑到安装、检修要求,立式轴流泵不宜小于 0.5m,其他情况不宜小于 0.3m。

3. 进水池边墙顶高程

根据泵站的防洪标准,并考虑河道、调蓄区的调蓄影响,计算内河的设计洪水及相应的水面线,确定进水池最高水位,加上安全超高即为进水池边墙顶高程,安全超高一般为 0.3~0.5m。

(三) 进水池平面尺寸

进水池平面形状有矩形、八字形、半圆形、圆形、对称蜗形和非对称蜗形,如图 7-14 所示。进水池平面形状对进水室流态有影响,进水池的不利流态有边角处的漩涡和围绕水泵的回流,进水池平面形状的确定主要消除不利流态。矩形进水池的两角处会产生漩涡,还会形成围绕水泵的回流,其流态比较差。八字形、半圆形、圆形平面形状可以消除漩涡,但仍会产生回流。蜗壳形进水池可以消除漩涡和回流,流态最好。

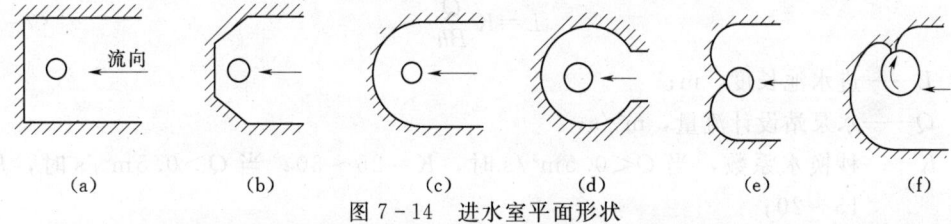

图 7-14 进水室平面形状
(a) 矩形;(b) 八字形;(c) 半圆形;(d) 圆形;(e) 弧线形;(f) 蜗壳形

在合理选择进水池平面尺寸的情况下,进水池平面形状对水泵装置效率的影响不大。试验表明,对称蜗形进水池对水泵装置的效率较矩形进水池提高 2%~4%。

由于矩形和八字形进水池的施工比较简便,只要合理确定平面尺寸,就可以选用矩形和八字形进水池。因此,中、小型泵站多采用矩形和八字形进水池。

进水池平面尺寸如图 7-15 所示。

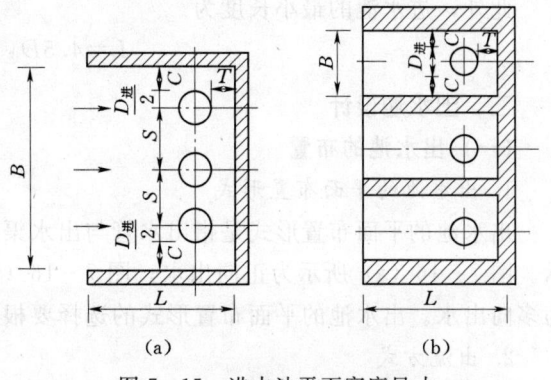

图 7-15 进水池平面宽度尺寸
(a) 无隔墩;(b) 有隔墩

1. 宽度

进水池宽度包括边距、间距和泵进口直径。进水池有隔墩时，边距为 C，即

$$C = D_{进} \tag{7-30}$$

机组间距 S 为

$$S = 2C + D_{进} + d \tag{7-31}$$

式中 d——隔墩厚度，m。

无隔墩时，边距 C 为

$$C = (0.5 \sim 1.0) D_{进} \tag{7-32}$$

机组间距 S 为

$$S \geqslant (2 \sim 2.5) D_{进} \tag{7-33}$$

此外，机组间距还要考虑上部结构的布置要求，如柱网的布置、机电设备检修和安装的要求、运行管理要求等。

进水池宽度为

$$B = (n-1)S + 2C + D_{进} + 2d \tag{7-34}$$

2. 厚壁距离 T

厚壁距离对漩涡、回流的形成有较大的影响，也关系到抽水装置的效率。根据试验研究，$T=0$ 的流态最好，但考虑到检修和安装的需要，一般 T 选为

$$T = (0 \sim 0.25) D_{进} \tag{7-35}$$

3. 进水池长度 L

进水池长度是要确保进水池有效容积，计算公式为

$$L = K \frac{Q}{Bh} \tag{7-36}$$

式中 L——进水池长度，m；

Q——水泵站设计流量，m^3/s；

K——秒换水系数，当 $Q < 0.5 m^3/s$ 时，$K = 25 \sim 30$；当 $Q > 0.5 m^3/s$ 时，$K = 15 \sim 20$；

h——进水池设计水位对应的水深，m。

此外，进水池的最小长度为

$$L = 4.5 D_{进} + T \tag{7-37}$$

二、出水池设计

(一) 出水池的布置

1. 出水池的平面布置形式

出水池的平面布置形式是指出水管与出水渠的相对方向，有三种方式，如图 7-16 所示。图 7-16 (a) 所示为正向出水；图 7-16 (b) 所示为侧向出水；图 7-16 (c) 所示为多向出水。出水池的平面布置形式的选择要根据出水管和出水渠道的布置和要求确定。

2. 出流方式

出水管出口布置可分为两种形式：一是布置在水面以下，称为淹没出流；二是布置在水面以上，称为自由出流。淹没出流时，水泵扬程随出水池水位而变，不会浪费扬程。自

第二节 进、出水池设计

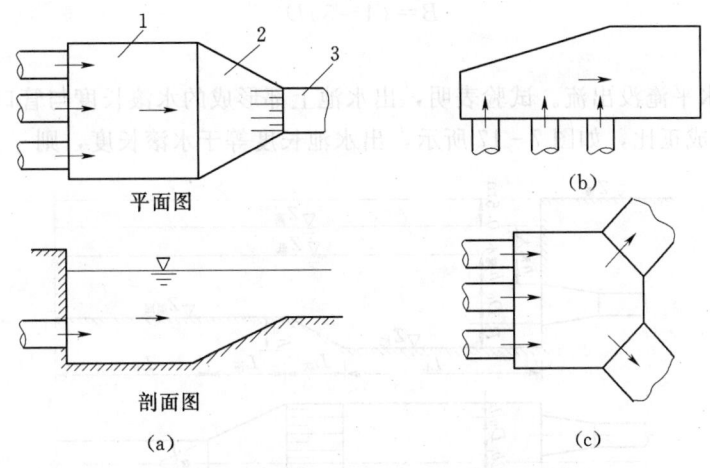

图 7-16 出水池的平面布置形式
(a) 正向出水池；(b) 侧向出水池；(c) 多向出水池
1—出水池；2—过渡段；3—干渠

由出流时，水泵扬程高于实际所需扬程，造成扬程的浪费。所以，一般采用淹没出流形式。

3. 防止停泵逆流的方式

为了防止停泵时出水池水流倒灌，需要在出水管设置防止停泵逆流的设施，一般主要采用逆止阀、拍门等设备。

(二) 出水池的尺寸

1. 高程

(1) 出水管顶高程。淹没出流时，出水管顶应在最低水位以下，并保证有一定的淹没深度，最小淹没深度为

$$h_{淹小}=0.1v_0^2 \tag{7-38}$$

式中 v_0——出水管口流速，m/s。

(2) 出水池底板高程。为防止管口淤塞和便于检修，出水池底板应低于出水管口底 $P=0.1\sim0.3$m，结合出水渠道的布置，确定出水池底板高程。

(3) 出水池边墙顶高程。出水池最高水位是对应出水渠道最大流量时的水位或设计洪水位，出水池边墙顶高程为出水池最高水位加上超高 0.5m。

2. 宽度

出水池宽度与出水管布置有关，正向出水池最小宽度为

$$B=(n-1)\delta+n(D_0+2b) \tag{7-39}$$

式中 n——出水管根数；
δ——隔墩厚度，m；
D_0——出水管径，m；
b——出水管边缘至隔墩或边墙壁的距离，m。

侧向出水池最小宽度为

$$B=(4\sim5)D_0 \tag{7-40}$$

3. 长度

(1) 正向水平淹没出流。试验表明，出水池上部形成的水滚长度与管口顶部淹没深度 $h_{淹}$ 的 1/2 次方成正比，如图 7-17 所示，出水池长度等于水滚长度，则

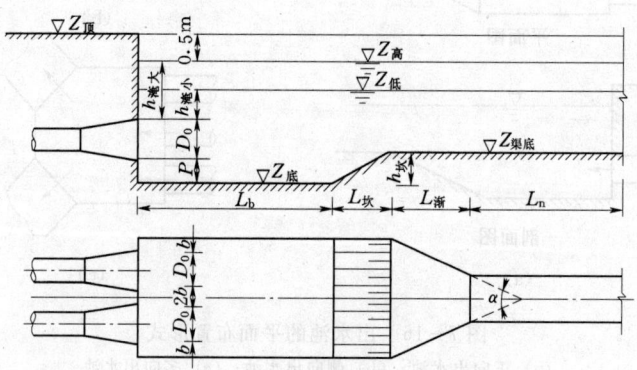

图 7-17 出水池尺寸示意图

$$L_k = K h_{淹}^{0.5} \tag{7-41}$$

$$K = 7 - \left(\frac{h_{坎}}{D_0} - 0.5\right) \times \frac{2.4}{1 + \frac{0.5}{m^2}} \tag{7-42}$$

式中　L_k——出水池长度，m；

　　　K——试验系数；

　　　m——出水池末段底坡坡比，$m = \frac{h_{坎}}{L_{坎}}$；

　　　$h_{坎}$——坎台高度，m；

　　　$L_{坎}$——坎台长度，m。

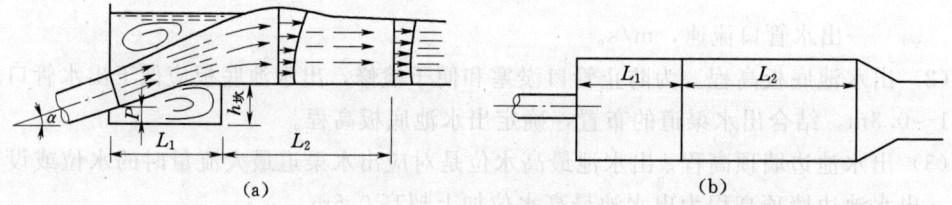

图 7-18 侧向水平淹没出流时出水池的尺寸
(a) 剖面；(b) 平面

式 (7-41) 适用于 $v_0 < 1.5 \text{m/s}$。当 $v_0 > 1.5 \text{m/s}$ 时，采用式 (7-43) 计算，即

$$L_k = K\left(h_{淹} + \frac{v_0^2}{2g}\right) \tag{7-43}$$

当 $m = 0$ 或 $h_{坎} \leqslant 0.5 D_0$ 时

$$L_k = 7\left(h_{淹} + \frac{v_0^2}{2g}\right) \tag{7-44}$$

当 $m=\infty$ 时

$$L_k = \left(8 - 2.4 \frac{h_{坎}}{D_0}\right)\left(h_{淹} + \frac{v_0^2}{2g}\right) \quad (7-45)$$

(2) 正向斜向淹没出流。

$$L_k = \frac{h_{坎} - P}{\tan\alpha} + 2(3D_0 - h_{坎}) \quad (7-46)$$

式中 α——出水管轴线与水平方向的夹角。

(3) 侧向水平淹没出流。侧向水平淹没出流时，出水池的长度为（图 7-18）

$$L_k = (n+6)D_0 + (n-1)S \quad (7-47)$$

式中 S——出水管之间的净距，m。

第三节 泵房布置设计

一、泵房的形式

泵房的上部结构大体类似，结构差异主要是在基础部分，因此按基础结构的特点来划分泵房类型。

（一）固定泵房

固定泵房是指其安装位置不变的泵站泵房，与其相对应的是移动泵房，是指安装在移动平台上的泵房。

1. 卧式机组泵房

卧式机组的特点是有较长的进水管，泵体不需要置于水下，可以安装在岸上或封闭的泵室内，基础结构相对简单。

(1) 分基型泵房。分基型泵房的特点是水泵机组的基础与泵房的基础分开设置，如图 7-19 所示。

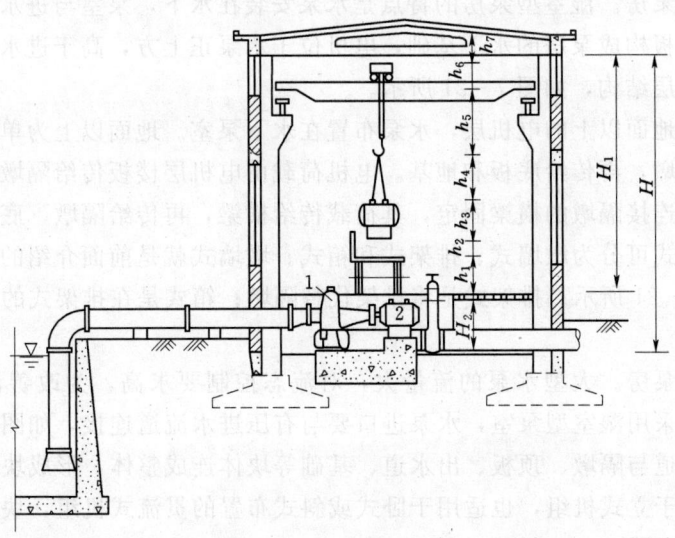

图 7-19 分基型泵房
1—水泵；2—电动机

这种泵房常用于小型卧式机组。当水泵安装高程比较高，泵房地面高于进水池洪水位，泵房内不需作防渗布置，机组所需的基础相对较小，可以独立设置，不需要与泵房柱基连片布置，这时可以采用分基型泵房。

分基型泵房优点是结构简单，泵房按一般的单层工业厂房设计，可以采用独立基础，基础工程量比较小，对地基的要求比较低，施工便利。

(2) 干室型泵房。干室型泵房的特点是水泵机组的基础与泵房的基础连成整体布置，在地面以下形成一个四周封闭的泵室，以满足防渗要求，进、出水管均要穿越防渗墙，并做好接缝的防渗处理，如图 7-20 所示。

这种泵房常用于大、中型卧式机组。当水泵安装高程比较低，泵房地面低于进水池水位，泵房内需作防渗布置，机组所需的基础相对较大，不宜独立设置，需要与泵房柱基连成整体布置，这时可以采用干室型泵房。

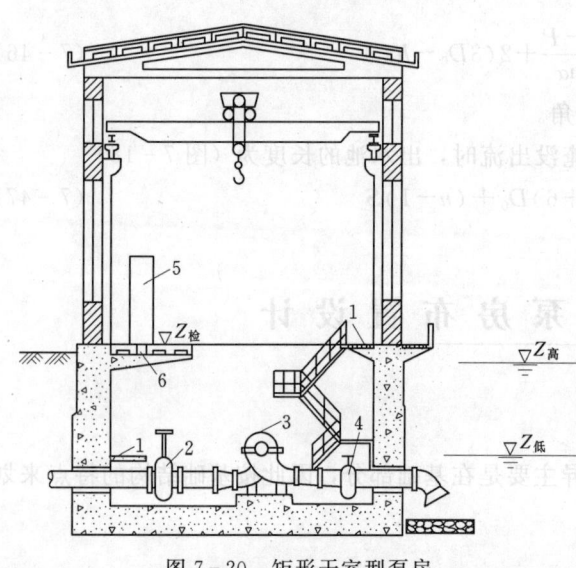

图 7-20 矩形干室型泵房
1—人行道；2—出水闸阀；3—水泵机组；4—进水闸阀；
5—配电柜；6—电缆槽

干室型泵房优点是上部结构简单，可以按一般的单层工业厂房设计，但下部结构比较复杂，基础工程量比较大，对地基的要求比较高，施工要考虑防洪、防渗问题。

2. 立式机组泵房

(1) 湿室型泵房。湿室型泵房的特点是水泵安装在水下，泵室与进水池连通，泵室的隔墩或边墩与底板构成泵房的水下基础，电机位于水泵正上方，高于进水池洪水位，用泵轴连接，形成两层结构，如图 7-21 所示。

电机布置在地面以上的电机层，水泵布置在水下泵室。地面以上为单层工业厂房，荷载由立柱传给隔墩，再传给底板和地基。电机荷载由电机层楼板传给隔墩，再传至底板和地基。水泵由与连接隔墩的横梁固定，其荷载传给横梁，再传给隔墩、底板和地基。

泵室结构形式可分为墩墙式、排架式和箱式。墩墙式就是前面介绍的隔墩与底板构成的泵室，如图 7-21 所示；排架式是将排架代替隔墩；箱式是在排架式的基础上加上三面挡土板。

(2) 块基型泵房。大型水泵的流量大，对流态控制要求高，为改善流态，使水流平顺、稳定，不能采用湿室型泵室，水泵进口要与有压进水流道连接，如图 7-22 所示。

有压进水流道与隔墩、顶板、出水道、基础等块体连成整体，形成块基型泵房。块基型泵房主要适用于立式机组，也适用于卧式或斜式布置的贯流式机组，块基型泵房的布置形式如图 7-23 至图 7-26 所示。

块基型泵房的特点是水流条件好；但基础结构复杂，施工难度大。

第三节 泵房布置设计

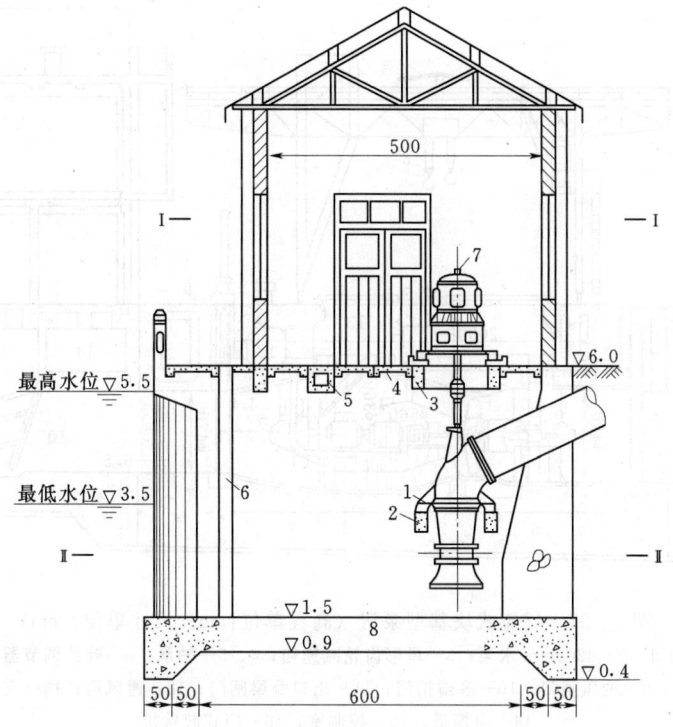

图 7-21 湿室型泵房
1—水泵；2—水泵梁；3—电机梁；4—电机层楼板；5—电缆沟；6—检修门槽；7—电动机；8—底板

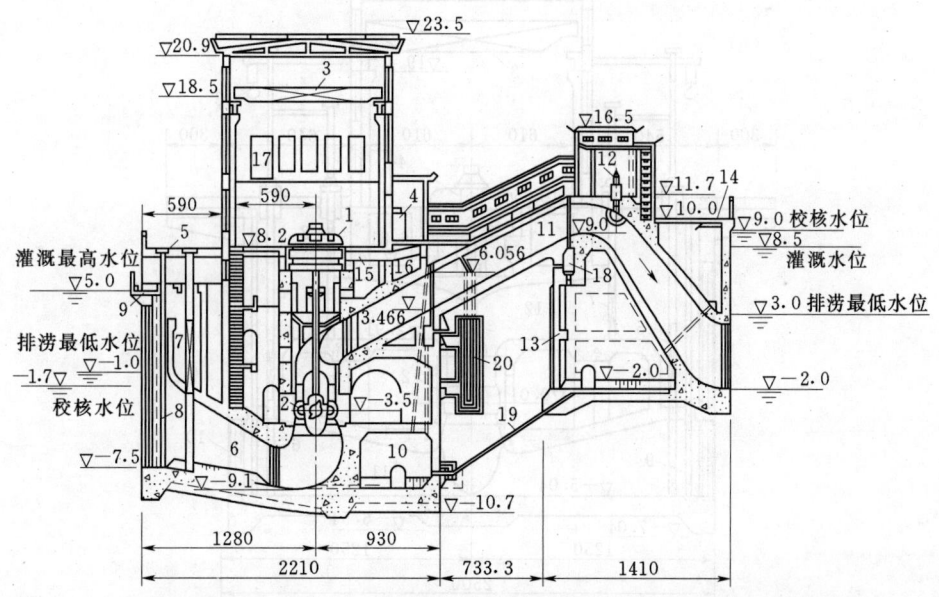

图 7-22 虹吸式块基型泵房（高程单位：m；尺寸单位：cm）
1—3000kW 主电动机；2—3100mm 主水泵；3—桥式吊车；4—高压开关柜；5—工作桥；6—进水流道；7—检修闸门；
8—拦污栅；9—清污便桥；10—排水廊道；11—出水流道；12—真空破坏阀；13—出口挡土墙；14—公路桥；
15—排风管道；16—电缆道；17—主控制室；18—检修廊道；19—排水管；20—反滤层

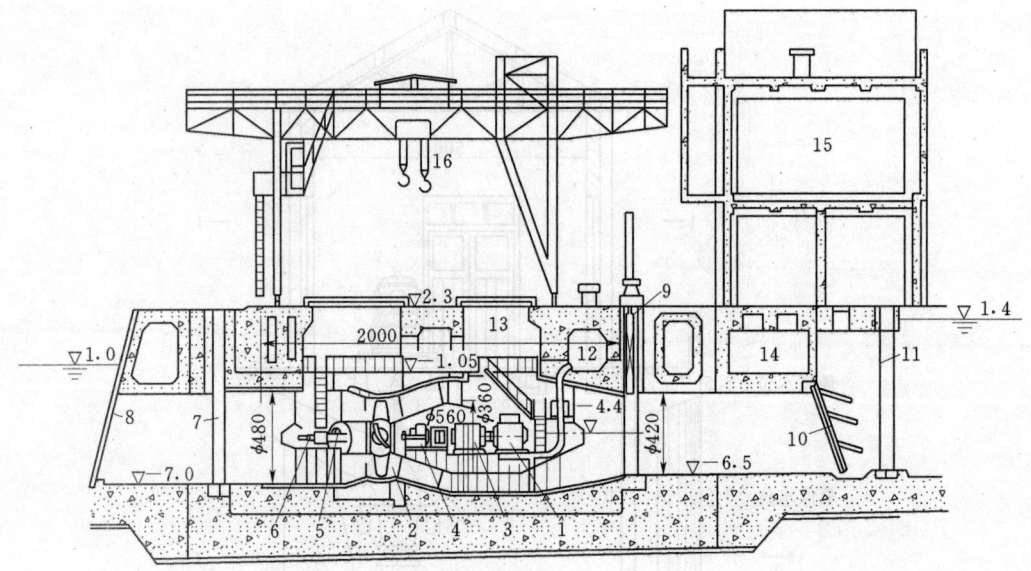

图 7-23 贯流式块基型泵房（高程单位：m；尺寸单位：cm）

1—1300kW 电动机；2—4200mm 水泵；3—星形齿轮减速箱；4、5—轴承；6—叶片调节器；7—叠梁门槽；
8—拦污栅；9—油压闸门；10—多瓣拍门；11—出口叠梁闸门；12—通风道；13—支柱兼通道；
14—电缆道；15—控制室；16—门式起重机

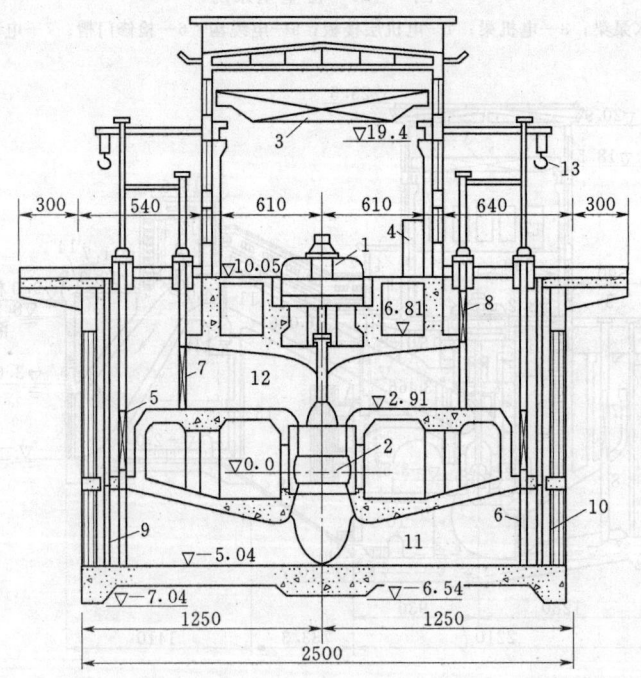

图 7-24 双向流道式块基型泵房（高程单位：m；尺寸单位：cm）

1—1600kW 电动机；2—2800mm 水泵；3—桥式吊车；4—开关柜；5、6—进水油压闸门；
7、8—出水油压闸门；9、10—拦污栅；11—进水流道；12—出水流道；13—电葫芦

第三节 泵房布置设计

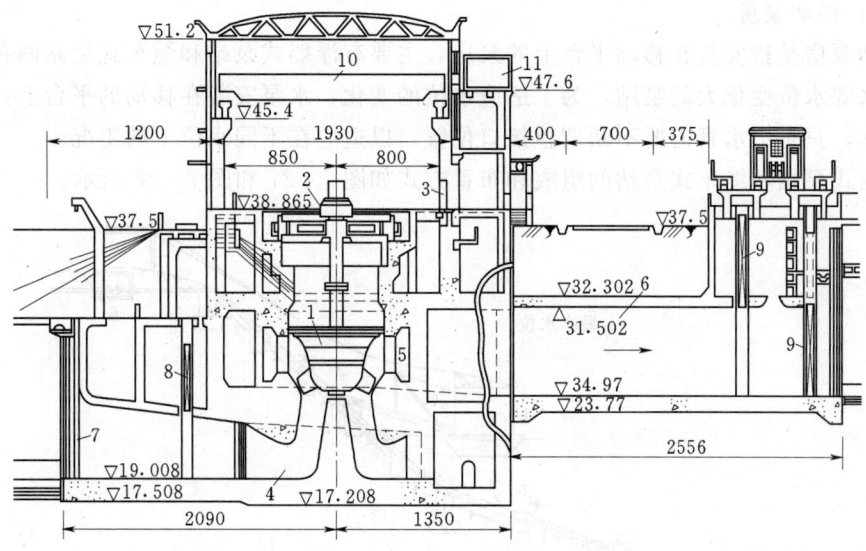

图 7-25　堤后直管式块基型泵房（高程单位：m；尺寸单位：cm）
1—5700mm 立式混流泵；2—7000kW 电动机；3—开关柜；4—钟形进水流道；5—蜗壳出水室；
6—直管式出水流道；7—拦污栅；8—进口检修闸门；9—快速闸门；10—桥式起重机；11—水箱

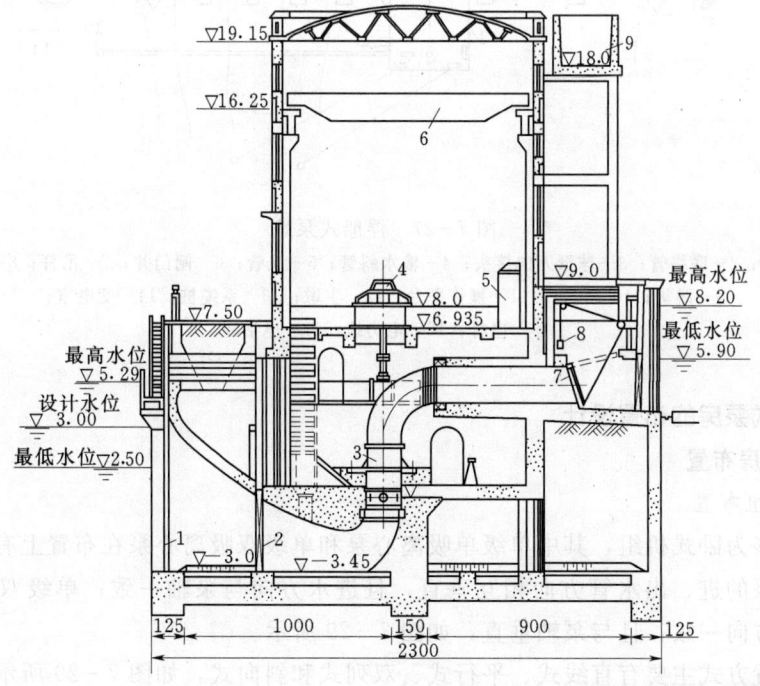

图 7-26　堤后直管式块基型泵房（高程单位：m；尺寸单位：cm）
1—拦污栅；2—进口检修闸门；3—1540mm 水泵；4—800kW 电动机；5—开关柜；
6—桥式吊车；7—拍门；8—平衡锤；9—水箱

(二)移动泵房

移动泵房是指安装在移动平台上的泵房,主要有浮船式泵站和缆车式泵站两种,主要适用于水源水位变化大的泵站,为了适应水位的变化,水泵安装在移动的平台上,泵站随水位涨落,只是出水管需要不断调整接口位置,以适应在不同水位下的工况。

浮船式泵站和缆车式泵站的组成和布置方式如图7-27和图7-28所示。

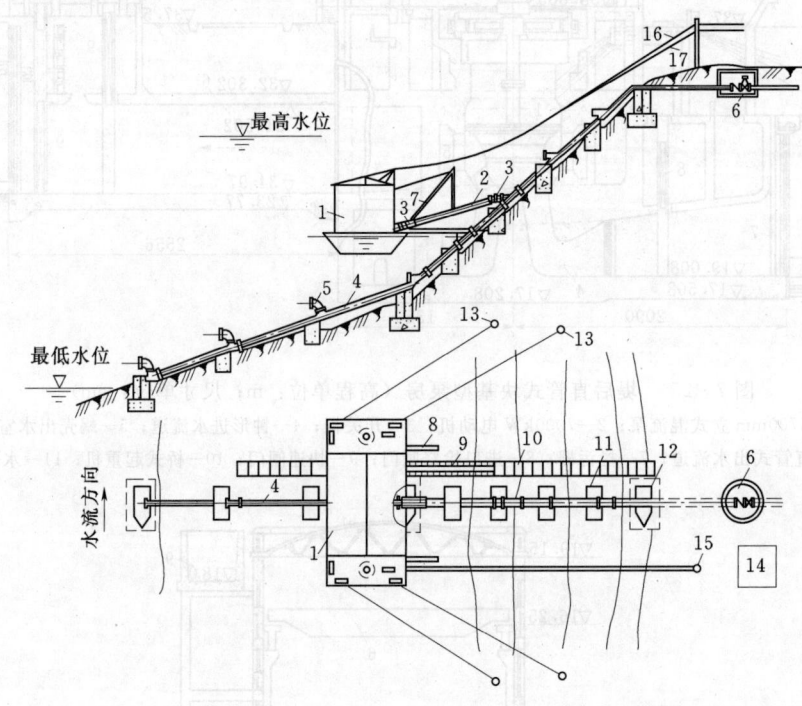

图7-27 浮船式泵站

1—囤船;2—联络管;3—球形万向接头;4—输水斜管;5—叉管;6—闸门井;7—吊杆;8—撑杆;
9—跳板;10—台阶;11—操作平台;12—主墩;13—系缆桩;14—变电室;
15—电杆;16—电力线;17—电话线

二、卧式泵房的布置设计

(一)泵房布置

1. 主机组布置

离心泵多为卧式机组,其中单级单吸离心泵和单级双吸离心泵在布置上有所不同,单级单吸离心泵的进、出水管方向相互垂直,且进水方向与泵轴一致;单级双吸离心泵的进、出水管方向一致,且与泵轴垂直,如图7-29所示。

主机布置方式主要有直线式、平行式、双列式和斜向式,如图7-29所示。

直线布置适用于双吸离心泵,进、出水流比较平顺,便于管线布置,但是泵房相对较长,机组较多时可采用双列布置或斜向布置,可以缩短厂房长度。

平行布置适用于单吸离心泵,进、出水流比较平顺,便于管线布置,但是泵房相对较宽,泵房跨度比较大。

第三节 泵房布置设计

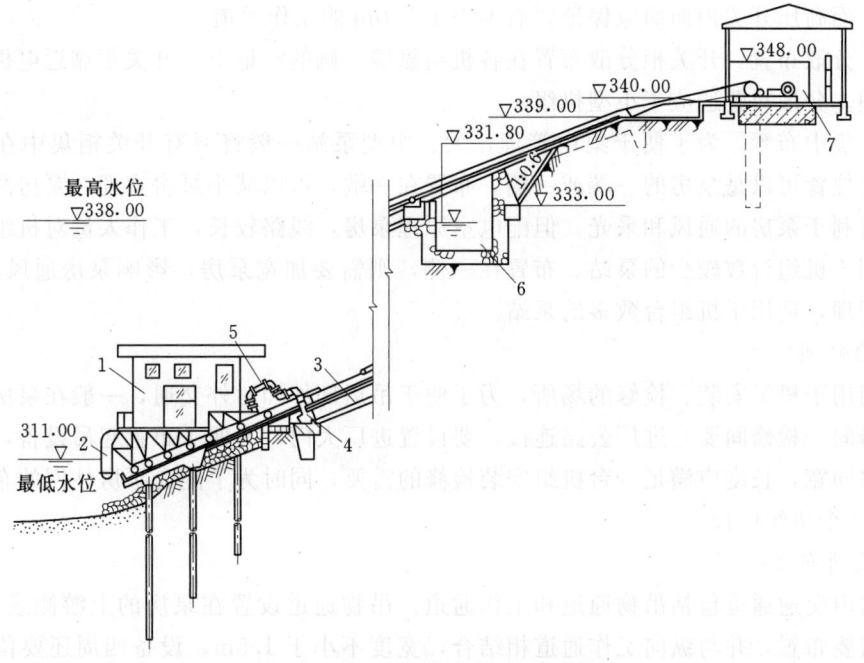

图 7-28 缆车式泵站
1—泵车；2—吸水管；3—输水斜管；4—接头叉管；5—曲臂式联络管；6—出水池；7—绞车房

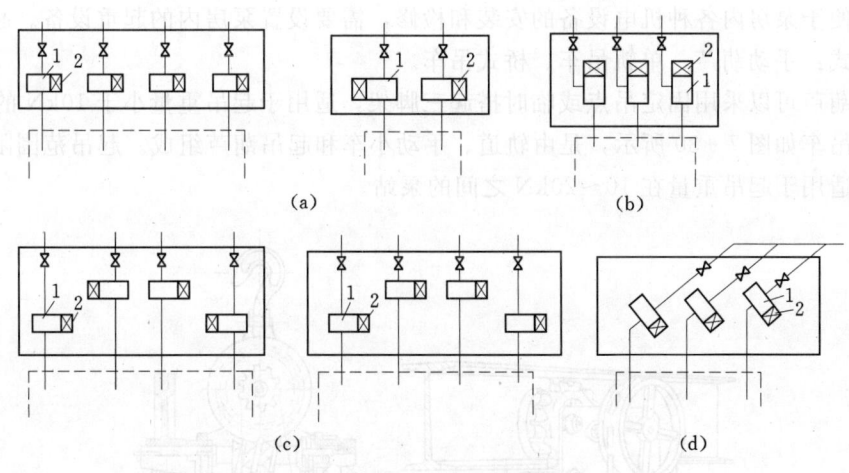

图 7-29 主机布置方式
(a) 直线布置；(b) 平行布置；(c) 双列布置；(d) 斜向布置
1—水泵；2—电动机

2. 电气设备布置

水泵的电气设备主要是开关柜或配电屏，它是将开关设备、继电设备、测量设备、控制设备集成布置在封闭的金属柜中，通常每台机组配置一个开关柜。低压开关柜的尺寸为高×宽×厚=2140mm×900mm×600mm，高压开关柜的尺寸为高×宽×厚=3100mm×1200mm×1200mm。开关柜一般可以双面维护，不宜靠墙布置，且距离墙面不小于0.8m。若是单面维护，则可以靠墙布置。低压开关柜前面应保证留有不小于1.5m的工作通道，而高压开关柜前面应保证留有不小于 2.0m 的工作通道。

(1) 分散布置。开关柜分散布置在各机组靠墙一侧的空地上，开关柜靠近电机，便于就近管理。分散布置适应于小型机组。

(2) 集中布置。为了便于集中管理，大、中型泵站一般将所有开关柜集中在一起布置。布置位置可以是泵房的一端或一侧。布置在一端，可以减小泵房宽度，泵房两侧均可开窗，有利于泵房的通风和采光。但配电室原理泵房，线路较长，工作人员对机组监视不便。适用于机组台数较少的泵站。布置在一侧，则需要加宽泵房，影响泵房通风和采光，但便于管理，适用于机组台数多的泵站。

3. 检修间

专门用于机组安装、检修的场所，为了便于吊运部件和对外交通，一般在泵房的一端设置检修间。检修间要与进厂公路连接，要设置进厂大门，为便于布置起吊设备，检修间应与泵房同宽，长度应满足一台机组安装检修的需要，同时为了配合泵房柱网的布置，一般取 1～2 个机组段长。

4. 交通布置

泵房内交通通道包括吊物通道和工作通道。吊物通道设置在泵房的上游侧或下游侧，按吊物需要布置，并与纵向工作通道相结合，宽度不小于 1.5m。设备四周还要留有不小于 0.7m 的维护通道。

5. 起重设备

为了便于泵房内各种机电设备的安装和检修，需要设置泵房内的起重设备。起重设备有三种形式：手动葫芦、单轨吊车、桥式吊车。

手动葫芦可以采用固定吊点或临时搭起三脚架，适用于起吊重量小于 10kN 的泵站。

单轨吊车如图 7-30 所示，是由轨道、手动小车和起吊葫芦组成。起吊范围限制在轨道沿线，适用于起吊重量在 10～20kN 之间的泵站。

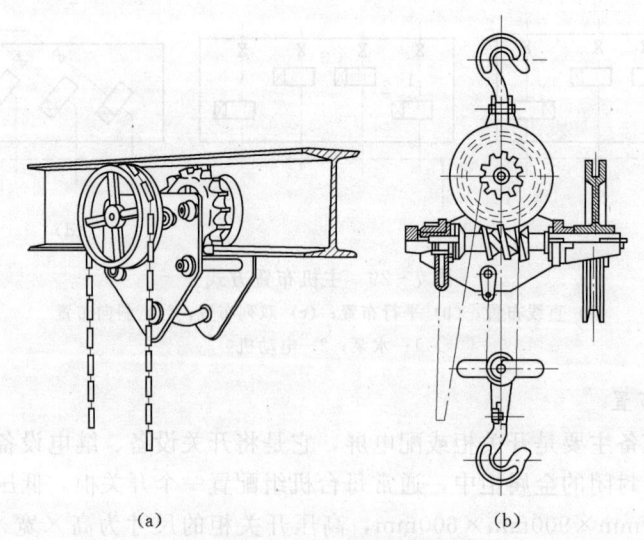

(a) (b)

图 7-30 手动单轨吊车
(a) 小车外形；(b) 起重葫芦

桥式吊车如图 7-31 所示。吊车轨道安装在泵房两侧的吊车梁上,吊车梁则支承在立柱的牛腿上。大车沿轨道行驶,使小车在大车上左右移动。桥式吊车的起吊范围可以到达泵房的各个位置,适用于起吊重量大于 20kN 的泵站。

6. 其他

离心泵需要充水才能启动,当离心泵的叶轮直径大于 300mm 时,需要用真空泵

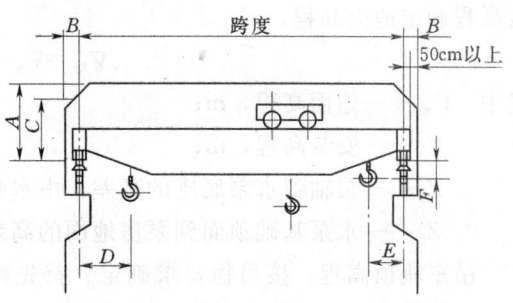

图 7-31 桥式吊车

来抽气充水。充水设备按机电设备有关设计要求来布置。泵房内机组的漏水和废水排除需要设置一定的排水沟和集水井。此外,厂房内的通风采光设施按一般工业厂房的要求布置。

(二) 泵房尺寸确定

进水池和出水池的尺寸可按本章第二节方法计算。在此,只考虑泵房上部结构的尺寸计算。泵房上部结构各部分尺寸如图 7-32 所示。

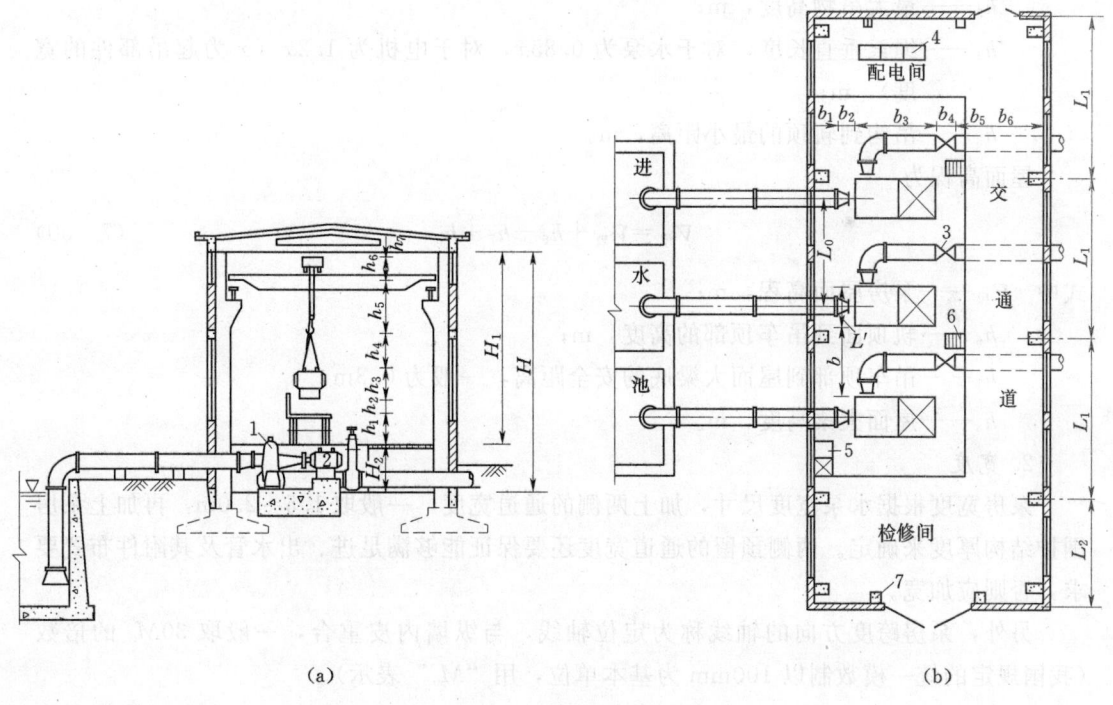

(a)　　　　　　　　　　　　(b)

图 7-32 泵房上部结构各部分尺寸
1—水泵;2—电动机;3—闸阀;4—配电柜;5—真空泵;6—踏步;7—抗风柱

1. 高程

水泵的安装高程一旦确定,便以此为基准,可以推算其余高程。

泵房地面高程:根据水泵安装图要求(安装图一般给出安装高程至地面的高差)和安

装高程确定地面高程。

$$\nabla_{地}=\nabla_a-Z_1-Z_2 \tag{7-48}$$

式中　$\nabla_{地}$——地面高程，m；

　　　∇_a——安装高程，m；

　　　Z_1——泵轴到水泵底座的高差，由水泵样本查得，m；

　　　Z_2——水泵基础顶面到泵房地面的高差，一般为 0.1～0.3m。

吊车轨顶高程：按吊物要求确定。首先确定最大部件尺寸，其高度为 h_3。其次起吊方式，检修吊运从吊运通道吊运，要从跨越设备顶部高程或地面高程推算；装卸吊运要从车厢底板高程推算。吊车轨顶高程为

$$\nabla_{轨}=\nabla_{地}+h_1+h_2+h_3+h_4+h_5 \tag{7-49}$$

式中　$\nabla_{轨}$——吊车轨顶高程，m；

　　　h_1——车厢底板离地面高度或吊运需要跨越设备的地面以上高度（不需跨越设备时取 0），m；

　　　h_2——吊物垂直安全距离，一般为 0.3m；

　　　h_3——最大吊物高度，m；

　　　h_4——绳索垂直长度，对于水泵为 $0.85x$，对于电机为 $1.2x$（x 为起吊部件的宽度），m；

　　　h_5——吊钩到轨顶的最小距离，m。

屋面高程为

$$\nabla_{屋}=\nabla_{轨}+h_6+h_7+h_8 \tag{7-50}$$

式中　$\nabla_{屋}$——泵房屋面高程，m；

　　　h_6——轨顶面到吊车顶部的高度，m；

　　　h_7——吊车顶部到屋面大梁底的安全距离，一般为 0.3m；

　　　h_8——屋面大梁高度，m。

2. 宽度

泵房宽度根据水泵宽度尺寸，加上两侧的通道宽度，一般取 1.5～2.0m，再加上泵房围护结构厚度来确定。两侧预留的通道宽度还要保证能够满足进、出水管及其附件布置要求，否则应加宽。

另外，泵房跨度方向的轴线称为定位轴线，与纵墙内皮重合，一般取 $30M_0$ 的倍数（我国规定的统一模数制以 100mm 为基本单位，用"M_0"表示）。

3. 长度

水泵机组间距由水泵长度尺寸加上两边预留的工作通道（一般取 1.0～2.0m）确定，并结合柱距布置要求，柱距一般要符合 $60M_0$ 的倍数。但对于小型泵站，最小柱距可取 4.0m。

边机组段还要考虑边墙的限制，检修间取 1～2 各机组段长度。

泵房长度确定最好能满足各机组等距布置、排架等柱距布置的要求。

三、立式泵房的布置设计

（一）泵房布置

1. 主机组布置

立式机组平面布置均采用直线排列形式，但要分层布置，水泵布置在底层的泵室，泵室正上方为电机层，布置电机，如图7-33所示。电机层主要布置电动机和开关设备，且与地面同高，便于对外交通。

2. 电气设备布置

为了便于集中管理，一般将所有开关柜集中布置在电机层。布置位置可以是电机层的一端或一侧，与卧式机组布置类同。

3. 检修间

一般在电机层的一端设置检修间。检修间要与进厂公路连接，要设置进厂大门，为便于布置起吊设备，检修间应与泵房同宽，长度应满足一台机组安装检修的需要，同时为了配合泵房柱网的布置，一般取1~2个机组段长。

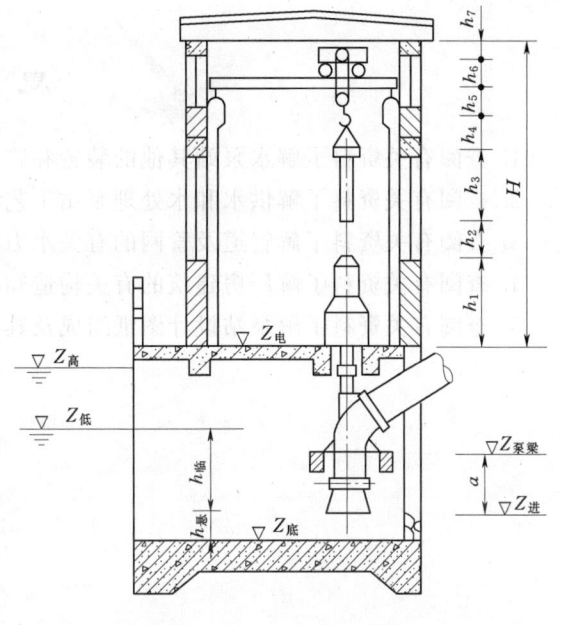

图7-33 立式机组泵房

4. 交通布置

电机层内交通通道包括吊物通道和工作通道。吊物通道设置在泵房的上游侧或下游侧，按吊物需要布置，并与纵向工作通道相结合，宽度不小于1.5m。设备四周还要留有不小于0.7m的维护通道。

5. 其余的布置与卧式机组的要求相同

（二）泵房尺寸确定

进水池和出水池的尺寸可按本章第二节方法计算。在此，只考虑泵房上部结构的尺寸计算。泵房上部结构各部分尺寸如图7-33所示。

1. 高程

电机层地面高程：根据泵轴长度和安装高程确定电机层地面高程，并要求不低于泵房外地面高程，必要时可以加长泵轴。

吊车轨顶高程：按吊物要求确定，计算方法与卧式机组相同，按式（7-49）计算。

屋面高程：计算方法与卧式机组相同，按式（7-50）计算。

2. 宽度

泵房宽度根据水泵宽度尺寸，加上两侧的通道宽度，一般取1.5~2.5m，再加上泵房围护结构厚度来确定。两侧预留的通道宽度还要保证能够满足进、出水管及其附件布置的要求，否则应加宽。

另外，泵房跨度方向的轴线称为定位轴线，与纵墙内皮重合，一般取 $30M_0$ 的倍数（我国规定的统一模数制以 100mm 为基本单位，用"M_0"表示）。

3. 长度

电机层布置计算与卧式泵相同，但立式机组还要考虑进水池的布置长度，通过调整应使上下结构对齐。

思 考 题

1. 查阅有关资料了解水泵站其他的装置和管道布置方式。
2. 查阅有关资料了解供水和水处理泵站工艺设计的有关知识。
3. 查阅有关资料了解管道及管网的有关水力计算知识。
4. 查阅有关资料了解厂房建筑的有关构造知识。
5. 查阅有关资料了解泵站设计图纸组成及其表达方式。

第八章　厂房结构设计

【教学目的】　主要讲述水电站和泵站厂房结构设计的基础知识。通过学习厂（泵）房结构组成、传力特点、分期分块等基础知识，学习厂（泵）房上、下部结构设计等的有关内容，重点掌握厂（泵）房结构布置设计、荷载计算、力学模型建立与计算和结构设计等方法。

【教学要求】　掌握厂房构造选型、厂房各层平面的梁格、柱距布置和尺寸拟定方法；掌握厂房结构计算、技术设计和施工详图绘制的方法。具体要求见下表。

本章教学要求

能力目标	知识要点	权重	自测分数
了解相关知识	厂（泵）房结构组成、传力特点、分期分块、厂（泵）房上与下部结构设计等的有关内容	30%	
熟练掌握知识点	（1）厂（泵）房结构布置设计 （2）荷载计算、力学模型建立与计算 （3）厂（泵）房结构设计	40%	
运用知识分析案例	主要工作内容、程序	30%	

【内容导引】　厂房的结构设计是要确定结构体系、结构材料和结构形式，以保证厂房建筑物的强度、刚度、耐久性和稳定性，并满足机电设备在安装、运行、维修和值班人员管理等方面对结构上的要求。结构设计时，应考虑厂房的施工程序，分期、分块方法和施工条件等因素，使设计方案符合当时、当地的客观实际，达到安全供电、技术先进、经济合理的目的。

第一节　厂房结构的组成和荷载的传力途径

厂房的上部结构与一般工业建筑相同，应用《结构力学》、《钢筋混凝土结构学》和《钢结构》的理论和计算方法就能完成。厂房的下部结构体型庞大、不规则，是受力情况较为特殊和复杂的混凝土块体结构，其设计理论尚未完善，重要的工程还需进行模型试验。

一、厂房结构的组成和作用
（一）水电站厂房
组成水电站厂房的结构构件如图 8-1 所示，其作用多属承重传力，也有起遮蔽风、雨、雪侵袭的围护作用。

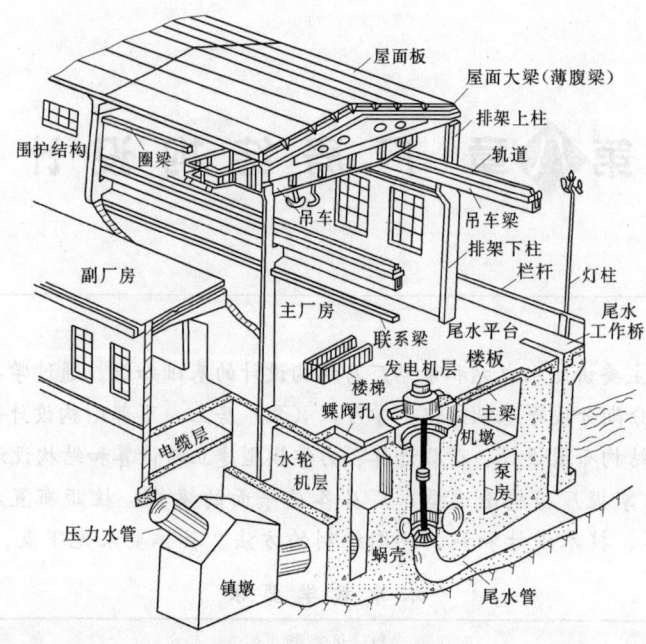

图8-1 水电站厂房的结构

1. 屋盖结构

屋盖结构起围护和承重双重作用，包括以下内容。

（1）直接承受风、雨、雪和自重等屋面荷载，并将它们传给屋架或屋面大梁的屋面板。

（2）支承屋面板并承受屋面板传来的全部荷载及屋架或屋面大梁自重的屋架或屋面大梁。屋架或屋面大梁搁置（或整浇）在排架柱顶上，并将荷载传到排架柱。

2. 吊车梁

吊车梁承受吊车荷载以及吊车启动或制动时所产生的纵、横向水平荷载。吊车梁搁置在排架柱的牛腿上，并将荷载传给排架柱。

3. 排架柱

排架柱承受屋架或屋面大梁、吊车梁、外墙传来的荷载和排架柱自重，并将它们传给厂房下部结构的大体积混凝土。排架柱如与屋面大梁刚性连接，则称为刚架，其荷载包括屋盖上全部荷载，作用同排架柱。

4. 发电机层和装配场楼板

发电机层楼板承受自重、机电设备静荷载和人群的活荷载并传给次梁、主梁，部分传到厂房下部结构的发电机机墩。主梁与水轮机层的排架柱整浇，因此，大部分的荷载传给排架柱。装配厂楼板承受自重、检修或安装时机组荷载和活荷载并传到基础或下部排架柱。

5. 围护结构

厂房四周的围护结构包括以下内容。

(1) 砌筑在圈梁、联系梁上，承受风荷载和自重，并将它门传给圈梁、联系梁的外墙。

(2) 承受厂房两端山墙传来的风荷载并将它传给屋架或屋面大梁和基础或厂房下部大体积混凝土块体的抗风柱。

(3) 与排架柱整浇，承受梁上砖墙传来的荷载和自重，并传给排架柱的圈梁和联系梁。

6. 发电机机墩

发电机机墩承受从发电机层楼板传来的荷载、水轮发电机组等设备重量、水轮机轴向水压力和机墩自重等，并将它们传给座环和蜗壳外围的混凝土。

7. 蜗壳和水轮机座环

蜗壳和水轮机座环将机墩传来的荷载通过座环传到尾水管上。另外，水轮机层的设备重量和活荷载通过蜗壳顶板也传到尾水管上。

8. 尾水管

尾水管承受水轮机座环和蜗壳顶板传来的荷载，经尾水管顶板、闸墩、边墩和底板构成的尾水管框架结构再传到基础上去。

9. 基础

水电站厂房的基础是由下部结构块体混凝土组成，承受排架柱、蜗壳外围块体结构和尾水管传来的荷载并将它们传到地基。

（二）水泵站泵房

图 8-2 所示为分基型泵房的结构示意图。

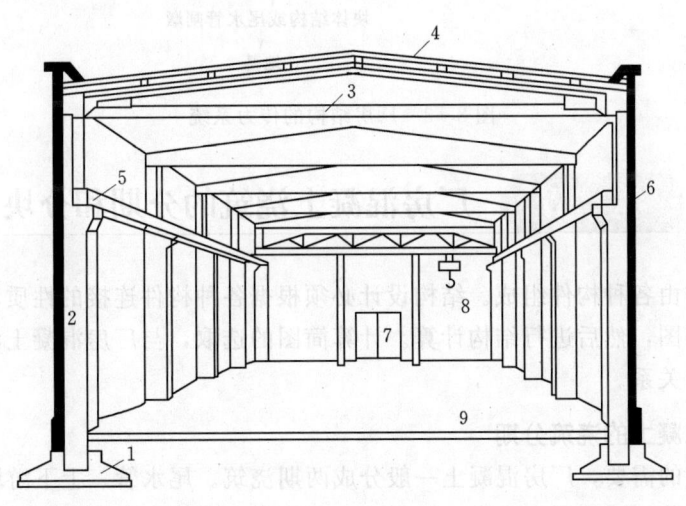

图 8-2 分基型泵房的结构示意图
1—基础；2—立柱；3—屋架；4—屋面；5—吊车梁；6—围护墙；
7—门；8—吊车；9—地面

分基型泵房的屋盖、吊车梁、排架和围护等结构与水电站厂房的上部结构基本相同，所不同的是分基型泵房排架的独立基础，与一般工业厂房相同。

立式机组泵房的下部结构是进水室，泵房排架支承在进水室边墩上，进水室底板是泵房的基础。

二、荷载的传力系统和传力途径

1. 传力系统

荷载传力系统可分为两大类：

（1）机组设备支承结构组成的传力系统，如发电机机墩、蜗壳和尾水管等；水泵的基础或水泵安装横梁和进水室边墩。

（2）厂房屋盖、梁、柱组成的框架传力系统，如屋面板、屋架或屋面大梁、吊车梁、排架柱和楼板等结构。

2. 传力途径

作用于厂房的各种静、活荷载。

通过各承重构件的传力途径如图8-3所示。

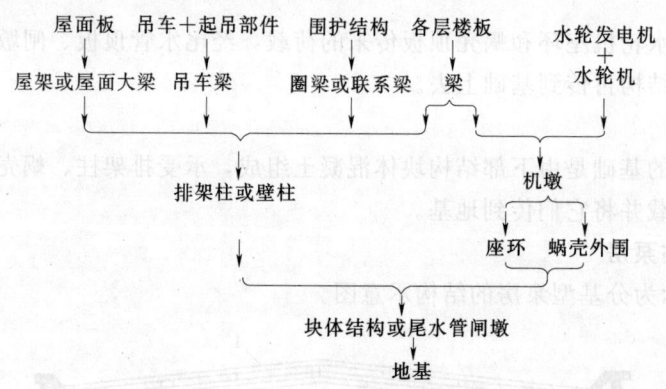

图 8-3　厂房结构的传力系统

第二节　厂房混凝土浇筑的分期和分块

厂房建筑物由各种构件组成。结构设计必须根据各种构件连接的性质和承受荷载的情况，绘出计算简图，然后进行结构计算。计算简图的选取，与厂房混凝土浇筑的分期和浇筑分块有密切的关系。

一、厂房混凝土的浇筑分期

因机组安装的需要，厂房混凝土一般分成两期浇筑。尾水管、上下游墙、排架柱、吊车梁、屋面及部分楼层板梁，通常在施工中先行浇筑，称为一期混凝土。尾水管圆锥段、蜗壳、发电机墩和发电机层部分楼板等，要等机组、尾水管圆锥段钢衬和金属蜗壳安装就位后再行浇筑，称为二期混凝土，如图8-4所示。图中罗马数字Ⅰ、Ⅱ分别代表一期混凝土、二期混凝土，其下角标序号为浇筑的先后次序。

二、厂房混凝土的浇筑分块

为便于施工和保证工程质量，每期混凝土还要分块浇筑。

第二节　厂房混凝土浇筑的分期和分块

(一) 分块的原则

水电站厂房混凝土的浇筑分块，很难作出统一的规定，一般原则如下：

(1) 分块应保证主要设备安装方便和埋件方便。

(2) 浇筑缝应设在构件内力最小的部位，这与便利施工的矛盾很大，往往不易做到。

(3) 分块大小应和混凝土浇筑强度和方法相适应，同一层浇筑分块的几何尺寸力求基本一致，几何形状避免薄片或锐角，保证混凝土不发生冷缝。一般对体形复杂的构件或多钢筋的构件，混凝土振捣的强度起控制作用，而对于大体积混凝土和含钢率低的混凝土，混凝土的生产和运输能力起控制作用，在设计中应区别对待。

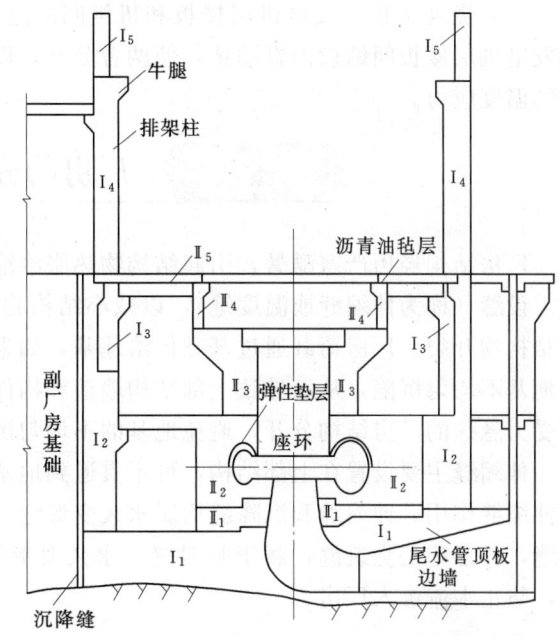

图 8-4　厂房混凝土浇筑分期和分块

(4) 在保证质量的前提下，浇筑块尽可能分得大些，以加速施工进度。

(5) 尽量使施工过程具有重复性，以简化施工和重复使用模板。浇筑时应采用跳仓浇筑，以免扰动邻仓尚未达到足够强度的混凝土。

(二) 一期混凝土的分块

一期混凝土的分块是按以下几个浇筑面进行的。

(1) 浇筑块 I_1。从厂房岩基面起到尾水管顶板面止的尾水管部分。这部分混凝土一般分底板、边墙和顶板三次浇筑，可避免架立悬空模板，施工简便，浇筑块小，从而减小混凝土的收缩应力。但分块过多将影响施工的进度，所以也有采用一次浇筑的。

(2) 浇筑块 I_2。从尾水管顶板面高程到水轮机层地面高程。

(3) 浇筑块 I_3。从水轮机层地面到发电机层楼面高程。

(4) 排架柱下柱块 I_4。从发电机层楼面高程到排架柱牛腿面高程。

(5) 排架柱上柱块 I_5。从牛腿面高程到排架柱顶高程。

(三) 二期混凝土的分块

各台机组二期混凝土分五层浇筑，参见图 8-4。

(1) 浇筑块 II_1。从尾水管顶板面高程到尾水管圆锥段钢衬，目的在固定已安装好的尾水管圆锥段钢管，并埋设支撑座环和金属蜗壳的支墩。该浇筑块不能太厚，以免安装座环和蜗壳时进入困难及不利于混凝土浇筑。

(2) 浇筑块 II_2。从块 II_1 顶面到水轮机层地面高程。

(3) 浇筑块 II_3。从水轮机层地面高程到水轮发电机下机架支承面。

(4) 浇筑块 II_4。水轮发电机通风道外壳。

（5）浇筑块II_5。发电机层楼板和机组间的过梁。通常在通风道外壳（风罩墙）顶端和发电机层楼板间铺设沥青油毡，使两者分开，以减少机组运行时引起的震动和通风道外壳的温度应力。

第三节 厂房的分缝和止水构造

厂房结构经历严寒酷暑，引起结构物热胀冷缩，会导致部分结构物开裂，为此厂房结构需设缝（称为伸缩缝或温度缝），以减小结构物尺寸，避免产生过大的冷缩变形，而导致结构物开裂。厂房荷载通过基础传给地基，如果厂房各部分传来的荷载差异悬殊，会引起地基不均匀沉陷，从而导致上部结构墙壁和构件的开裂，故也需要设缝（称为沉降缝），将受力悬殊的厂房结构分开，避免地基的不均匀沉降。

伸缩缝主要设置在上部结构，可不贯通到地基，而沉降缝必须贯通到地基上，也可兼起伸缩缝作用。伸缩缝和沉降缝均属永久变形缝。此外，因施工条件限制需设置混凝土浇筑缝，称为施工浇筑缝，属于临时缝。永久变形缝和施工浇筑缝需要在其迎水面设置止水，防止水流渗入厂房。

一、厂房的分缝布置与止水构造

1. 分缝布置

永久变形缝的设置与气候温度条件、结构形式和温控措施等有关。横向缝间距取决于机组段长度，最大间距为30~70m，一般为1~2台机组段长度。下部结构大部分处于水下，缝间距主要与地基条件有关。在岩基上，由于岩石与混凝土间摩擦系数大，缝间距一般为20~40m；而在软基上，厂房缝间距可放宽到45~50m，以减小产生机组歪斜和吊车轨面错开等影响。

在岩基上的大型厂房往往一个机组段设一条永久变形缝，中型厂房采用两个机组段设一条永久变形缝，永久变形缝贯通上部结构和下部结构。软基上厂房如永久变形缝间距较大，可在中间设只贯通上部结构的伸缩缝。

在主机房与装配厂之间、主副厂房高低跨分界处，由于荷载悬殊，需设沉降缝。

永久变形缝的宽度一般为1~2cm，软基上可宽些，但不超过6cm。为防止缝在施工或运行中被泥沙或杂物填死、风雨对厂内的侵袭，在厂房屋顶、楼板层、内外墙的永久变形缝中，应充填沥青油毛毡、泡沫塑料、油膏、玛琋脂（沥青加滑石粉、矿渣粉而成沥青胶）或沥青纤维等弹性防水材料。

2. 止水布置与构造

为防止厂房下部结构的永久变形缝被上下游水流渗入，应在建筑物的迎水面设置一道止水，重要部位设两道止水，中间设沥青井，次要部位可不设沥青井。

止水材料有金属止水片、橡胶止水带和塑料止水带等。金属止水片又分紫铜片、镀锌铁片和涂沥青钢片。铜片为有色金属，价格昂贵，仅用在大型水电站的首要部位，一般部位用镀锌铁片，不重要部位可涂沥青钢片，如图8-5（a）、（b）所示。为防止水流沿引水钢管周围或一、二期混凝土间渗入厂房，在引水钢管周围的一期混凝土设有八角形的止水铜片或镀锌铁片，如图8-5（c）、（d）所示。20世纪50年代后期，橡胶止水带、塑料止水带（如 651、652 型）相继出现，价格便宜，已在水工建筑物中广泛应用，如图 8-5 (e)、(f) 所示。但用橡胶和塑料止水存在老化的缺点。

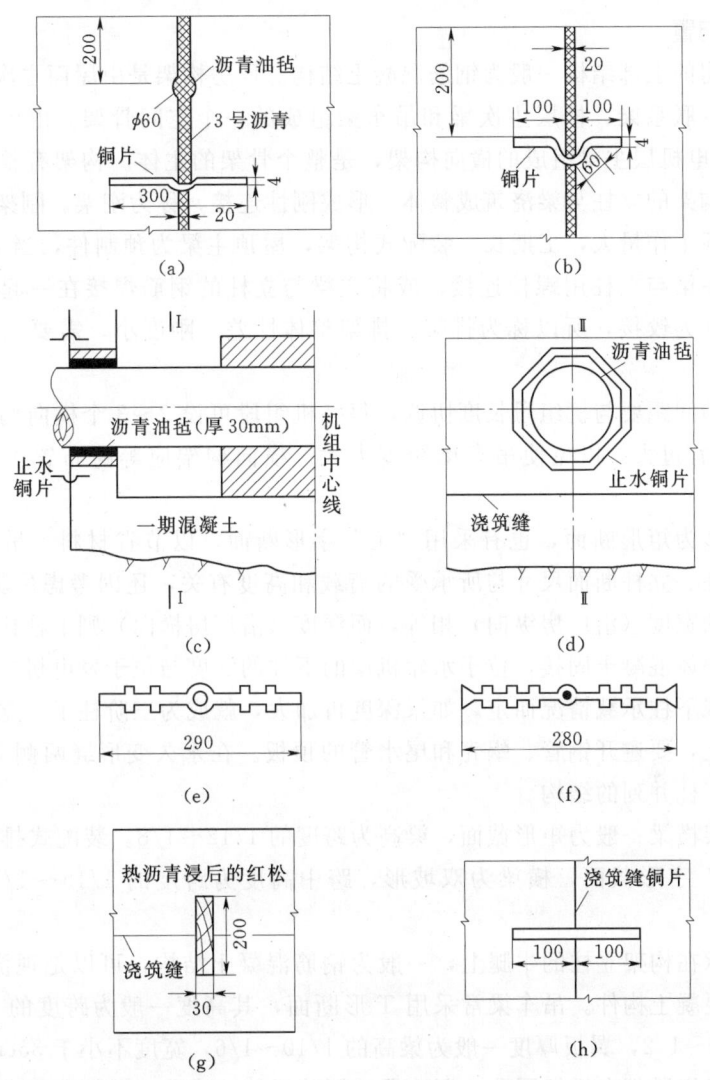

图 8-5 厂房的分缝与止水

二、厂房施工浇筑缝的止水构造

厂房下部结构，凡是施工冷缝，尤其是垂直的冷缝，都应设置止水。通常采用木片止水或铜片止水，构造如图 8-5 (g)、(h) 所示。

第四节 厂房上部结构的计算

厂房上部结构包括屋面板、次梁、屋架或屋面大梁、吊车梁、排架柱、圈梁、联系梁、各层楼板及其主次梁等构件。这些构件的结构计算，与一般的工业与民用建筑计算相同，按《结构力学》介绍的方法计算构件内力，再按《钢筋混凝土结构学》介绍的方法进行配筋。

一、结构布置

水电站厂房的上部结构一般为钢筋混凝土结构。厂房构架是由屋面主次梁、排架（框架）柱、纵向的联系梁、楼层主次梁和吊车梁组成的一个空间骨架。由屋顶大梁、排架（框架）柱、发电机层主梁组成的横向构架，是整个骨架的主体。构架有整体式和装配式两种。整体式构架的立柱与梁浇筑成整体，形成刚性连接，称为刚架。刚架的整体性和抗震性好，但模板工作量大，工期长。装配式构架，屋顶主梁为预制件，当立柱浇筑好后，再吊装主梁，主梁与立柱用螺栓连接，或将主梁与立柱的钢筋焊接在一起再用混凝土填缝，主梁与立柱为铰接，所以称为排架。排架整体性差、刚度小，需要一定规格的吊装设备。

横向构架的间距要与机组段长度协调，每一机组段可设 2~3 个横向构架，间距一般为 6~10m，不宜过大，以免使吊车梁跨度太大。横向构架应等跨布置，以简化设计与施工。

构架立柱多为矩形断面，也有采用"工"字形断面，以节省材料。吊车梁以上为上柱，以下为下柱。立柱断面尺寸与所承受的荷载和高度有关，还因考虑牛腿的布置要求。上、下柱断面的宽度（沿厂房纵向）相等，而深度（沿厂房横向）则下柱比上柱大。排架柱与水轮机层块体混凝土固接，位于水轮机层的下柱的深度与位于发电机层的下柱深度相同或更大些，视下柱承载情况而定。如果深度再加大，就成为三阶柱了。立柱应布置在下部一期混凝土上，要避开钢管、蜗壳和尾水管的顶板。在永久变形缝两侧应各布置一柱，形成双（构架）柱并列的结构。

整体式构架横梁一般为矩形截面，梁高为跨度的 1/12~1/8。装配式排架的横梁常采用 T 形或"工"字形截面，横梁为双坡形，跨中高度为跨度的 1/15~1/10，两边逐渐下降。

吊车梁支承在构架立柱的牛腿上，一般为钢筋混凝土结构，可以是现浇混凝土结构，也可以是预制混凝土构件。吊车梁常采用 T 形断面，其高度一般为跨度的 1/8~1/5，宽度为高度的 1/3~1/2，翼板厚度一般为梁高的 1/10~1/6，宽度不小于 35cm。

由于每个机组段都有机组圆孔、调速器油压装置储油槽孔、蝶阀孔和交通用的楼梯孔等，致使楼板与梁格系均不规则，且有动荷载作用，经常在振动状态下工作（除非风罩墙顶部与发电机层楼板采用分离式），故对楼板面裂缝有严格的限制。因梁格不规则，采用装配式有困难，所以大多采用现浇的肋形结构。大、中型厂房发电机层楼板厚度常在 0.2m 以上，梁跨度一般在 2~4m 以内。

屋盖结构、联系梁的布置与一般工业厂房相同。

二、吊车梁

水电站厂房的吊车只在安装和检修时使用，平时闲置，因此其工作间隙性大，使用率低，加之吊车运作速度缓慢，所以水电站的吊车属轻级工作制吊车。中、小型水电站常采用普通钢筋混凝土吊车梁。由于预应力混凝土吊车梁具有重量小、抗裂性能及耐冲击疲劳性能好、施工和吊装方便等优点，所以，大、中型水电站多采用预应力混凝土吊车梁。在有特重的水轮机转轮或发电机转子带轴的水电站，因吊车梁要承受巨大的剪力，可考虑采用钢吊车梁。

厂房的吊车梁可采用单跨简支梁或多跨连续梁，主要取决于厂房的不均匀沉降和分缝，连续梁必须在沉降缝或伸缩缝处分段。吊车梁截面常采用矩形、T形和"工"字形等。矩形截面简单，便于立模，但横向刚度较小，自重大，适用于起重量较小的吊车梁；在同样截面积情况下，T形截面吊车梁的纵向、横向刚度较大，抗扭性能较好，且由于两翼较宽，便于固定轨道和检查走道，适用于起重量中等或较大的吊车梁；"工"字形截面的特性基本上与T形截面相同，而且其下翼缘较宽，横向刚度更大。因此，重量大的预应力混凝土吊车梁多为"工"字形截面。

（一）荷载

1. 自重

吊车梁自重包括按实际截面尺寸计算的混凝土重量、钢轨及附件重量（根据厂家资料，初估时采用 1.5～2kN/m）。

2. 竖向最大轮压 P_{max}

按吊车起吊最重物件（一般为水轮发电机转子带轴）且小车移到主钩极限位置 L_1 时，如图 8-6 (a)、(b) 所示，计算竖向最大轮压。

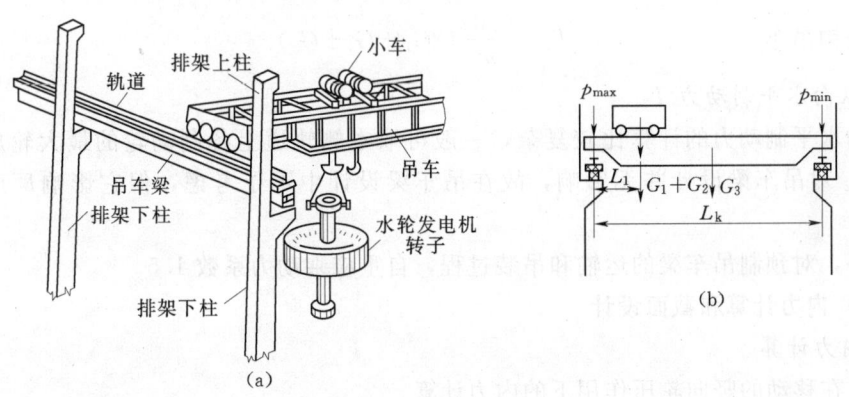

图 8-6 吊车梁承受竖向最大轮压
(a) 结构示意图；(b) 竖向最大轮压计算简图

一台吊车工作时的竖向最大轮压为

$$p_{max} = \frac{1}{m}\left[(G_1+G_2)\frac{L_k-L_1}{L_k} + \frac{1}{2}(G-G_1)\right] \tag{8-1}$$

两台吊车联合工作时的竖向最大轮压为

$$p_{max} = \frac{1}{2m}\left[(2G_1+G_2+G_3)\frac{L_k-L_1}{L_k} + (G-G_1)\right] \tag{8-2}$$

式中　m——一台吊车作用在一侧吊车梁上的轮子数；
　　　G——吊车总重；
　　　G_1——小车和吊具重量；

G_2——最大起吊物重量；

G_3——平衡梁重量；

L_1——起吊最重物件时主钩至吊车轨道的极限距离；

L_k——吊车标准跨度。

此外，在计算吊车梁时，应考虑动力的影响，按公式（8-1）和式（8-2）计算的竖向最大轮压乘以动力系数。根据规范规定，轻级工作制软钩吊车的动力系数为1.1。

3. 横向水平制动力 T_1

吊车上的小车沿厂房横向行驶突然刹车时，将产生横向水平制动力 T_1，作用于轨顶，如图8-7所示。制动力可向上游也可向下游作用，向上游则作用于上游侧吊车梁，向下游则作用于下游侧吊车梁。

一台吊车工作时的横向水平制动力 T_1：

对软钩吊车 $\qquad T_1=\dfrac{0.08}{m}(G_1+G_2) \qquad$ (8-3a)

对硬钩吊车 $\qquad T_1=\dfrac{0.20}{m}(G_1+G_2) \qquad$ (8-3b)

两台吊车工作时的横向水平制动力 T_1：

对软钩吊车 $\qquad T_1=\dfrac{0.04}{m}(2G_1+G_2+G_3) \qquad$ (8-4a)

对硬钩吊车 $\qquad T_1=\dfrac{0.08}{m}(2G_1+G_2+G_3) \qquad$ (8-4b)

4. 纵向水平制动力 T_2

纵向水平制动力的计算比较复杂，一般可取本侧轨道上各制动轮的最大轮压之和的10%。T_2 对吊车梁设计并无影响，故在吊车梁设计中不予考虑，但它影响厂房构架的设计。

此外，对预制吊车梁的运输和吊装过程，自重应乘动力系数1.5。

（二）内力计算和截面设计

1. 内力计算

(1) 在移动的竖向轮压作用下的内力计算。

(2) 在移动的横向水平制动力作用下的内力计算。

(3) 扭矩计算。

吊车梁受到的扭矩包括因梁顶钢轨安装偏差 e_1（一般为2cm）引起竖向轮压产生的偏心矩和因横向水平制动力 T_1 对截面弯曲中心的距离 e_2（等于 h_0+y_0）产生的扭矩两项，其中 h_0 为轨顶到吊车梁顶的垂距，一般取20cm；y_0 为截面弯曲中心到截面顶面的垂距，如图8-7所示。

吊车梁的荷载多为移动荷载，当轮数较多时，情况较复杂，不容易求出吊车梁各断面上的最大弯矩和剪力。此时，可用影响线法求出各断面上可能的最大弯矩和剪力，作出梁内力的包络图，并按包络图配筋。

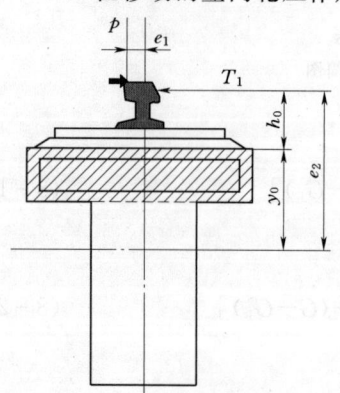

图8-7 吊车梁承受的横向制动力和扭矩

2. 截面设计

(1) 正、斜截面的强度计算。

(2) 挠度计算。吊车梁挠度必须满足以下要求：手动吊车——最大允许挠度为 $l/500$；电动桥式吊车——最大允许挠度为 $l/600$。

(3) 裂缝宽度验算和局部拉应力计算。

三、楼板

水电站厂房楼板包括主厂房的发电机层和安装间楼板、尾水平台和副厂房各层楼板等。

（一）发电机层楼板

发电机层楼板荷载除自重和抹面层重量外，还有检修时放在楼板上的设备部件、工具和人群的活荷载。对于活荷载作用位置和大小，应注意以下几种实际可能发生的情况：

(1) 考虑到起吊物放置在楼板上的撞击作用，计算板荷载时要乘上动力系数，而计算梁的内力时可不乘动力系数。

(2) 考虑到在检修时，活荷载不可能同时布满在楼板上，所以在计算主、次梁中，可将全部活荷载乘以折减系数 0.8～0.85。

初设阶段或缺少资料时，主厂房各层楼板面均布活荷载可按表 8-1 采用。其施工设计阶段各层楼面活荷载应按实际情况或等效均布活荷载方法确定。

表 8-1　　　　　主厂房各层楼面及尾水平台均布活荷载

序号	项目名称		活荷载 (kPa)	备注
1	发电机层	$N \geq 10$	30～50	
		$5 \leq N < 10$	20～30	
		$2.5 \leq N < 5$	10～20	
2	装配厂（安装间）	$N \geq 10$	150～200	N 为单机容量（单位：万 kW）
		$5 \leq N < 10$	50～150	
		$2.5 \leq N < 5$	50	
3	水轮机层	$N \geq 10$	20～40	
		$5 \leq N < 10$	10～20	
		$2.5 \leq N < 5$	8～10	
4	尾水平台		10～50	无变压器或交通要求时取小值

设计楼面结构时，首先进行梁格布置，一般厂房横向布置主梁，以便于立柱组成厂房构架，而厂房纵向布置次梁。梁格布置时，要考虑楼梯和设备的布置，特别是各种设备地脚螺栓的埋设需要，如图 8-8 所示。

计算时，可将楼面划分若干区，每一区域内选择有代表性的跨径作为单向板或双向板，先按简支板计算出跨中最大弯矩 M_0，而跨中正弯矩与支座负弯矩均按 $0.7M_0$ 进行配筋或跨中正弯矩按 M_0 配筋，支座负弯矩按跨中钢筋的一半配置。对于多跨连续板、梁无需再考虑活荷载的最不利布置，按全部满布来计算。在机组圆孔边界的区域内，为避免钢

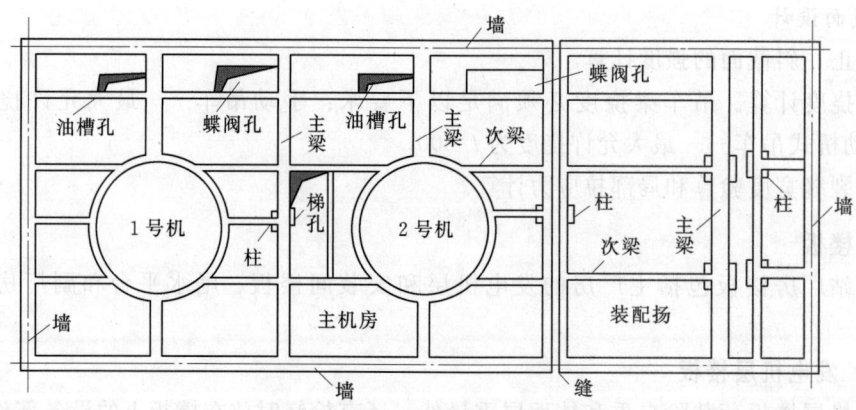

图 8-8 发电机层楼板梁格布置

筋弯起位置不同而使钢筋形式过于复杂，加工不便，可采用上、下两层分离配筋而不用弯起钢筋。实际计算还可将作用在梁的荷载简化为匀布、集中力或三角形分布等比较规则的荷载图形。

由于发电机层楼板孔洞较多，孔洞削弱了板的整体性，所以孔口周围应按钢筋混凝土结构设计规范要求，设附加钢筋予以加强。

(二) 安装间楼板

安装间楼板承受的恒载有楼板自重和梁自重，活荷载有安装或检修时发电机转子、水轮机转轮、上支架、水轮机顶盖等的重量及主变压器和运输车辆的轮压，均按移动集中荷载考虑，计算时应乘动力系数 1.1～1.2。安装间放置发电机转子、水轮机转轮和其他大设备部件的位置往往较为固定，楼板上还常铺设铁轨，以便运输车辆或主变压器进厂检修，板下的相应位置应布置大梁或支承墩座，以承受荷载。楼板的构造和计算与普通楼板相同，活荷载可参照表 8-1。

表 8-2　　　　　　　　　　副厂房各层楼面均布活荷载

序号	类别	房间名称	活荷载（kPa）	备注
1	直接生产副厂房	中央控制室、继电保护室等	5	包括调度室、交接班室
2		通信载波室、巡检室、远动室、电子计算机室	5	
3		蓄电池室、酸室、充电机室	6	
4		开关室、励磁盘室、厂用动力盘室	5	
5		电缆室	3～4	
6		照明层	1	
7		空压机室	4	
8		水泵室	4	
9		厂内油库、油处理室	4	
10		通风机室	4	

续表

序号	类别	房间名称	活荷载（kPa）	备注
1	检修试验副厂房	试验室	3~4	包括仪表、电工、油化验室
2		高压试验室	10~20	
3		电工修理间	5	
4		机修间	7~10	
5		工具间	5	
1	间接辅助生产副厂房	办公室	2.5~3	包括厂长室、总工办、生产科等
2		图书资料室	4	
3		会议室	4	
4		厕所、盥洗室	2~3	
5		走道、楼梯	3~4	

（三）副厂房楼板

直接生产副厂房和检修试验副厂房的其余房间以及间接辅助生产副厂房房间的楼板，其使用条件与一般工业、民用建筑无大差别，常采用按弹性体系理论计算和按塑性内力重分布计算。副厂房各层楼面均布活荷载可按表 8-2 采用。

第五节 发电机机墩

机墩是立式机组发电机的支承结构，承受发电机传来的巨大的恒、动荷载，要求有足够的刚度、强度、稳定性和耐久性。本节主要以圆筒式机墩为例，介绍发电机机墩的结构设计原理。

一、结构尺寸的拟定

前一章已介绍过发电机墩的布置和尺寸拟定，此外还应注意一些细部的尺寸。

1. 机墩下部的内半径 R_1

机墩下部的内半径 R_1 由水轮机固定导叶的内半径确定，机墩的荷载在 R_1 范围传给固定导叶。

2. 机墩外半径 R_2

机墩外半径 R_2 由发电机定子固定螺栓位置确定，R_2 使机墩荷载偏心不致过大。

3. 下支架部分的机墩内半径 R_3

下支架部分的机墩内半径 R_3 由下支架的尺寸确定。

4. 风罩墙内半径 R_4

风罩墙内半径 R_4 根据水轮发电机定子和外围空气冷却器的装置方式与尺寸确定。

5. 机墩的高度

机墩的高度按水轮机层的净高和在水轮机井内进行检修的要求确定，如图 8-9 所示。圆筒式机墩由圆筒（顶部有悬臂）和风罩墙两部分组成。

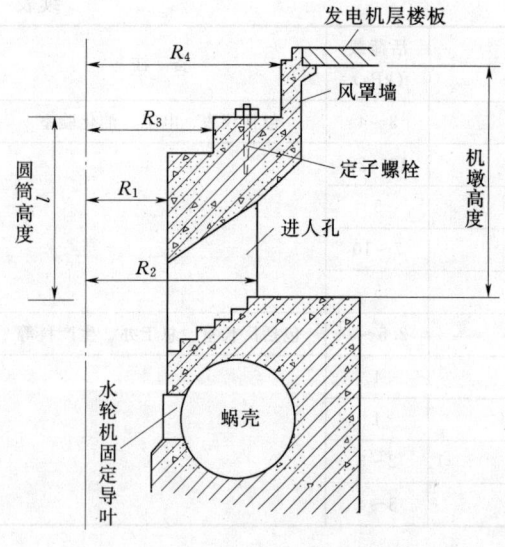

图 8-9 圆筒式机墩尺寸示意图

二、圆筒的结构计算

1. 荷载

圆筒的荷载包括上部结构传来的荷载和发电机传来的荷载,发电机的荷载又分为固定部分和转动部分,其中机组转动部分传来的荷载与发电机类型有关。对于悬式发电机,推力轴承安装在上机架,发电机转动部分的荷载通过上部的推力轴承传到上机架,再由定子外壳传给圆筒。对于伞式发电机,推力轴承安装在下机架,发电机转动部分的荷载则由下机架传给圆筒。对于全伞式发电机,推力轴承安装在水轮机顶盖上部的支撑结构上,圆筒仅承受发电机固定部分的荷载,而发电机转动部分的荷载是通过支撑结构传给水轮机顶盖再传到水轮机固定导叶。

作用于机墩圆筒部分的荷载如下:

(1) 垂直荷载。恒载有机墩自重、由主,次梁和发电机层楼板传到机墩风罩墙上的荷载、发电机定子重、励磁机定子重、上下机架重、定子基础板重和下机架在顶起转子时的荷载等。动荷载有发电机转子带轴重、水轮机转轮带轴重、励磁机转子重和作用在水轮机转轮上的轴向水推力等。

轴向水推力的大小与水轮机机型、直径和水轮机工作水头有关,最大轴向水推力 A 的计算公式为

$$A = k \frac{\pi D_1^2}{4} H \tag{8-5}$$

式中 k——常数,转桨式水轮机取 0.9;混流式水轮机可根据比转速 n_s 从图 8-10 中曲线查得;

D_1——水轮机转轮标称直径;

H——水轮机运行时最大水头。

(2) 水平动荷载。由于机组转动部分铸件材料的不均匀、加工和安装误差引起质量分布的不均匀,以及因发电机转子不均匀温升引起的主轴弯曲,使机组正常运行或机组飞逸时,机组转动部分的质量中心偏离机组转动中心而产生径向水平离心力 P_m,并通过导轴承和机架传给机墩,力的作用方向呈周期性变化。

(3) 扭矩。机组运行时,发电机转子旋转磁场对定子绕组产生作用力,使定子受到沿圆周分布的切向力作用,通过定子底座基础板固定螺栓传给机墩,形成扭矩。

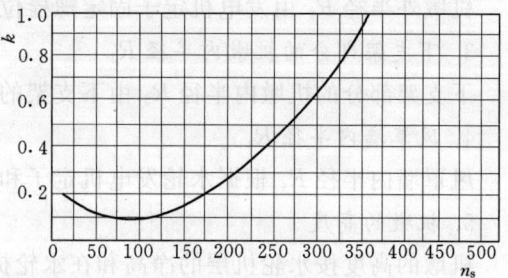

图 8-10 比转速 n_s 与常数 k 值的关系曲线

机组正常运行时产生的扭矩为 M_n，机组短路时产生的扭矩为 M_n'，后者为前者的 3~5 倍。

2. 计算简图

采用工程力学方法计算时，可近似地将机墩简化成一个上端自由、下端固结的等厚圆筒结构，如图 8-11 所示。

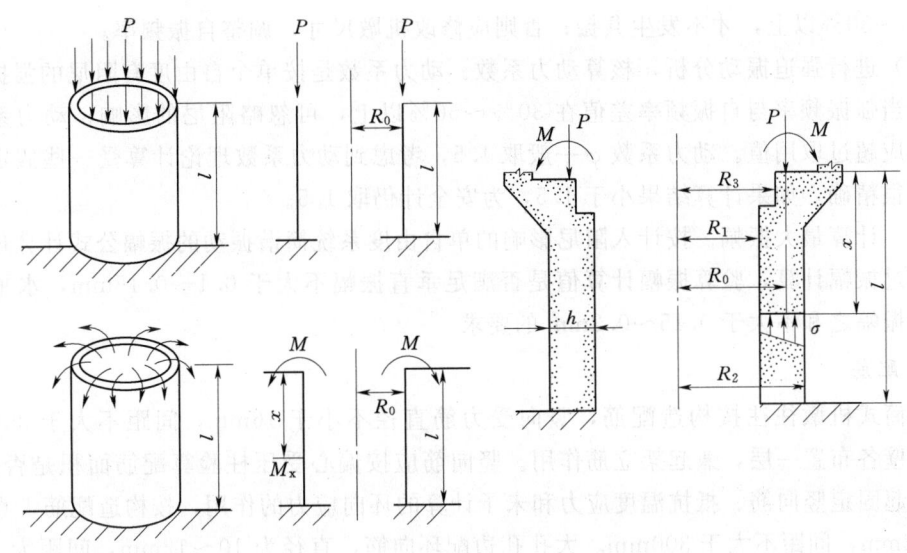

图 8-11 圆筒式机墩的计算简图

3. 静力计算

作用在机墩顶部的所有垂直荷载，可以根据力的平移法则，简化为作用在圆筒截面上环向分布的轴心力 P 和对截面中和轴的弯矩 M。

(1) 当圆筒较矮厚，即圆筒高度 $l < \pi/\beta$ 时，可进一步简化，沿圆筒中心周长截取单位宽度，按上端自由、下端固结的偏心受压柱计算。

(2) 当圆筒较高薄，即圆筒高度 $l \geqslant \pi/\beta$ 时，应按整体薄壁长圆筒计算。筒顶单位周长上作用弯矩为 M 时，距离顶端 x 处的截面弯矩 M_x，可由式（8-6）求出，即

$$M_x = M\varphi(\beta x) \qquad (8-6)$$

$$\varphi(\beta x) = e^{-\beta x}(\cos\beta x + \sin\beta x)$$

$$\beta = \sqrt[4]{\frac{3(1-\mu^2)}{R_0^2 h^2}}$$

式中　μ——混凝土的泊松比，近似取 $\frac{1}{6}$ 或 $\frac{1}{5}$；

R_0——圆筒的平均半径；

h——圆筒的厚度。

在静力计算中，所有的动荷载要乘以动力系数 φ，可取 $\varphi = 1.3 \sim 1.5$。

通过计算垂直荷载作用下控制截面各点的轴向正应力、扭矩作用下的环向剪应力和水平推力作用下的环向剪应力，可计算圆筒截面最危险点的主拉应力，根据混凝土的允许应力，判断是否需配斜筋。

4. 动力计算

动力计算中，要考虑圆筒对蜗壳顶部变形的影响，所有的动荷载均不乘动力系数，计算内容如下：

(1) 计算机墩的自振频率，校核是否发生共振。圆筒强迫振动频率与自振频率相差值在20%～30%以上，才不发生共振；否则应修改机墩尺寸，调整自振频率。

(2) 进行强迫振动分析，核算动力系数。动力系数是按单个自由度有阻尼的强振公式计算，当强振频率与自振频率差值在30%～50%以上，可忽略阻尼的影响；动力系数计算值不应超过取用值。动力系数 φ 一般取 1.5，考虑到动力系数理论计算受一些假定的限制，不很精确，如果计算结果小于 1.5，为安全计仍取 1.5。

(3) 计算最大振幅。按计入阻尼影响的单自由度系统简谐振动的振幅公式计算最大振幅。通过振幅计算，验算振幅计算值是否满足垂直振幅不大于 0.1～0.15mm，水平振幅和扭转振幅之和不大于 0.15～0.2mm 的要求。

5. 配筋

圆筒式机墩往往按构造配筋，竖向受力筋直径不小于 16mm，间距不大于 300mm，沿内外壁各布置一层，兼起架立筋作用。竖向筋应按偏心受压柱验算配筋面积是否满足。环向筋起固定竖向筋、抵抗温度应力和未予计算的环向应力的作用，按构造配筋，直径不小于 12mm，间距不大于 300mm。大孔孔边配环向筋，直径为 10～12mm，间距为 100～150mm，小孔孔边布置适量钢筋。

三、风罩外壁的结构计算

风罩外壁为钢筋混凝土薄壁圆筒结构，底部与机墩圆筒顶部固结，顶部与发电机层楼板的连接有整体式、简支式和分离式三种。风罩外壁一般是整体浇筑。

1. 计算简图

取风罩外壁为一个底部固结，顶部自由或径向简支的薄壁圆筒结构。进一步简化，可沿圆周上取单宽的竖向梁计算，梁底部固结，顶部自由、铰支、固接或与发电机层楼板刚结。按刚结计算时，风罩外壁与发电机层楼板一起按T形框架计算，环向要适当布筋加强。

2. 荷载

风罩外壁承受的荷载有结构自重、发电机层楼板传来的荷载、装置在上机架支腿与风罩墙之间千斤顶产生的水平推力以及机墩因发电机短路而产生转动时，发电机层楼板对风罩外壁的约束扭矩和温度应力。温度应力不与千斤顶力组合。

3. 内力计算及配筋

根据各项荷载算出控制截面的纵向弯矩 M_x、水平径向剪力 Q_x、纵向轴力 N_z、环向弯矩 M_t 和环向轴力 N_t 后，分别按最不利组合叠加。由纵向弯矩 M_x、纵向轴力 N_x 按偏心受压构件配置风罩外壁纵向钢筋，由环向弯矩 M_t 按受弯构件配置环向钢筋，环向轴力 N_t 忽略不计，并由水平径向剪力校核风罩外壁水平截面的抗剪强度。

关于其他机墩的计算，可参考有关专著和教材。

第六节 蜗 壳

水轮机的蜗壳，分为金属蜗壳和钢筋混凝土蜗壳两大类，金属蜗壳又可分为钢板焊接和铸钢两种。两类蜗壳外围混凝土的结构分析方法有所不同。

一、金属蜗壳外围混凝土结构

金属蜗壳及其外围混凝土的受力方式有两种。

(一) 金属蜗壳与混凝土分开单独受力

金属蜗壳由水轮机制造厂设计制造。因金属蜗壳是薄壁结构，只能承受内水压力，机墩传下的荷载和水轮机层的荷载由金属蜗壳外围的混凝土来承受。为了将金属蜗壳与其外围混凝土分开，使其受力互不传递，通常在金属蜗壳上半部表面设置 3~5cm 的缝隙（靠近座环处不设缝），内中填塞沥青、麻刀、锯末或软木沥青、塑料软垫等作为软垫层，将两者隔开，使外力不传给金属蜗壳，蜗壳承受的内水压力也不传到外围混凝土。欧美一些国家有的不设软垫层，而采用钢蜗壳内充水加压浇注外围混凝土的方法，这样给蜗壳预留有足够的变形空间，也可起到同样的作用。

1. 计算简图

金属蜗壳外围的混凝土，通常采用结构力学方法计算。计算时往往沿蜗壳墙中心线取单宽 1m，并将其简化为平面Γ形刚架，如图 8-12（a）所示。刚架一端简支在水轮机的座环上，另一端固定在大体积混凝土上。Γ形刚架的厚度一般只考虑蜗壳外围混凝土最薄处，杆件计算长度取截面中心线长度。事实上，所取刚架的水平杆是一个沿径向的扇形，如图 8-12（b）所示。画有阴影线部分的机墩 ab 段长度上的均布荷载 q_0 应折算为单宽等于 1m 时的均布荷载 q。但两者的总荷载应相等，即 $q \times 1 = ab \times q_0$。转化后的荷载可写成

$$q = \frac{ab}{1}q_0 = \frac{r_1}{r_2}q_0$$

由于蜗壳的尺寸和外围混凝土的厚度，在水平面上是变化的，计算时分别取四个断面计算其内力并配筋，如图 8-12（c）所示。

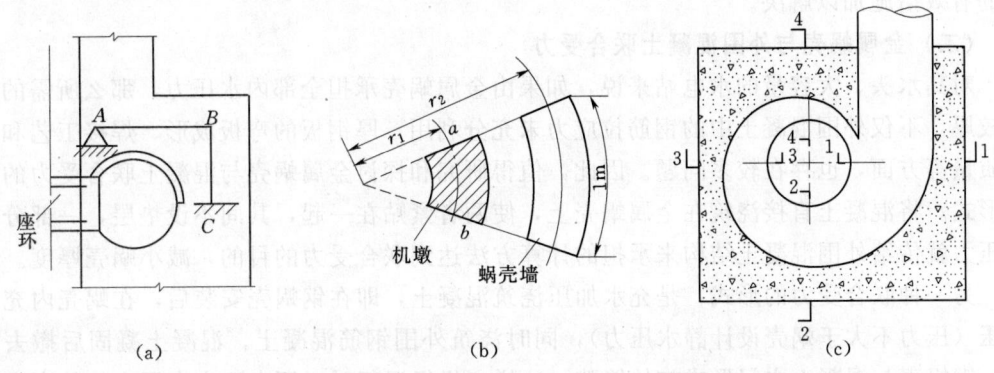

图 8-12 金属蜗壳外围混凝土计算简图

2. 荷载

（1）机墩底部的分布应力。假设机墩底部截面的应力为线性分布，则根据作用在机墩底部截面的轴向力和弯矩，可按偏心受压构件公式计算机墩底面的分布应力。在Γ形刚架的铰支座处，其线性荷载可按比例求出。

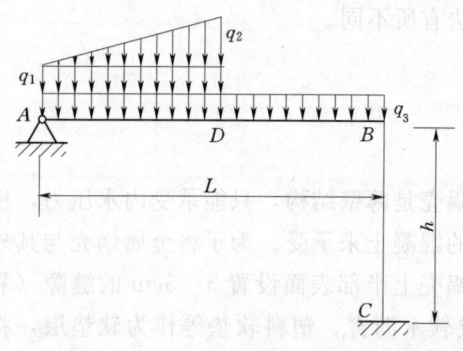

图 8-13　作用在Γ形刚架上的荷载

（2）作用在机墩外Γ形刚架水平杆上的水轮机层的活荷载可化为线性荷载。

（3）Γ形刚架水平杆的自重。

把以上三项荷载，按其作用部位叠加，即得Γ形刚架的荷载，如图 8-13 所示。由该图可知：

1）在铰支座处荷载为 q_1，q_1 等于Γ形刚架水平杆自重加上机墩传到铰支座的荷载。

2）在机墩外缘处荷载为 q_2，q_2 等于Γ形刚架水平杆自重加上机墩传到其外缘的荷载。

3）在机墩外Γ形刚架上荷载为 q_3，q_3 等于Γ形刚架水平杆自重加上水轮机层的活荷载（见表 8-1）。

3. 内力计算

蜗壳的Γ形刚架是二次超静定结构，采用弯矩分配法进行计算较为简便。计算时，分别计算 q_1、q_2 和 q_3 作用下的跨中弯矩和固端弯矩，依据叠加原理，得出总弯矩。按剪力等于零的条件，可求得水平杆的最大弯矩及其所在截面的位置。由于蜗壳外围混凝土结构尺寸较大，杆件的高跨比较大，需要考虑剪切变形的刚性节点的影响。

4. 配筋

由内力计算成果，将蜗壳Γ形刚架的水平杆 AB 按受弯构件配筋，受力筋为径向，构造筋为环向，其数量约为径向受力筋的 1/5 左右，竖杆 BC 则按偏心受压构件配筋。

金属蜗壳外围混凝土结构计算时，可以不考虑温度应力和施工期混凝土的干缩应力，但在施工时，应通过合理的分层、分块和控制混凝土的浇筑程序、配合比设计和温控等方面的有效措施加以解决。

（二）金属蜗壳与外围混凝土联合受力

对高水头、大容量的水电站来说，如果由金属蜗壳承担全部内水压力，那么所需的蜗壳较厚，不仅外围混凝土中的钢筋拉应力未充分利用，厚钢板的弯板成形、焊接工艺和焊接质量等方面，也存在较多问题。因此，值得研究和探讨金属蜗壳与混凝土联合受力的结构形式。将混凝土直接浇筑在金属蜗壳上，使两者紧贴在一起，其间不设垫层，一部分内水压力就传给外围混凝土结构来承担的计算方法达到联合受力的目的，减小蜗壳厚度。

另一种联合受力的形式，是充水加压浇筑混凝土，即在钢蜗壳安装后，在蜗壳内充水加压（压力不大于蜗壳设计静水压力），同时浇筑外围钢筋混凝土。混凝土凝固后撤去内压，钢蜗壳与混凝土之间形成初始缝隙。这样，机组运行时，不大于充水压力值的内水压力由钢蜗壳单独承受，大于充水压力值的内水压力由钢蜗壳与外围混凝土共同承受。这种结构，钢蜗壳与混凝土的荷载分配很明确，且机组运行时，钢蜗壳贴紧混凝土，连成整

第六节 蜗　壳

体,刚性增加,有利于机组的抗振动和稳定运行。

二、钢筋混凝土蜗壳

低水头的河床式水电站厂房一般采用轴流式水轮机,蜗壳尺寸大,水头损失小,对蜗壳外形要求低。因此,采用钢筋混凝土蜗壳,可节省钢材,施工可不受水轮机到货日期的影响,只要座环到货,蜗壳就可浇筑。钢筋混凝土蜗壳可分为普通钢筋混凝土蜗壳和预应力混凝土蜗壳两种。

钢筋混凝土蜗壳的计算方法主要有下面两种。

(一) 平面Γ形刚架法

平面Γ形刚架法的计算方法与前述的金属蜗壳外围混凝土结构的计算方法相同。

(二) 整体计算法

整体计算法把整个蜗壳分成环形板的顶板、半圆环的侧墙和座环下面的圆锥筒三个构件分别进行计算,如图8-14所示。

1. 顶板

环形板的周边固接在边墙上端,中部有一圆孔,圆孔周边根据机墩的形式和座环的支承情况可作为固接、铰接或悬臂。环形板如图8-14中虚线所示,从平面上来看,顶板尺寸是变化的。为方便计算,可将顶板进行分区,各区按与实际轮廓相近的环形板分别进行计算。有关的计算手册中可查到相应的公式和系数,使计算工作简化。顶板的配筋按径向和环向两个方向进行,根据径向弯矩和径向拉力配置径向钢筋,切向弯矩配置环向钢筋。一般来说,环形板板厚与半径之比大于1/10,不符合板壳理论的计算假定,加上图形简化与实际情况有出入,所以这种计算方法只是一种近似的方法。

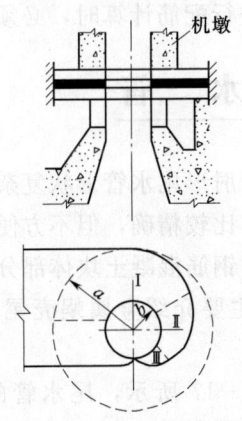

图8-14　钢筋混凝土蜗壳剖面

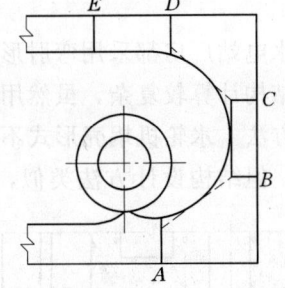

图8-15　钢筋混凝土蜗壳平面图

2. 侧墙

蜗壳的下游侧边墙一般采用厚边墙,如图8-15所示。BC段可按四周固定的矩形板进行计算,DE段按三边固定的矩形板进行计算,AB和CD两直角段很难计算,一般按构造配筋。

3. 座环下的圆锥筒

座环下的圆锥筒是尾水管直锥段的一部分,计算时假定为短的等厚圆筒,上部自由,下部固结在蜗壳底板上。圆筒外直径采用座环水平截面的平面外直径,厚度取平均厚度,高度取蜗壳进口断面段最大高度 H(事实上高度是逐渐减小的),如图 8-16 所示。

座环下圆锥筒承受的荷载如下:

(1) 圆锥筒外侧受蜗壳内的静水压力和正水锤压力之和,而圆锥筒段内力一般不大,可忽略,因此外压大于内压,其差值需由锥筒段承受。由于锥筒段假定为厚壁圆筒,承受外压性能较好,常按构造配筋。

(2) 座环传下的垂直荷载 P 是主要荷载。图 8-16(a)是荷载的实际情况,偏心距为 e'。图 8-16(b)是根据力的平移法则,将荷载 P 移到锥筒顶的截面中心,这时 $M=Pe'$,e' 为荷载 P 距离底部截面中心的偏心距。图 8-16(c)、(d)是将圆锥筒简化为圆筒,图 8-16(c)可按薄壁圆筒计算内力,图 8-16(d)是考虑荷载 P 距筒底部截面中心的偏心距 e 产生的附加荷载,$Q=Pe/H$,可近似地按单宽 1m 的悬臂梁计算内力。最后将图 8-16(c)、(d)所示的内力计算成果叠加起来,就是圆锥筒段的总内力。

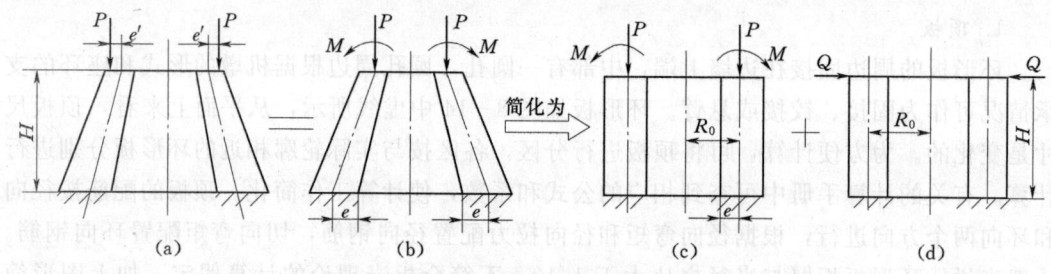

图 8-16 圆锥筒转化为圆筒示意图

钢筋混凝土蜗壳为水下混凝土的一部分,因此进行配筋计算时,必须作抗裂校核。

第七节 尾 水 管

大、中型水电站厂房都采用弯肘形的尾水管。弯肘形尾水管形状复杂,是水下大块体混凝土结构,结构计算较复杂,虽然用有限元法计算比较精确,但不方便,工程上还是采用近似的计算方法。水轮机蜗壳形式不同,尾水管的钢筋混凝土块体部分的形状尺寸和受力情况也不同,但结构设计方法类似,因此,本节主要介绍金属蜗壳尾水管的结构计算方法。

如图 8-17 所示,尾水管的特点是顶板较厚,金属蜗壳内的水压力不传到尾水管顶板上,因而尾水管受力较小,计算较简单。尾水管的直锥段,内衬钢板,荷载较小,可不作结构计算,直接按构造进行配筋。因此,具有金属蜗壳的尾水管的混凝土部分是指弯曲段和扩散段,一般将中间隔墩的上游称为弯段(弯曲段),沿隔墩长度方向到尾水管出口的范围称为扩散段,隔墩上方蜗壳的下游侧称为深梁段。

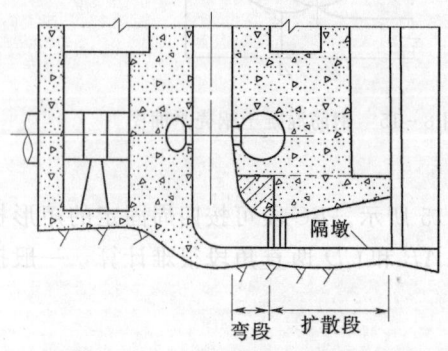

图 8-17 具有金属蜗壳的尾水管

第七节 尾 水 管

一、弯曲段和深梁段

1. 计算简图

在工程设计中，常采用三种简化方法。

(1) 单跨平面框架如图 8-18 (a) 所示，计算简图如图 8-18 (b) 所示。如果顶板、底板和边墩的结构厚度较一致时，这种计算简图是合理的。

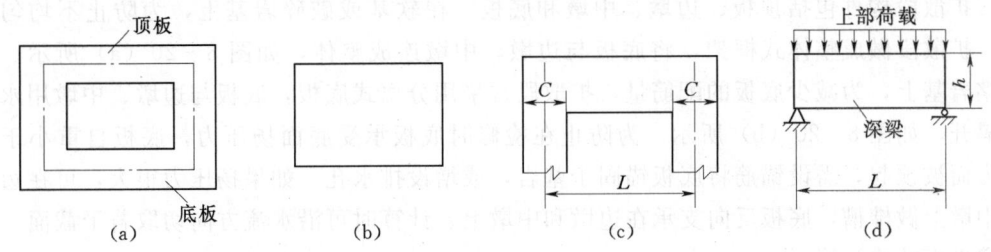

图 8-18 弯段与深梁段的结构和计算简图
(a) 弯段平面框架结构；(b) 弯段平面框架计算；(c) 深梁段结构；(d) 深梁段计算

(2) 当顶板厚度 $h > L/3$ 时，把顶板视为深梁比较合理，如图 8-18 (c) 所示。由于深梁刚度较大，边墩刚度相对较小，所以其计算简图为简支深梁，如图 8-18 (d) 所示。

(3) 若顶板比较薄，两边边墩较厚，刚度大，就可简化为两端固接的梁式板。

2. 荷载

荷载包括从座环传下的荷载、蜗壳的重量和其中的水重以及二期混凝土的重量和弯段自重。

3. 内力计算

弯段简化成单跨平面框架式或梁式板的计算，可按结构力学方法。下面仅介绍简支深梁的内力计算方法。

深梁截面上正应力 σ 是荷载 q、系数 β 和 ε 的函数，即

$$\beta = h/L, \quad \varepsilon = C/L \tag{8-7}$$

式中 h——深梁高度，m；
C——支座宽度，m；
L——深梁跨度，m。

已知 q、h、L 和 C 就可在深梁表或曲线上查出所需断面上各点的正应力、截面上的总拉应力、总压应力及其作用点位置，如图 8-19 所示。

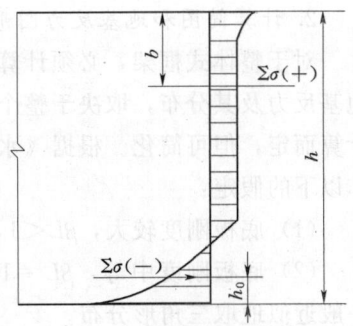

图 8-19 深梁断面应力图

4. 配筋计算

弯段顶板受力筋可能是顺水流方向，也可能是垂直水流方向，底板为双向配筋。深梁段通常认为全部拉应力由钢筋承担，混凝土不承受拉应力，因此钢筋面积为

$$A_g = \frac{\sum \sigma(-)}{f_y} \tag{8-8}$$

式中 $\sum\sigma(-)$——截面上拉应力之和（正号表示压应力，负号表示拉应力）；
　　　f_y——钢筋抗拉强度。

钢筋选好后就配置在负号拉应力区的合力位置上。有时为了整个结构钢筋位置的协调，允许这个位置有所偏移。

二、扩散段

扩散段构件包括顶板、边墩、中墩和底板。在软基或破碎岩基上，为防止不均匀沉降，扩散段做成整体式框架，将底板与边墩、中墩连成整体，如图 8-20（a）所示。在完整岩基上，为减少底板的配筋量，扩散段常采用分离式底板，底板与边墩、中墩用永久缝隔开，如图 8-20（b）所示。为防止在检修时底板承受底面扬压力，底板自重小于扬压力而被顶起，需设锚筋将底板锚固于基岩，或增设排水孔。如果扬压力很大，可在边墩和中墩上做榫槽，底板反向支承在边墩和中墩上。计算时可沿水流方向切取若干截面，按单宽平面结构计算。

1. 荷载与荷载组合

尾水管扩散段荷载如下：

(1) 结构自重。

(2) 尾水管顶板以上结构传来的荷载及顶板设备重，在垂直水流方向可视为均匀分布，其值可由顶板以上荷载按 45°扩散到顶板上决定。

(3) 内水压力。

(4) 外水压力。

(5) 扬压力，由厂房整体计算中确定的扬压力图给定。

(6) 地基反力。

荷载组合要考虑正常运行、检修、施工和校核洪水运行等工况。正常运行及校核洪水运行期，其荷载组合均包括荷载（1）～（6），但荷载值各异，检修期荷载组合不考虑（3），施工期荷载组合只有（1）、（2）和（6）。

2. 计算简图和地基反力图形

对于整体式框架，必须计算其地基反力及其分布。作用于整体式尾水管扩散段底板的地基反力及其分布，取决于整个厂房基础的结构情况，主要由垂直水流方向厂房整体强度计算而定，但可简化。根据《水电站厂房设计规范》，对整体式尾水管，其地基反力允许作以下的假定：

(1) 底板刚度较大，$\beta L < 1$，按匀布荷载考虑，如图 8-20（c）所示。

(2) 底板刚度中等，$\beta L = 1 \sim 3$，反力呈曲线分布，如图 8-20（c）中的虚线所示，一般近似地取三角形分布。

(3) 底板刚度较小，$\beta L > 3$，取三角形分布，如图 8-20（d）所示。

反力按式（8-9）计算。

反力荷载宽度　　　　　$a_0 = \dfrac{1.5}{\beta}$（当 $\beta L > 3$ 时）　　　　　（8-9a）

反力最大强度　　　　　$q = \dfrac{W-U}{2a_0} = \dfrac{V}{2a_0}$　　　　　（8-9b）

第七节 尾 水 管

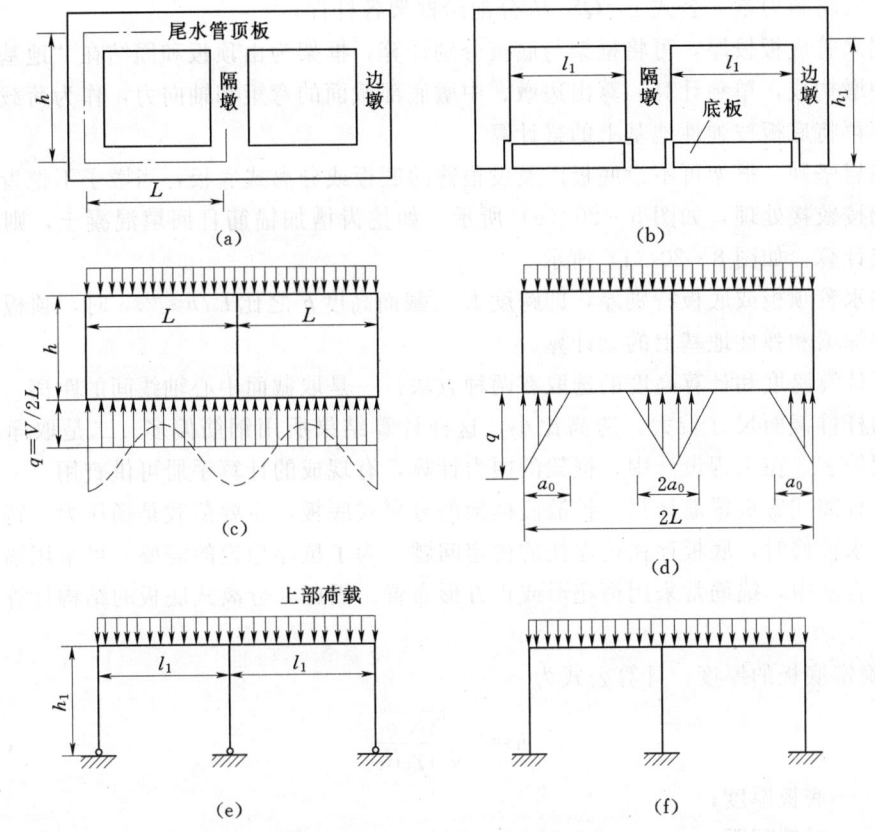

图 8-20 扩散段的结构和计算简图
(a) 整体式框架；(b) 分离式底板的门式框架；(c) 地基反力均匀分布；(d) 地基反力三角形分布；
(e) 门式框架柱铰接；(f) 门式框架柱固接

特征系数 $$\beta = \sqrt[4]{\frac{Kb}{4E_h I}} \qquad (8-9c)$$

式中 W——计算宽度内上部荷载总和；
U——计算宽度内下部扬压力；
V——计算宽度内地基反力的合力；
K——基岩弹性抗力系数；
b——底板计算宽度，取 1.0m；
E_h——底板混凝土弹性模量；
I——底板计算宽度内截面惯性矩；
L——底板跨度（中到中）。

3. 内力计算

(1) 整体式平面框架计算。作用在平面框架的荷载除各种荷载、扬压力和地基反力外，还需考虑相邻结构作用在上下游面的竖向剪力；否则，框架上竖向力不能平衡，此不平衡剪力 Q 等于所计算框架上各种竖向力之和，方向相反。因此，应在框架内力计算前，将剪力按《材料力学》公式 $\tau=QS/Ib$ 分配给框架各杆件。

当尾水管底板较厚，可将框架与底板分别计算，框架为由顶板和固结在"地基"上的边墩、中墩构成，单独计算，算出边墩、中墩底部截面的弯矩和轴向力，作为荷载作用在底板上，再将底板按弹性地基上的梁计算。

当基岩坚硬，框架可不设底板以及设很薄的底板或分离式底板，当墩子不挖齿槽，则框架底端按铰接处理，如图 8-20（e）所示。如挖齿槽加锚筋且回填混凝土，则框架底端按固接计算，如图 8-20（f）所示。

当尾水管顶板或底板特别厚，即跨度 L 与截面高度 h 之比 $L/h \leqslant 2.5$ 时，顶板与底板可分别按深梁和弹性地基上的梁计算。

框架计算跨度和计算高度的选取有两种方法：一是取截面中心轴线间的距离，但尾水管框架的杆件截面尺寸较大，跨高比小，这样计算结果所用钢筋偏多；二是取净跨与净高，采用较多。在工程设计中，框架的内力计算，有现成的计算手册可供查用。

(2) 分离式底板锚筋计算。扩散段框架的分离式底板，主要荷载是扬压力，特别是当尾水管排水检修时，底板存在抗浮托的稳定问题。为了抗浮稳定的需要，可采用锚筋将底板锚固于岩基中，锚筋常采用梅花形或正方形布置。因此，分离式底板的结构计算包括以下内容。

1) 确定底板的厚度。计算公式为

$$h = b\sqrt{\frac{3K_1 q_1}{4\gamma_1 R_1}} \tag{8-10}$$

式中 h——底板厚度；

b——锚筋间距；

K_1——混凝土抗拉的安全系数；

q_1——底板底面所受的匀荷载，等于单位面积上扬压力减去底板自重，如果底板排水措施可靠，扬压力可折减 40%~60%；

γ_1——塑性影响系数，取 1.54；

R_1——混凝土抗拉强度。

2) 确定锚筋截面积。计算公式为

$$A_g = \frac{K_1 q_1 b^2}{R_g} \tag{8-11}$$

式中 K_1——钢筋抗拉安全系数，取 1.5；

R_g——钢筋的抗拉强度。

3) 锚筋插入岩石的深度。锚筋宜用螺纹筋。砂浆与锚筋间的黏结力以及砂浆与岩石间黏结力应能抵抗锚筋的上拔力。由锚筋与砂浆的黏结力确定锚筋插入基岩深度 H 为

$$H = \frac{K_1 R_g d}{4 R_n} \tag{8-12}$$

由砂浆与岩壁的黏结力确定锚筋插入基岩深度 H 为

$$H = \frac{R_g d^2}{4D[f]} \tag{8-13}$$

式中 K_1——砂浆与锚筋黏结面积的安全系数，一般取 2；

R_g——钢筋的抗拉强度;

d——锚筋直径;

R_n——锚筋与岩壁的黏结强度,螺纹钢一般取 $R_n=0.19R$,R 为砂浆标号,要求不低于 C15,选用微膨胀水泥;

D——钻孔直径;

$[f]$——砂浆与岩石的许可黏结应力,见表 8-3。

当基岩破碎时,锚筋插入深度取式 (8-12) 和式 (8-13) 计算结果中的大值。基岩较好时,锚筋与砂浆之间的黏结力是控制因素。一般锚筋插入深度控制在 1.0~2.5m,间距一般为 1.0~2.0m。

插入基岩的锚筋末端,往往分开成燕尾状,可增加锚筋与砂浆的握裹力。

表 8-3　　　　　　　　　砂浆与岩石间的许可黏结应力 $[f]$

岩石名称	页岩、白云岩、石灰岩、凝灰岩	砂岩、花岗岩
$[f]$ (N/cm²)	0.1~0.18	0.45~0.5

4. 配筋

尾水管结构允许出现裂缝,但应限制裂缝开展宽度。由于尾水管属水下结构,尺寸较大,其保护层厚度常取 6cm。扩散段的受力筋按垂直水流方向布置,构造筋顺水流方向布置,一般内、外壁各配置一层。